多视图深度学习方法与应用

荆晓远　刘雨晖　林远淳　李　鑫　刘　飞　编著

科学出版社
北　京

内 容 简 介

多视图深度学习是人工智能和机器学习领域的一个重要研究方向，在计算机视觉、自然语言处理和数据挖掘等领域广泛应用。其核心在于探索如何利用深度学习模型，从多视角或多模态数据中提取有效信息，最终实现信息的融合与增强。本书内容涵盖部分传统多视图学习方法，以及当前主流的多视图特征学习与深度表示学习方法。全书共 10 章，分为 3 个部分：第Ⅰ部分(第 1、2 章)阐述多视图学习的研究背景、应用领域的研究现状和未来发展趋势；第Ⅱ部分(第 3～5 章)介绍多视图特征学习的应用与研究成果；第Ⅲ部分(第 6～10 章)讨论多视图深度表示学习的应用与研究进展。

本书面向计算机科学、人工智能及相关领域的研究人员、工程师及学生，旨在为其提供一份全面且深入的参考资料，助力读者在多视图深度学习的研究与实践中深化认知并提升能力。

图书在版编目（CIP）数据

多视图深度学习方法与应用 / 荆晓远等编著. -- 北京 : 科学出版社, 2025. 8. --ISBN 978-7-03-082165-2

Ⅰ. TP181

中国国家版本馆 CIP 数据核字第 2025B65C04 号

责任编辑：孙力维　赵艳春 / 责任校对：魏　谨
责任印制：肖　兴 / 封面设计：蓝正设计

科学出版社 出版
北京东黄城根北街 16 号
邮政编码：100717
http://www.sciencep.com

北京富资园科技发展有限公司印刷
科学出版社发行　各地新华书店经销

*

2025 年 8 月第　一　版　开本：720×1000　1/16
2025 年 8 月第一次印刷　印张：14 3/4
字数：290 000

定价：118.00 元

（如有印装质量问题，我社负责调换）

前　言

在当今迅速发展的数据科学领域，多视图学习作为一种重要的机器学习方法，正日益受到学术界与工业界的广泛关注。面对多源数据的普遍可获取性，如何有效融合不同视角的信息以提升学习效果，已成为该领域的核心挑战。本书旨在系统阐述多视图学习及其与深度学习融合的基本理论、前沿研究进展及实际应用效能，重点聚焦多视图特征学习和多视图深度表示学习两大关键技术方向。

本书的撰写，源于深度学习与多视图学习两大领域的深度融合趋势。近年来，深度学习在多项人工智能任务中取得显著成果，证明了其强大的特征表示与模型构建能力；与此同时，多视图学习作为一种处理多源、多模态数据的有效手段，在提升模型性能方面展现出独特优势。将深度学习的强大非线性建模能力与多视图学习的信息协同机制相结合，不仅能够克服传统方法的局限，更能释放出高效、强大的数据分析效能。

本书分为三个主要部分，旨在为读者提供全面且深入的多视图学习知识体系。第Ⅰ部分为多视图学习与深度学习的介绍，包括多视图学习的概论与研究综述，帮助读者构建扎实的理论根基。第Ⅱ部分集中于多视图特征学习的应用与研究，涵盖基于子空间学习、字典学习及半监督鉴别分析的多视图特征学习方法，通过实际案例展示这些方法的应用成效与优势。第Ⅲ部分则聚焦多视图深度表示学习的应用与研究，重点介绍多光谱人脸识别、共享-独有多视图深度学习方法、协同嵌入和视图间互补信息交流机制等多个前沿方向，系统展示多视图深度学习在复杂任务中的卓越性能表现。

本书的特色在于系统性与前沿性。书中详细阐述了多视图学习的基本概念与理论框架，深入剖析了多视图特征学习及多视图深度表示学习等核心方法，同时融入了该领域最新的研究成果与实践案例。通过这种理论与实践的结合，本书能够帮助读者构建对该领域的全面认知与深刻理解，为其开展高水平研究或开发高效应用奠定坚实基础。

在多视图学习与深度学习的研究领域，随着研究者对多视图数据处理的关注度不断提升，相关技术的理论探索与实际应用正在不断深化。笔者基于自身在该领域的研究基础，对近年来主流的多视图特征学习及深度表示学习方法进行了系统梳理与归纳阐述，力求全面反映该领域的最新研究成果与发展趋势。然而，由于篇幅与个人视角的客观限制，本书难以涵盖所有多视图学习技术的细节与最新进展。

本书的最终付梓，离不开诸多同仁的鼎力支持。在此，衷心感谢武汉大学计算机学院研究组各位成员的积极贡献，特别是刘威博士、贾晓栋博士等的卓越工作。同时，也诚挚感谢南京邮电大学吴飞博士给予的宝贵支持。他们的智慧与付出是本书不可或缺的一部分。

尽管笔者在写作过程中始终秉持严谨态度，竭力规避疏漏，然囿于时间与精力所限，书中仍难免存在不足与未尽完善之处。诚邀各位读者与学界同仁不吝赐教，惠予指正。诸位的真知灼见不仅是对笔者的支持，更是深化多视图学习研究至关重要的推动力量。

荆晓远

2024 年 12 月于广东石油化工学院

目　录

前言

第Ⅰ部分　多视图学习与深度学习

第 1 章　多视图学习概述 …… 3
1.1　背景与意义 …… 4
1.2　多视图学习研究现状与进展 …… 5
1.2.1　多视图聚类方法研究 …… 6
1.2.2　多视图分类方法研究 …… 9
1.2.3　多视图回归方法研究 …… 14
1.2.4　多视图决策方法研究 …… 15
1.3　多视图学习研究不足与展望 …… 18
1.4　本书内容安排 …… 19
参考文献 …… 20
第 2 章　多视图学习方法综述 …… 23
2.1　多视图特征表示学习 …… 24
2.1.1　基于连接的多视图特征表示学习 …… 24
2.1.2　基于对齐的多视图特征表示学习 …… 26
2.1.3　基于共享-独有的多视图特征表示学习 …… 29
2.1.4　基于可解释的多视图特征表示学习 …… 30
2.2　深度学习 …… 31
2.2.1　深度有监督学习 …… 32
2.2.2　深度半监督学习 …… 33
2.2.3　深度无监督学习 …… 35
2.2.4　深度强化学习 …… 37
2.3　本章小结 …… 39
参考文献 …… 39

第Ⅱ部分　多视图特征学习的应用与研究

第 3 章　基于子空间学习的多视图特征学习方法 …… 45
3.1　子空间学习概述及本章研究内容 …… 45

3.2 组递归鉴别子空间学习 …… 47
3.2.1 样本集分解与递归学习 …… 47
3.2.2 投影向量选择规则 …… 49
3.2.3 矩阵形式递归学习终止准则 …… 50
3.2.4 算法实现步骤 …… 51
3.3 不相关局部敏感多视图鉴别分析 …… 51
3.3.1 局部敏感多视图鉴别分析 …… 52
3.3.2 跨视图的一致性 …… 53
3.3.3 不相关的多视图变换 …… 54
3.3.4 问题建模与目标函数优化 …… 54
3.4 实验验证与有效性评估 …… 56
3.4.1 数据集介绍 …… 56
3.4.2 对比方法及实验设置 …… 59
3.4.3 分类效果评估 …… 59
3.4.4 GRDSL、ULSMDA 关键组成部分评估 …… 61
3.4.5 运行时间评估 …… 63
3.4.6 参数敏感性评估 …… 64
3.5 本章小结 …… 65
参考文献 …… 65
第 4 章 基于字典学习的多视图特征学习方法 …… 67
4.1 字典学习定义及本章研究内容 …… 67
4.2 不相关多视图鉴别字典学习 …… 68
4.2.1 UMD^{2}L 方法模型 …… 69
4.2.2 UMD^{2}L 目标函数优化 …… 70
4.2.3 基于字典编码的分类机制 …… 71
4.3 多视图低秩字典学习 …… 72
4.3.1 MLDL 模型 …… 73
4.3.2 MLDL 目标函数优化 …… 75
4.3.3 MLDL 的分类机制 …… 78
4.4 多视图低秩共享结构化字典学习 …… 80
4.4.1 MLS^{2}DL 模型 …… 80
4.4.2 MLS^{2}DL 目标函数优化 …… 82
4.4.3 MLS^{2}DL 的分类机制 …… 85
4.5 实验验证与有效性评估 …… 86
4.5.1 数据集介绍 …… 86

4.5.2 对比方法及实验设置 …… 88
4.5.3 分类效果评估 …… 89
4.5.4 UMD^{2}L、MLDL、MLS^{2}DL 关键组成部分评估 …… 92
4.5.5 运行时间评估 …… 95
4.5.6 参数敏感性评估 …… 96
4.6 本章小结 …… 101
参考文献 …… 101
第 5 章　基于半监督鉴别分析的多视图特征学习方法 …… 103
5.1 半监督鉴别分析定义及本章研究内容 …… 104
5.2 不相关半监督视图内和视图间流形鉴别学习 …… 105
5.2.1 SI^{2}MD 机制 …… 106
5.2.2 半监督不相关约束 …… 108
5.2.3 USI^{2}MD 总目标函数及分类机制 …… 109
5.3 实验验证与有效性评估 …… 110
5.3.1 对比方法及实验设置 …… 110
5.3.2 分类效果评估 …… 111
5.3.3 USI^{2}MD 关键组成部分评估 …… 113
5.3.4 运行时间评估 …… 113
5.3.5 参数敏感性评估 …… 114
5.4 本章小结 …… 115
参考文献 …… 115

第Ⅲ部分　多视图深度表示学习的应用与研究

第 6 章　基于谱内识别与谱间相关分析深度网络的多光谱人脸识别方法 …… 119
6.1 多光谱深度学习研究基础及本章研究内容 …… 120
6.2 基于谱内识别与谱间相关分析的深度识别网络 …… 121
6.2.1 IDICN 模型 …… 121
6.2.2 谱内识别分析 …… 123
6.2.3 谱间相关分析 …… 124
6.2.4 目标函数优化与求解 …… 125
6.3 实验设置与结果分析 …… 126
6.3.1 HK PolyU 多光谱数据集上的实验结果 …… 128
6.3.2 CMU 多光谱数据集上的实验结果 …… 129
6.3.3 UWA 多光谱数据集上的实验结果 …… 131
6.4 有效性评估 …… 132

6.4.1 识别效果评估 …… 132
6.4.2 谱内识别分析与谱间相关分析重要性评估 …… 133
6.4.3 参数敏感性评估 …… 135
6.5 本章小结 …… 136
参考文献 …… 136
第 7 章 基于共享-独有半监督学习的多视图深度鉴别表示学习方法 …… 139
7.1 共享-独有半监督多视图表示学习研究基础及本章研究内容 …… 140
7.2 半监督多视图深度鉴别表示学习 …… 141
7.2.1 共享-独有多视图深度鉴别表示学习框架 …… 142
7.2.2 基于深度度量学习和密度聚类的半监督学习方法 …… 144
7.3 典型的多视图学习任务评估 …… 146
7.3.1 网页分类 …… 146
7.3.2 图像分类 …… 148
7.3.3 文档分类 …… 150
7.4 实验验证与有效性评估 …… 152
7.4.1 消融实验 …… 152
7.4.2 改进对比损失函数的有效性 …… 153
7.4.3 不同对齐策略的影响 …… 155
7.4.4 不同半监督学习策略的影响 …… 155
7.4.5 平衡因子对方法性能的影响 …… 156
7.4.6 训练时间与收敛性 …… 156
7.5 本章小结 …… 159
参考文献 …… 159
第 8 章 基于协同嵌入的多视图深度表示学习方法 …… 162
8.1 协同嵌入研究基础及本章研究内容 …… 162
8.2 协同嵌入多视图表示学习框架 …… 162
8.2.1 本章假设与相似性判断策略 …… 163
8.2.2 表示学习与坐标对齐 …… 164
8.2.3 多视图标记传播算法 …… 168
8.3 实验验证与有效性评估 …… 170
8.3.1 数据集介绍 …… 172
8.3.2 分类效果评估 …… 173
8.3.3 特征表示对比 …… 176
8.3.4 参数敏感性评估 …… 179
8.3.5 训练时间与收敛性 …… 180

8.4 本章小结 …… 182
参考文献 …… 183
第 9 章 视图间具有互补信息交流的多视图深度表示学习方法 …… 185
9.1 多视图间信息交流研究基础及本章研究内容 …… 185
9.2 受人类群体智能启发的多视图深度表示学习方法 …… 186
9.2.1 人类交流模型与整体架构 …… 186
9.2.2 单轮视图交流模型 …… 187
9.2.3 多轮视图交流模型 …… 191
9.2.4 表示学习与分类 …… 192
9.3 不同领域的多视图任务评估 …… 193
9.3.1 医学领域的对比 …… 193
9.3.2 生物信息学领域的对比 …… 195
9.3.3 机器学习领域的对比 …… 195
9.4 实验验证与有效性评估 …… 198
9.4.1 视图交流有效性评估 …… 199
9.4.2 参数敏感性评估 …… 202
9.4.3 互补信息交流普适性 …… 203
9.4.4 与协同学习方法的区别 …… 203
9.5 本章小结 …… 204
参考文献 …… 204
第 10 章 语义可解释多视图深度表示学习方法 …… 207
10.1 可解释性多视图表示学习研究基础及本章研究内容 …… 208
10.2 基于对齐的语义可解释多视图表示学习方法 …… 209
10.2.1 基于对比学习的语义对齐表示学习网络 …… 209
10.2.2 基于表示激活映射 RAM 的多视图语义相关性解释框架 …… 211
10.2.3 基于类别激活映射 CAM 的特征重要性解释方法 …… 213
10.3 实验设置与结果分析 …… 213
10.3.1 跨视图检索实验 …… 214
10.3.2 基于 RAM 的语义相关性解释实验 …… 215
10.3.3 RAM 兼容 CAM 实验 …… 220
10.4 有效性评估 …… 222
10.4.1 方法适用场景与先进性 …… 222
10.4.2 方法普适性 …… 223
10.5 本章小结 …… 223
参考文献 …… 224

第 I 部分

多视图学习与深度学习

第 1 章　多视图学习概述

多视图学习也称作多视角学习，是一种机器学习方法，其核心思想在于协同利用来自同一数据对象的多个异构特征集合(视图)进行模型训练，以提高模型的泛化性能与鲁棒性。该方法需要充分挖掘并融合不同视图之间蕴含的一致性与互补性信息。通过设计有效的共识准则和互补准则，多视图学习算法能够实现跨视图信息的有效整合，在多媒体内容理解、网页分类、图像检索等领域有着广泛应用。多视图学习中的主要算法包括协同训练、多核学习和子空间学习，这些算法通过不同的机制建模视图间关系，有效捕捉并利用多视图数据的固有特性，从而提升学习效果。鉴于其独特的问题视角和广阔的应用前景，多视图学习已成为数据挖掘和机器学习领域的重要研究方向之一。多视图学习概论示意如图 1.1 所示。

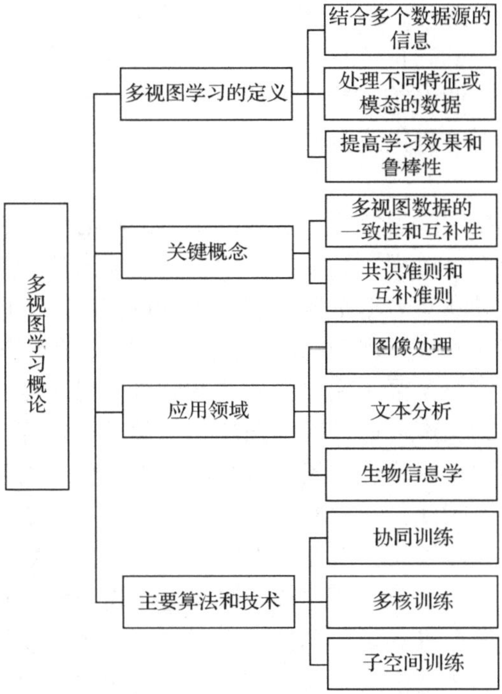

图 1.1　多视图学习概论示意图

1.1　背景与意义

在科技飞速发展的今天，新兴技术无处不在，例如，精准的人工智能、大规模的数据分析、高质量的机器学习等。在人们的生活中，常常发现同一个对象可以从不同的角度来描述。例如，电视新闻可以通过主播讲述、字幕或手语来表达相同的意思；对一个人的识别可以综合利用外貌、说话声音、走路姿态等不同维度的生物特征信息；同一地理区域的遥感观测数据可能来源于卫星平台搭载的可见光传感器、红外传感器、紫外传感器等异构传感器网络。在前两个情境中，不同观测维度构成了对同一对象的多视角(multi-perspective)描述；在后一情境中，不同物理设备或传感器则归类为多源(multi-source)数据。这些不同的观测维度或数据来源构成了数据的视图(view)。因此，由多个视图描述同一对象的不同特征集合组成的数据，统称为多视图数据(multi-view data)。

多视图数据的内在价值根植于其两大基本特性：一致性(consistency)与互补性(complementarity)。一致性指的是，不同视图虽然表现形式各异，但它们描述的是同一客观实体，因此，在语义层面蕴含着高度相关甚至冗余的信息。例如，无论从哪个角度拍摄的人脸照片，都指向同一个人的身份。互补性则强调，每个视图都包含其他视图所缺失的独特信息。例如，语音信号能捕捉情感起伏，而文本内容则侧重于逻辑语义，两者结合能提供比单一视图更全面的理解。因此，一致性为跨视图信息校验与对齐提供了基础，而互补性则是实现信息增益、提升模型性能上限的关键。

相较于传统的单视图学习范式，多视图学习的核心优势在于能够显著提升模型的泛化能力与鲁棒性。单视图数据一旦存在信息缺失或噪声污染，其学习模型极易陷入局部最优，导致对数据本质的理解出现偏差。多视图学习通过整合多个信息来源，能够有效克服单一视图的局限性。一方面，各视图间的互补信息可以相互填充，形成对研究对象更为完整、立体的刻画；另一方面，一致性信息则有助于抑制特定视图中的噪声，通过跨视图的相互验证，提炼出更可靠、稳定的特征表示。直接将单视图学习算法应用于多视图数据，往往因忽视了视图间的内在关联而导致性能欠佳。因此，开展专门的多视图学习策略研究尤为重要。

如何设计有效的学习算法，以充分挖掘并利用多视图数据所蕴含的一致性与互补性信息，已成为机器学习领域的核心挑战与研究前沿。随着信息采集技术的飞速发展，多视图数据在机器学习和模式识别领域的研究取得了显著进展。充分利用多视图数据蕴含的多维度与多来源信息，不仅能更全面、更深入地刻画数据对象的本质特性，更在分类、聚类等核心学习任务上展现出超越单视图方法的性能优势。为了帮助读者更好地理解这一领域的发展现状和未来趋势，接下来将详细梳理多视图学习的最新研究进展，及其在不同应用场景下的实际效果。

1.2　多视图学习研究现状与进展

多视图学习利用来自不同视图的数据，通过挖掘它们之间的一致性信息和互补性信息，提高学习模型的性能[1]。多视图学习广泛应用于图像处理、自然语言处理、生物信息学等多个领域[2]。研究者在这些领域的研究不断深入，推动了多视图学习方法的多样化和持续优化。下面，将从多视图聚类方法、多视图分类方法、多视图回归方法和多视图决策方法四个方面，系统阐述多视图学习目前的研究现状与进展。

1. 多视图聚类方法

在多视图聚类方法的研究中，主要包括子空间学习方法(Subspace Learning Method，SLM)、图结构学习方法(Graph-Based Learning Method，GBLM)，以及多核学习方法(Multi-kernel Learning Method，MKLM)[3]。上述方法充分利用不同视图之间的一致性和互补性，通过构建统一的多视图表示，大幅提高聚类的准确性和鲁棒性。此外，基于协同训练(co-training)的多视图聚类方法也展现出良好的性能，特别是在处理高维和异构数据时效果尤为显著[4]。

2. 多视图分类方法

多视图分类方法近年来取得了显著进展，其核心研究涵盖特征提取、融合策略、模型构建和性能评估等多个关键子领域。早期方法多依赖于手工设计特征，而深度学习技术的引入则推动了自动特征提取与融合的广泛应用，大幅提升了分类精度[5]。更进一步，自监督学习和对比学习范式的兴起，有效缓解了对大规模标注数据的依赖，使模型能在有限标注下保持优异性能。通过深度挖掘并联合优化多视图间的关联信息，多视图分类模型能够更全面、鲁棒地捕获数据的复杂性，从而显著增强模型的泛化能力和对噪声或缺失视图的鲁棒性。

3. 多视图回归方法

在多视图回归方法的研究中，利用多视图数据的特性，研究人员设计了协同训练、多任务学习和深度学习等策略，提出多种多视图回归模型，如多视图深度高斯过程(Multi-view Deep Gaussian Process，MVDGP)、基于多核学习的多视图回归模型等[6]。上述方法通过共享不同视图的信息，提高了回归模型的预测性能和稳定性。特别地，基于多视图深度神经网络的方法，可以从不同视图中提取深层次特征数据，并将其有效融合，已被实证能够显著提升复杂回归任务的精度。

4. 多视图决策方法

多视图决策方法的研究则聚焦于协同整合不同视图的信息流，以优化复杂决策过程。为此，研究者构建了多种创新模型，如多视图集成决策支持系统、面向决策剧场的在线仿真机制等[7]。这些模型通过不同方式实现异构决策信息的协同建模与融合，如投票法、加权融合、贝叶斯融合等，有效集成来自不同视图的决策信息，增强了决策的准确性和可靠性。特别是在高不确定性与动态演化的复杂决策环境中，多视图决策方法展现出强大的适应性和灵活性，为稳健决策提供了坚实的理论支撑与技术保障。

总的来说，多视图学习在聚类、分类、回归和决策四大核心范式的研究已形成系统化体系。通过不断优化和创新，不仅推动了该领域的纵深发展，也极大地拓展了多视图学习在图像处理、自然语言处理及生物信息学等领域的实际应用广度与深度。未来，随着多视图学习方法的进一步发展和完善，其应用前景将更加广阔。

1.2.1 多视图聚类方法研究

多视图聚类(Multi-view Clustering)是一种高级数据挖掘技术，旨在对具有多元表征或异构特征集合的数据对象执行集群划分，以揭示数据内在的共识结构。多视图聚类的方法框架，其核心构成要素包括：视图数据表征与特征工程、跨视图信息融合机制、潜在共识结构发现，以及定制化聚类算法设计，实现对异构多视图数据的有效聚类。在此框架下，每个视图刻画了数据对象在特定维度或属性子空间上的表征，而不同视图间可能蕴含着相互补充或重叠的信息。当前主流的多视图聚类方法可系统归纳为以下三大技术范式：子空间学习方法(SLM)、图结构学习方法(GBLM)、多核学习方法(MKLM)。这些范式均通过深度协同利用不同视图的互补信息，进一步提升聚类效果和鲁棒性。

1. 子空间学习方法(SLM)

子空间学习方法是多视图聚类的核心范式之一，其核心目标是从多个子空间或一个更适合处理高维数据的潜在空间中，学习所有视图数据的统一新表示，其主要思想如图 1.2 所示。这一研究方向常被称为多视图子空间聚类 (Multi-view Subspace Clustering, MVSC)，主要分为基于线性/非线性投影的子空间学习和基于非负矩阵分解(Non-negative Matrix Factorization，NMF)的模型两大类[8]。基于线性/非线性投影的子空间学习的方法旨在将原始多视图数据投影到一个共享的低维子空间中，以捕捉不同视图间的共性特征。典型相关分析(Canonical Correlation Analysis，CCA)是其中的代表，通过线性投影优化不同视图的相关性。近年来，深度典型相关分析(Deep Canonical Correlation Analysis，DCCA)则采用深度神经网络进行非线性映射，从而提高了对复杂数据结构的建模能力[9]。例如，美国卡耐基·梅隆大学的 Andrew 等提出的 DCCA 方法，利用深度神经网络从不同视图中提取非线性特征，并优化视图之间的相关性，成功应用于跨模态检索和分类任务中。基于 NMF 的方法将多视图数据分解为基矩阵和系数矩阵的乘积，实现数据的低维表示和聚类分析。该方法在文本挖掘和图像处理中具有广泛应用。例如，北京大学的 Wang 等研究人员提出的基于 NMF 的多视图聚类方法，通过联合分解多个视图的非负矩阵，优化跨视图的聚类效果[10]。基于矩阵分解的方法，尤其是 NMF，由于其结果的非负性和潜在的稀疏性，往往具有较好的可解释性。同时，其优化过程相对直接，计算效率较高，这使得这类方法特别适用于需要快速处理和结果解释的应用场景，如自动驾驶系统中的特定感知任务。然而，子空间学习方法普遍存在一些固有的局限性。例如，它们可能对输入数据中的噪声比较敏感，且优化过程(特别是对于非凸问题)容易陷入局部最优解，这在一定程度上影响了其在复杂实际环境中的鲁棒性和性能稳定性。因此，如何发展对噪声更鲁棒、优化能力更强的相关性分析或矩阵分解方法，仍然是多视图学习领域的重要研究方向。

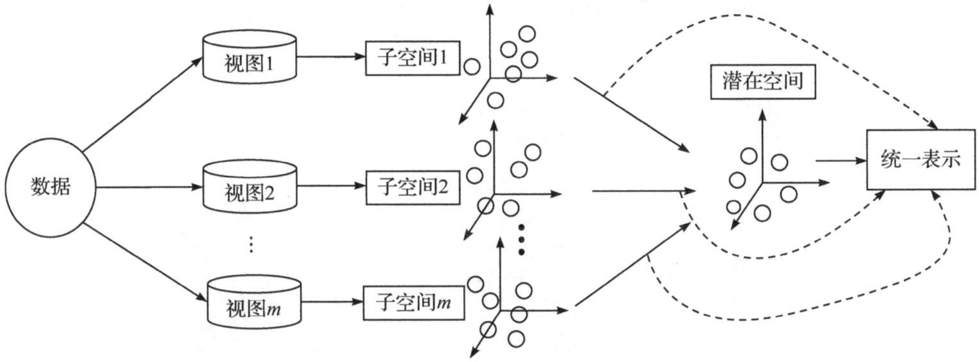

图 1.2　多视图子空间聚类

2. 图结构学习方法(GBLM)

图是一种用于刻画数据之间复杂关系的结构，由节点集合和边集合组成。一个节点代表一个数据样本，而每条边则描述了数据样本之间的关联。在多视图图结构中，通常通过相似度或亲和矩阵来建模这些关系，即输入的图矩阵是基于数据相似度矩阵构建而成的，其一般流程如图 1.3 所示。图结构学习方法主要包括谱聚类(Spectral Clustering，SC)、图正则化(Graph Regularization，GR)、多视图图嵌入(Multi-view Graph Embedding，MVGE)，以及多视图图卷积网络(Multi-view Graph Convolutional Network，MVGCN)。谱聚类(SC)作为一种重要的图结构学习方法，通过构建图的拉普拉斯矩阵，进而利用其特征分解来发现数据的簇结构。

在多视图聚类中，谱聚类通常会为每个视图构建一个相似度图，并在联合拉普拉斯矩阵上进行谱分解，提取数据的全局结构特征。图正则化(GR)在学习过程中引入图结构信息，能够有效增强模型的结构感知能力和泛化性。在多视图聚类中，图正则化在每个视图的数据上构建图结构，并在目标函数中加入图正则化项，确保不同视图间的特征在图结构上保持一致[11]。例如，美国卡耐基·梅隆大学的 Zhou 等学者提出一种基于图正则化的多视图聚类方法，通过协同学习一个能够反映多个视图共识信息的共享图结构，实现跨视图的聚类优化[12]。多视图图嵌入(MVGE) 旨在将多视图数据及其关联的图结构映射到统一的低维向量空间中。针对多视图场景，多视图图嵌入为每个视图构建图结构，以表征其独特的内部模式或依赖关系，随后在共享的低维嵌入空间中融合异构视图间的信息，从而学习到能够捕获多模态关联性的联合嵌入表示。例如，英国剑桥大学的 Tang 等学者[13]的工作便是这一方向的代表，通过对多视图数据进行联合嵌入和优化，提升聚类效果。多视图图卷积网络(MVGCN)代表了图结构学习与深度学习的结合趋势。MVGCN 通过堆叠图卷积层，能够在图结构上传播和转换节点特征，从而学习到具有层次结构的深度表示。在多视图环境下，MVGCN 为每个视图的数据构建图结构，并在图卷积网络中进行联合学习和优化，从而捕捉不同视图间的共享和互补信息。

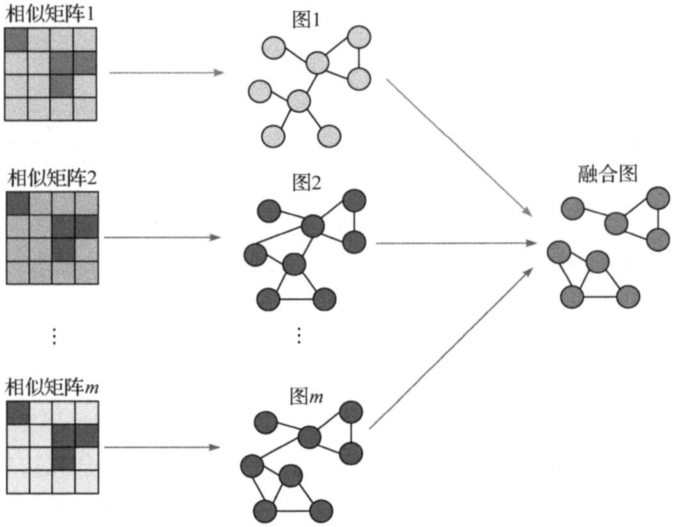

图 1.3 多视图图学习聚类

3. *多核学习方法*(MKLM)

多核学习方法的核心思想是通过线性或非线性的组合方式融合多个预定义或学习到的基核函数，以构建一个复合核函数，从而提升模型对复杂数据的建模能力和泛化性能。每个基核函数在本质上对应不同的视图，有效的核组合能显著提升聚类效果。在多视图聚类背景下，多核学习为每个视图选择一个或多个基核函数并构建核矩阵，随后将这些视图特定的核矩阵融合成一个全局的复合核矩阵，最终在该复合核矩阵上执行标准的基于核的聚类算法(如核 *K*-Means、谱聚类等)，以发现多视图数据的共识簇结构。一般流程如图 1.4 所示。

多核学习方法的引入，相较于仅使用单一核函数或简单地拼接多视图特征，能够极大地扩展模型的函数空间和表达能力。其关键挑战在于如何有效地选择或设计基本核函数，以及如何学习最优的核组合策略，使得融合后的复合核能够最大化地促进下游聚类任务的性能。例如，研究者将经典的 *K*-Means 聚类方法扩展至希伯尔特空间，通过将多视图数据表示为加权组合的复合核矩阵，进而在此基础上进行 *K*-Means 聚类算法迭代[14]。在这一过程中，如何通过优化核函数的组合方式，有效整合不同视图的信息，使复合核矩阵能最佳地反映多视图数据的内在聚类结构，成为该方法的核心挑战。最新的研究趋势包括基于深度学习的自动核函数学习，以及探索结合图神经网络的复杂核函数优化策略。这些前沿研究旨在提升核函数在多视图数据中的表达能力和适应性，从而增强多核学习方法在实际应用中的效果和可解释性。

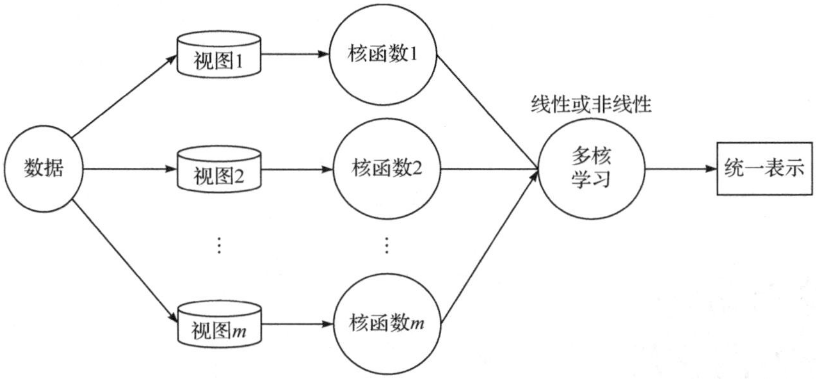

图 1.4　多视图多核学习方法

1.2.2　多视图分类方法研究

多视图分类方法专注于研究能够同时利用不同视角或模态的数据表示(即视图)进行有效分类的理论，旨在通过对各视图所蕴含信息的联合分析与深度融合，构建出相比于任一单一视图分类器更具判别能力的分类模型。该研究领域涵盖多个子领域，包括特征表示与提取、信息融合、模型构建、性能评估与模型优化等。

1. 特征表示与提取

在多视图分类的整个流程中，特征表示与提取是至关重要的初始环节。其核心思想为从来自不同视图的原始数据中有效地捕获判别性信息，并将其映射或转换到一个统一的、适合后续分类任务处理的特征空间。典型的多视图特征提取流程可参考图 1.5。传统方法通常采用手工设计或浅层学习技术为每个视图独立提取特征，再通过特征级融合策略(如简单的特征向量拼接或基于统计量、投影等方法进行聚合)整合成一个联合特征向量，作为后续分类器的输入。这种方法的优点是概念直观，但高度依赖于人工设计的特征质量，往往难以捕捉视图间的复杂非线性关系及高层次语义信息。然而，随着深度学习技术的发展，基于深度神经网络(Deep Neural Network，DNN)的方法在多视图特征表示学习方面取得了显著进展，能够以端到端(end-to-end)的方式，直接从原始多视图输入中自动学习更具表达力和层次化的复杂特征表示。例如，对于本身或可建模为图结构的多视图数据(如社交网络中的用户活动视图和关系视图、生物信息学中的蛋白质相互作用网络和基因表达数据等)，图神经网络(Graph Neural Network，GNN)可以有效建模不同视图内部的结构关系，或构建连接不同视图数据的统一关联图。通过图上的信息传播与聚合机制，GNN 能够有效地实现跨视图的结构信息交互与特征融合学习。

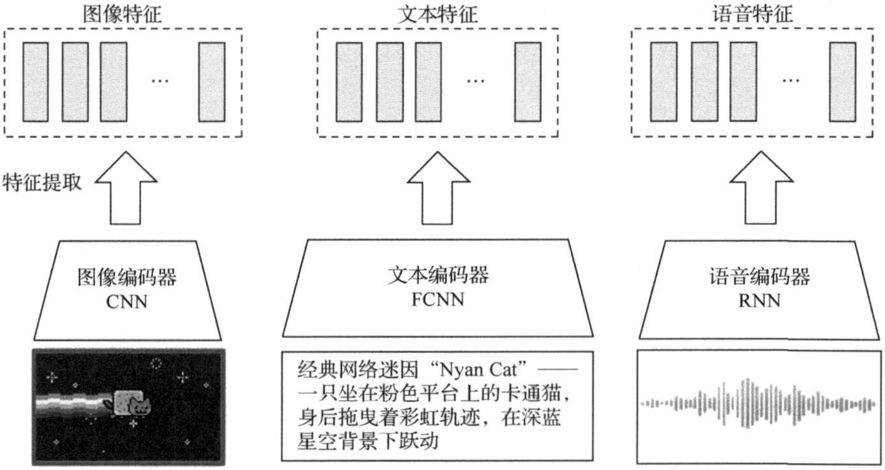

图 1.5　多视图特征提取

2. 信息融合策略

在多视图分类框架中，信息融合是决定模型性能的关键环节之一。其核心挑战在于如何高效地融合来自不同视图的异构信息，以此来增强分类器的性能和鲁棒性，这不仅需要深入理解各视图数据的特性，更需要设计精巧的机制来捕捉并利用视图间隐藏的关联与互补信息。当前主流的多视图信息融合策略可大致划分为三个主要类别：特征级融合、决策级融合，以及两者的混合策略，其典型的示意图如图 1.6 所示。在特征级融合领域，研究者致力于在同一特征空间实现不同视图特征表示的联合学习。最直接的方式是将各视图独立提取的特征向量简单地进行拼接，更复杂的是学习一个共享的、低维的多视图联合表示空间，或设计深度神经网络结构实现特征的内部融合。Pan 等研究者提出一种基于典型相关分析(CCA)的方法，通过最大化不同视图特征之间的相关性，实现有效的特征级融合[15]。此外，Wang 和 Zhang 提出一种基于图的结构化融合方法来构建视图间的关联图，利用图论中的节点和边来表征不同视图的特征关系，从而实现特征的高效融合[16]。决策级融合策略则是在每个视图独立训练分类器之后，在输出层面(如类别概率、类别标签或置信度分数)对各视图分类器的预测结果进行集成来提升最终的分类效果。常见的决策级融合技术包括投票法(voting)、加权平均法(weighted averaged)和基于机器学习的集成方法。Xu 等研究人员提出一种基于动态权重调整的决策级融合策略，根据各分类器的性能动态分配权重，通过迭代优化过程，提高分类的准确性[17]。同时，Liu 和 Zhang 等探索了基于证据理论(dempster-shafer theory)的方法，利用证据合成规则将各视图分类器的预测视为独立证据源，通过证据合成来融合不确定信息，从而得到更鲁棒的联合决策结果[18]。混合策略则融合了特征级和决策级融合的优势，采用多阶段的方式，先在较低层次(如特征层)进行部分融合，再在较高层次(如决策层)进行进一步集成或优化，以期在分类性能上取得更好的平衡。Zhao 等研究者提出一种多阶段融合框架，在特征层面利用主成分分析(Principal Component Analysis，PCA)等技术进行初步的降维融合生成中间表示；然后在决策层面，训练基于这些中间表示的分类器，如支持向量机(Support Vector Machine，SVM)，并通过某种集成或优化机制进行最终的决策整合。实验结果表明，此类混合策略在多个标准数据集上能够有效提升分类性能[19]。

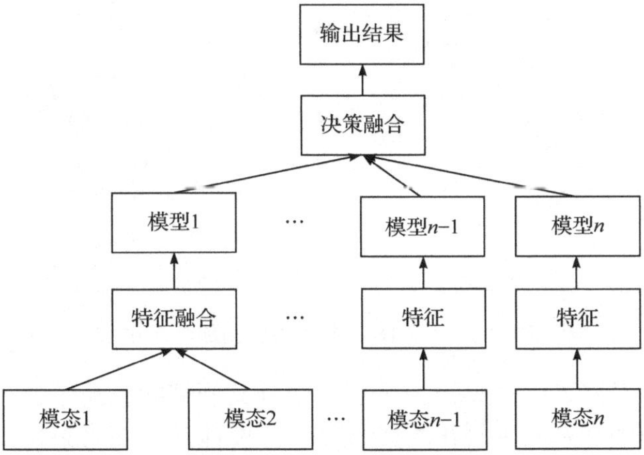

图 1.6　融合策略示意图

3. 模型构建

在完成了多视图数据的特征表示、提取与潜在的信息融合之后，模型构建成为实现最终分类任务的关键步骤。这一阶段需要设计合适的机器学习模型或框架，使其能够充分利用经过处理的多视图信息，捕捉潜在的判别模式，并构建出具有高预测精度、良好鲁棒性和泛化能力的分类器。用于多视图分类的模型构建框架示意图如图 1.7 所示。协同训练是一种源于半监督学习的技术，但其利用多个独立视图的理念，也被扩展应用于多视图分类，特别是在有限标注数据的情况下。其基本思想是利用不同视图训练独立的学习模型，并让这些模型通过相互“教导”或利用彼此的预测结果来迭代地增强自身的学习能力。协同训练方法主要分为基本协同训练和改进的协同训练两大类。基本协同训练最初用于两个充分且条件独立的视图时，利用未标注数据提升分类器性能。其核心思想是通过在不同视图上训练独立的回归模型，并将高置信度的预测结果“传递”给其他视图的模型作为伪标签，从而扩展训练数据并提升性能。改进的协同训练策略对原有方法进行拓展，引入了更复杂的视图间信息交换和模型集成机制，主要分为共识驱动和模型驱动两种。基于共识的方法强调不同视图学习到的模型或特征表示在潜在空间上达成一致或保持高相关性，是通过设计视图一致性约束或最小化不同视图预测结果之间的差异来实现。基于模型的方法则通过共享部分模型参数或者构建复杂的联合优化目标函数来指导不同视图模型的协同训练，优化模型的性能。

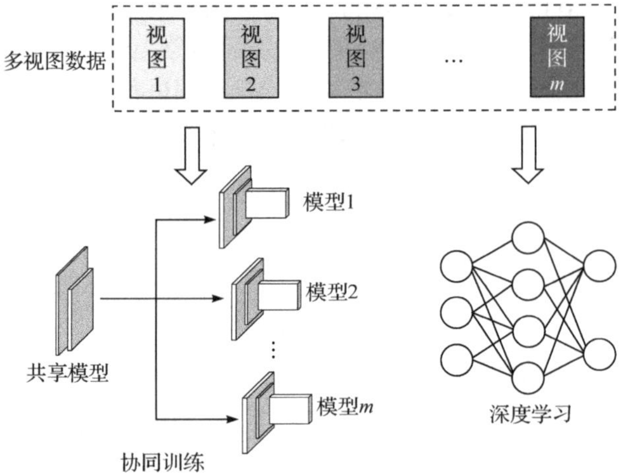

图 1.7　用于多视图分类的模型构建框架示意图

基于深度神经网络的模型已成为多视图分类领域的主流范式，尤其在处理大规模、高维多视图数据时展现出卓越性能，主要体现在网络架构的设计上。多流架构是最直观的设计之一，如多流卷积神经网络(Multi-stream Convolutional Neural Network，MCNN)在每个视图上分别构建独立的卷积流，然后在高层进行特征融合，从而捕捉不同视图的独有信息和共享特征。麻省理工学院的研究者提出一种改进的多流卷积神经网络，通过在特征融合过程中引入注意力机制，显著提升回归模型在复杂数据集上的性能[20]。而多任务学习架构将多视图分类视为一个多任务学习问题，其中每个视图的分类或相关的辅助任务被视为一个子任务。美国卡内基梅隆大学的科学家提出了一种基于深度学习的多任务学习方法，通过设计多任务神经网络(Multi-task Neural Network，MTNN)，在共享层上学习特征表示，并在任务特定层上学习特定的预测模型，从而有效整合多视图数据[21]。

4. 性能评估与模型优化

性能评估与模型优化是多视图分类方法研究中不可或缺的一环。在这一领域，研究者通过实验验证和理论分析，对多视图分类方法在不同数据集上的表现进行系统评估，并根据评估结果对模型进行精细化调整，其主要内容如图 1.8 所示。为确保评估结果的无偏性，并有效规避过拟合对性能评估的干扰，一般采用经典的 K 折交叉验证策略。此方法通过将数据集划分为 K 个互斥的子集，并在 K 次迭代中轮流选择一个子集作为测试集，其余 $K-1$ 个子集作为训练集，从而对模型性能进行多次独立评估，并取其平均值作为最终性能指标。Li 等研究者对所提出的多视图分类方法进行了实验验证，其有效性在多个标准数据集上得到充分展现。为确保评估的客观性，研究人员遵循交叉验证原则，细致评估了模型在不同数据划分上的表现[22]。实验结果表明，多视图分类方法在各种场景下都取得了较好的分类性能。其次，在模型优化方面，Li 等研究者根据实验结果对模型进行精细化调整，包括对关键参数进行系统的敏感性分析，以识别最佳配置来进一步提升性能[23]。此外，为优化训练效率和收敛性，他们还深入探索并比较了多种优化算法，如梯度下降及其变体。

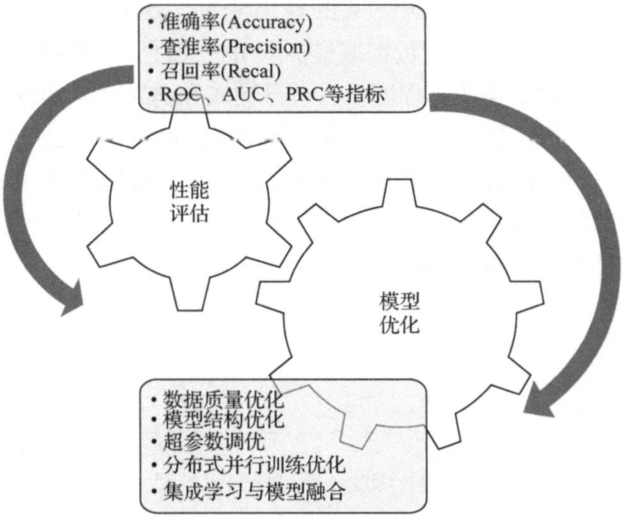

图 1.8　性能评估与模型优化

1.2.3　多视图回归方法研究

相较于传统的单视图回归模型仅依赖单一数据表示，多视图回归致力于挖掘不同视图间的互补性与一致性，从而构建更鲁棒、更全面的数据表示，进而实现更精准的连续值预测。现有研究已针对多视图回归问题构建了多元化的模型体系，其方法论包括多视图深度高斯过程、基于多核学习的多视图回归模型等[24]。

1. 多视图深度高斯过程

多视图深度高斯过程(MVDGP)是一种端到端的多视图回归模型，通过整合深度学习的层次化特征提取能力与高斯过程的强大建模及不确定性量化优势，协同处理来自多个异构视图的数据，从而实现更精准、更具可信度的连续值预测。高斯过程(Gaussian Process，GP)作为一种非参数贝叶斯模型，以其卓越的函数空间建模能力和对预测不确定性的有效量化而著称，这使得 GP 及其变体在机器学习领域中得到广泛发展[25]。然而，传统的浅层 GP 在处理复杂、高维或具有层次结构的数据时可能面临表达能力不足的挑战。为克服这一局限，Lawrence 等研究人员[26]提出深度高斯过程(Deep Gaussian Process，DGP)。DGP 模型本质上是由多个高斯过程层级堆叠而成，模型每一层输出作为下一层的输入，构建了一个非线性的、层次化的函数映射。这种结构不仅继承了 GP 固有的贝叶斯不确定性估计能力，更通过引入深度神经网络实现了对复杂数据的高效特征提取和更强大的函数逼近能力。DGP 的提出标志着 GP 领域的一个重要里程碑，并促生了一系列基于 DGP 的变体，如嵌套变分压缩 DGP 和深度卷积 GP 等。

假设一个 DGP 模型具有 L 个中间层，将模型中的潜变量集合定义为 $F=\{F_1,F_2,\cdots,F_l\}$，其中，F_l 是第 l 层的输出变量，也是第 $l+1$ 层的输入变量，$l=1,\cdots,L-1$。为了提升模型在大数据场景下的可扩展性，DGP 模型普遍引入了稀疏高斯过程的思想，在每个高斯过程层引入诱导输入和诱导变量实现。具体而言，为每一层引入诱导输入集合 $Z=\{Z_1,Z_2,\cdots,Z_l\}$ 和诱导变量集合[27] $U=\{U_1,U_2,\cdots,U_l\}$，有效地降低了高斯过程的计算复杂度，使其从立方复杂度降低到与诱导点数量相关的更低复杂度。深度高斯过程的图模型表示如图 1.9 所示，清晰地展现了各层潜变量、诱导变量以及观测变量之间的依赖关系。

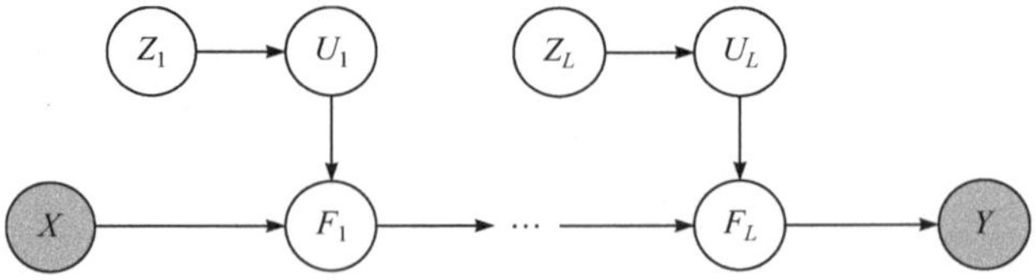

图 1.9　深度高斯过程的图模型

近年来，由于 DGP 模型后验分布的复杂性和非高斯性，精确推断通常难以实现。因此，研究者提出了多种近似推断方法，主要可分为两大类：变分推断(Variational Inference，VI)方法和蒙特卡洛方法(Monte Carlo method)。传统变分推断是一种经典方法，它通过最小化近似后验与真实后验之间的 KL 散度来优化变分下界。然而，标准 VI 在处理大规模数据集时，由于其计算成本与数据量呈线性或超线性关系，因此常受到数据量的限制。为解决这一问题，双重随机变分推断等基于随机优化的变分方法被提出，利用小批量(mini-batch)梯度更新，显著提高了计算速度和可扩展性。此外，还有结合变分自编码器(Variational Autoencoder，VAE)思想的 DGP 推断方法，通过深度生成模型的框架来近似后验。蒙特卡洛方法是从后验分布中抽样来估计感兴趣的量。其中，马尔可夫链蒙特卡洛(Markov Chain Monte Carlo，MCMC)及其变体，如哈密尔顿蒙特卡洛(Hamiltonian Monte Carlo，HMC)，能够生成从复杂高维后验分布中抽取的样本，从而提供对真实后验更准确的逼近。随机梯度哈密尔顿蒙特卡洛(Stochastic Gradient Hamiltonian Monte Carlo，SGHMC)将 HMC 与随机优化结合，允许使用小批量数据进行高效采样，特别适合大规模数据且能更有效地刻画真实数据中存在的非高斯或多模态后验，从而更全面地捕捉 DGP 的复杂行为。

2. 基于多核学习的多视图回归模型

基于多核学习的多视图回归模型结合多核学习(Multiple Kernel Learning，MKL)和多视图学习(Multi-View Learning)的思想，旨在协同利用来自不同数据视图的丰富信息以及多个核函数在特征空间中的映射能力，提高回归模型的准确性和鲁棒性[28]。多核学习允许优化地组合一系列预定义的基核函数，以构建一个适应特定学习任务的最佳复合核。常见的多核学习算法包括基于范数正则化的方法，如组稀疏正则化(Group Lasso)，常用于诱导核权重的稀疏性选择，以及多重自适应回归核模型等。这类模型的构建通常遵循一套系统的流程，涵盖了从数据预处理到模型优化的多个关键步骤：视图选择与特征提取、核函数选择、核函数组合、回归模型构建、模型优化[29]。具体过程如图 1.10 所示。

基于多核学习的多视图回归模型是一种高效的机器学习范式，它通过整合多个核函数和多个视图中的信息来提高回归模型的准确性和鲁棒性。然而，该类模型也存在计算复杂性高、核函数选择和优化难题，以及模型的可解释性不足等缺点。在实际应用中，需要根据具体的任务需求、数据特性(如数据规模、视图数量和异构程度)以及可用的计算资源，以选择合适的模型和方法。

1.2.4　多视图决策方法研究

在复杂多变且信息爆炸的当代社会中，现实世界的决策问题呈现出显著的多源、异构与高维特性。传统的单视角决策方法往往只能利用单一数据源的信息，

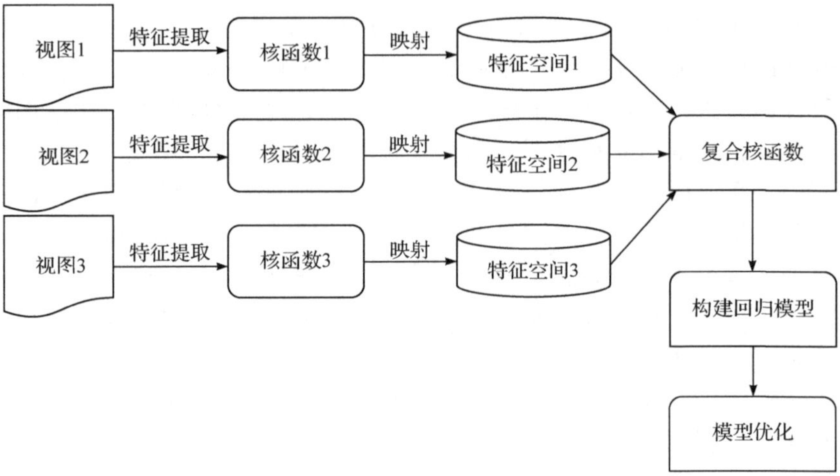

图 1.10　基于多核学习的多视图回归模型构建步骤

难以全面、准确地反映问题的本质和规律。因此，多视图决策方法应运而生，成为处理复杂决策问题的有效手段。它能够模拟人类在面对复杂问题时，从多个角度、多个维度进行综合考量的认知过程。围绕多视图决策的理论基础与应用实践，涌现出多样化的模型与框架，如基于多视图集成的决策支持系统、面向决策剧场的在线仿真机制等。这些模型通过不同的方式整合来自不同视角的信息，以支持更科学的决策过程。

1. 基于多视图集成的决策支持系统

基于多视图集成的决策支持系统(Multi-view Integrated Decision Support System，MV-DSS)是指利用多个不同的数据视图或信息视角，进行深入分析、理解与可视化呈现，并将这些视图的结果进行有效集成，最终为复杂决策提供更全面、更深入的洞察与支持，如图 1.11 所示。MV-DSS 是决策支持系统领域中的一种高级形式，它结合了多视图技术和集成方法，致力于构建统一且多维度的信息表征空间，从而能够更全面地揭示决策情境的本质，挖掘数据深层关联，并有效降低因信息缺失或单一视图偏差带来的决策风险[30]。

随着大数据、人工智能等技术的不断发展，基于多视图集成的决策支持系统也将不断进化和完善。未来，该系统将更加注重实时性、智能化和个性化，以更好地满足复杂多变的决策需求。此外，MV-DSS 将加速实现跨领域、跨地域的数据共享与协同决策。通过构建分布式决策网络、采用联邦学习和区块链等技术，它将有效突破传统信息孤岛，促进全球范围内的知识流动与智能协作，从而在应对全球性挑战、推动社会进步中发挥日益关键的作用。

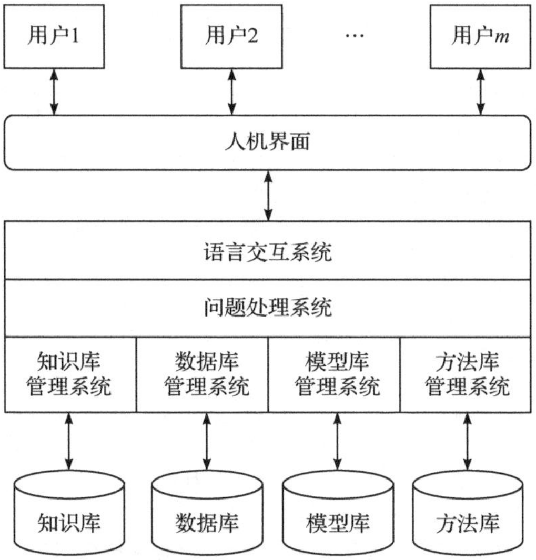

图 1.11　基于多视图集成的决策支持系统

2. 面向决策剧场的在线仿真机制

决策剧场(decision theater)作为一种将多视图方法论与沉浸式仿真技术深度融合的创新实践，旨在为复杂决策提供高度直观、交互与协作的物理及虚拟环境。它通过构建虚拟决策场景，利用在线仿真机制实现数据的多模态可视化呈现与交互式沉浸式决策体验。

这一概念由美国亚利桑那州立大学的研究者提出，其标志性成果——亚利桑那州立大学决策剧场的核心部件被称为“The Drum”，由 7 块直径约 20ft[1)]、高约 8ft 的 260°背面立体投影显示屏构成，用于展示全景的三维视频或三维图像[31]。决策剧场利用高性能计算机群和图像处理技术，构建一个交互的三维沉浸式交互环境。它以共享的数据与对象库为基础，将仿真、可视化、协作群决策三大平台整合为一体，对复杂问题的决策过程和结果进行生动、直观的可视化呈现。在此框架下，在线仿真是特指通过网络连接的计算机系统和仿真软件，实时或接近实时地模拟现实世界中的复杂系统或过程，为决策者提供即时、具象的参考依据。决策剧场作为一种先进的仿真方案和决策支持平台，具有交互性(Interaction)、沉浸感(Immersion)和构想性(Imagination)等三个突出的特征(合称为“3I”特性)[32]。这些特性共同赋能决策者更深入地参与、理解，并前瞻性地塑造决策未来，为应对气候变化、城市规划、应急管理等复杂巨系统问题提供了革命性的决策支持工具。

表 1.1 给出了 1.2 节介绍的四类多视图学习方法的对比及分析。

1) 1ft = 30.48cm。

表 1.1 四类多视图学习方法对比及分析

方法	优点	缺点	未来研究方向
多视图聚类方法	(1) 综合利用多个数据源的信息 (2) 提升聚类稳定性与准确性 (3) 发现潜在的模式和结构 (4) 增强模型的泛化能力	(1) 高维数据处理与计算复杂度高 (2) 缺乏统一的性能评估标准 (3) 依赖领域知识和专家经验	(1) 自动视图选择和权重分配 (2) 提升模型可解释性与增强决策可信度 (3) 面向实时与多动态环境的适应性研究 (4) 隐私保护机制与模型安全性研究
多视图分类方法	(1) 实现丰富信息源的融合 (2) 降低过拟合风险 (3) 提高泛化能力 (4) 适用于数据分布不平衡场景	(1) 可解释性差 (2) 计算复杂度高 (3) 视图间的不一致性可能导致预测冲突	(1) 高效多视图学习算法的设计与优化 (2) 多视图数据的高效预处理与归一化技术 (3) 面向多视图的特征提取、选择与融合方法
多视图回归方法	(1) 有效利用视图间的信息互补性 (2) 提高鲁棒性 (3) 提升预测准确性及模型泛化能力	(1) 算法复杂性增加导致计算成本上升、效率降低 (2) 最优视图子集选择困难 (3) 异构视图数据的有效融合策略缺乏	(1) 高效与可扩展算法设计 (2) 跨模态融合机制研究 (3) 面向动态视图的自适应方法
多视图决策方法	(1) 提供更全面的决策依据 (2) 增强决策系统的鲁棒性 (3) 具有良好的环境适应能力 (4) 具备获取更高决策精度的潜力	(1) 模型参数调优复杂且困难 (2) 存在模型过度拟合的风险	(1) 自动化视图选择与动态权重分配策略 (2) 与不确定性推理、强化学习等技术的深度融合

1.3 多视图学习研究不足与展望

尽管多视图学习在多个领域取得了显著进展，但仍存在一些亟待解决的问题和挑战，这些不足也为未来的研究指明了方向。

1. 数据复杂性与计算效率

真实世界中的数据往往具有庞大的规模、高维度以及动态演变的特性。然而，现有的大多数多视图学习算法，尤其是那些基于核方法、谱图理论或需要构建全样本相似性矩阵的方法，在处理大规模数据集时往往面临严峻的计算效率和内存开销挑战，其复杂度常呈二次甚至更高次方增长。目前，许多算法仍主要针对中小型数据集设计，当应用于亿级甚至更大规模数据时，其训练时间和资源消耗难以承受。因此，亟须研究和开发具备高可伸缩性、低计算开销、高效并行处理能力的多视图学习算法。探索增量式和在线学习机制，以适应数据流的实时处理需求；借鉴深度学习领域在优化大规模模型方面的经验，如分布式训练、GPU 加速与模型量化；

开发基于稀疏表示、低秩逼近、随机投影或图神经网络等技术的轻量级模型；以及研究能够适应动态数据流的多视图学习框架，以应对数据的高速更新。

2. 不完整多视图数据处理

在实际应用中，传感器故障、数据采集限制、隐私保护或传输损耗等多种原因，使得多视图数据往往难以保证完全性。这种不完整性表现为实例级的视图缺失(即某些样本在部分视图上无数据)或视图级的整体缺失(即某些视图对所有样本均不可用)。当前多数多视图学习算法仍假定数据完整或对缺失处理能力有限，这严重制约了它们在真实环境中的部署和性能。如何降低缺失数据对算法的影响，以及如何研究有效的数据表示和融合方法，是极具挑战性的问题。

3. 视图选择与特征表示

多视图学习性能的优劣，核心取决于能否从异构视图中提取高质量、具有鉴别力的特征表示，并进行有效融合。来自不同数据源的视图可能在数据类型(如图像、文本、传感器信号)、维度、尺度、噪声水平、语义粒度及信息完备性上存在显著差异。如何克服这些异构性，并在保留各视图独特信息的同时，学习到跨视图的共享语义表示，是一个核心挑战。此外，如何识别并抑制冗余或噪声视图对融合结果的负面影响，同样关键。未来需要研究更加精细化、自适应的视图融合策略，例如，基于注意力机制的视图加权与选择，以动态突出重要视图；开发能够同时学习共享语义空间和各视图特有特征的深度多视图模型等。

4. 自适应性与鲁棒性

当前的多视图学习算法在实际部署时，常面临参数调优困难、对超参数敏感等问题。例如，在多视图聚类任务中，多数算法需要预先指定聚类的簇数量，而这在真实场景中往往是未知且难以确定的。同时，真实数据中不可避免地存在噪声、异常值，甚至标签错误或分布漂移，这要求算法具备更高的鲁棒性以避免性能急剧下降。此外，随着模型复杂度的增加，其内部决策机制的“黑箱”特性也日益凸显。

1.4　本书内容安排

本书系统阐述这一前沿研究领域的核心理论、方法及其在人工智能关键应用中的实践。多视图深度学习融合了多视图学习在信息融合与协同分析方面的优势，以及深度学习在复杂数据表征与端到端学习方面的强大能力，为处理现实世界中多源异构数据提供了高效且鲁棒的解决方案。本书的内容主要分为 3 部分，第 I

部分着重探讨多视图学习的研究背景、应用领域的研究现状和未来发展趋势，同时介绍多视图特征表示学习和深度学习领域的几种典型方法；第Ⅱ部分围绕多视图特征学习的应用与研究展开，涵盖基于子空间学习的多视图特征学习方法、基于字典学习的多视图特征学习方法和基于半监督鉴别分析的多视图特征学习方法，通过数据采集、建立模型和实验分析，对各方法的分类效果、关键组成部分、运行时间和参数影响进行评估；第Ⅲ部分聚焦多视图深度表示学习的应用与研究，系统介绍以下五种方法。

(1) 基于谱内识别与谱间相关分析深度网络的多光谱人脸识别方法：深入分析基于 IDICN(Intraspectrum Discrimination and Interspectrum Correlation Analysis Deep Network)模型的多光谱人脸识别技术。

(2) 基于共享-独有半监督学习的多视图深度鉴别表示学习方法：通过改进的损失函数和策略，有效分离视图间的共享信息与独有特性。

(3) 基于协同嵌入的多视图深度表示学习方法：设计新颖的深度学习框架，实现跨视图信息的相互增强。

(4) 视图间具有互补信息交流的多视图深度表示学习方法：建立视图间高效反馈机制，实现信息互通。

(5) 语义可解释多视图深度表示学习方法：利用对比学习来对不同的视图进行语义对齐。

通过上述内容安排，本书力求在理论深度与实践广度之间取得平衡，为相关领域的科研人员、工程技术人员及学生提供一本全面、系统且具有前瞻性的参考资料，共同推动多视图深度学习领域的发展与创新。

参考文献

[1] Li Y, Yang M, Zhang Z. A survey of multi-view representation learning[J]. IEEE Transactions on Knowledge and Data Engineering, 2018, 31(10): 1863-1883.

[2] Yang Q, Su H, Liu L, et al. Multi-view learning for automatic classification of multi-wavelength auroral images[J]. IEEE Transactions on Geoscience and Remote Sensing, 2024, 62: 1-5.

[3] Bickel S, Scheffer T. Multi-view clustering[C]//Proceedings of the 2004 IEEE International Conference on Data Mining. Seattle, IEEE, 2004, 4: 19-26.

[4] Blum A, Mitchell T. Combining labeled and unlabeled data with co-training[C]//Proceedings of the 11th Annual Conference on Computational Learning Theory. Madison, 1998: 92-100.

[5] Wang W, Arora R, Livescu K, et al. On deep multi-view representation learning[C]//Proceedings of the 32nd International Conference on Machine Learning. Lille. PMLR, 2015, 37: 1083-1092.

[6] Damianou A, Lawrence N D. Deep gaussian processes[C]//Proceedings of the 16th International Conference on Artificial Intelligence and Statistics, Scottsdale. PMLR, 2013, 31: 207-215.

[7] Hotelling H. Relations between Two Sets of Variates[M]//Breakthroughs in Statistics: Methodology and Distribution. New York: Springer New York, 1992: 162-190.

[8] Lee D D, Seung H S. Learning the parts of objects by non-negative matrix factorization[J]. Nature, 1999, 401(6755): 788-791.

[9] Andrew G, Arora R, Bilmes J. Deep canonical correlation analysis[C]//Proceedings of the 30th International Conference on Machine Learning, Atlanta. PMLR, 2013, 28(3): 1247-1255.

[10] Wang H, Nie F, Huang H. Multi-view clustering and feature learning via structured sparsity[C]//Proceedings of the 30th International Conference on Machine Learning, Atlanta. PMLR, 2013, 28(3): 352-360.

[11] Kumar A, Rai P, Daume H. Co-regularized multi-view spectral clustering[J]. Advances in Neural information Processing Systems, 2011, 24.: 1-9.

[12] Zhou D, Bousquet O, Lal T. Learning with local and global consistency[J]. Advances in Neural Information Processing Systems, 2003, 16: 1-8.

[13] Tang J, Qu M, Wang M. Line: Large-scale information network embedding[C]//Proceedings of the 24th International Conference on World Wide Web, Florence. 2015: 1067-1077.

[14] Zhang Y, Zhou Z. Multi-view clustering exploiting local and global discriminative information[C]// Proceedings of the 24th AAAI Conference on Artificial Intelligence, Atlanta. 2010: 646-651.

[15] Pan S J, Tsang I W, Kwok J T, et al. Domain adaptation via transfer component analysis[J]. IEEE Transactions on Neural Networks, 2011, 22(2): 199-210.

[16] Wang H, Zhang L. Structural deep brain network mining for autism spectrum disorder classification[J]. Human Brain Mapping, 2017, 38(4): 1846-1864.

[17] Xu C, Tao D, Xu C. A survey on multi-view learning [J]. arXiv Preprint, arXiv: 1304. 5634, 2013.

[18] Liu W, Zhang Z. Multi-view ensemble learning: A survey[J]. Neurocomputing, 2017, 216: 216-236.

[19] Zhao J, Xu Y, Liu J. Multi-view learning overview: Recent progress and new challenges[J]. Information Fusion, 2017, 38: 43-54.

[20] Yang H, Wu Y. Attention-based multi-view convolutional neural network for multi-modal data classification[C]//Proceedings of the IEEE Conference on Computer Vision and Pattern Recognition. Anchorage, IEEE, 2008: 7010-7019.

[21] Caruana R. Multitask learning[J]. Machine Learning, 1997, 28(1): 41-75.

[22] Li Y, Wang X, Qiao Y. Multi-view learning for robust classification: A comprehensive review and analysis[J]. IEEE Transactions on Pattern Analysis and Machine Intelligence, 2019, 41(7): 1744-1764.

[23] Li X, Li Z. Parameter tuning and optimization in multi-view learning: A review[J]. Journal of Machine Learning Research, 2020, 21(113): 1-36.

[24] 王若蓝, 赵融, 韩燮. 融合梯度和高斯过程回归的多视图重建方法[J]. 微电子学与计算机, 2023, 40(3): 37-45.

[25] 董文波. 多视图深度高斯过程模型及在病理诊断中的应用[D]. 上海: 华东师范大学, 2023. DOI: 10. 27149/d. cnki. ghdsu. 2023. 004061.

[26] Damianou A, Lawrence N. Deep Gaussian Processses[C]//Proceedings of the 16th International Conference on Artificial Intelligence and Statistics, Scottsdale. PMLR, 2013: 207-215.

[27] 朱涵. 多视图深度高斯过程回归模型及其快速训练方法[D]. 上海: 华东师范大学, 2020. DOI: 10. 27149/d. cnki. ghdsu. 2020. 001485.
[28] 李雪玲, 赵艳琳, 张岩波, 等. 基于多随机经验核的弥漫大 B 细胞淋巴瘤复发预测[J]. 中国卫生统计, 2024, 41(3): 339-343.
[29] 陈柳. 基于多视图诱导的核集成回归方法研究[D]. 镇江: 江苏大学, 2023. DOI: 10. 27170/d. cnki. gjsuu. 2023. 000739.
[30] Tingwei Z. A Multi-view SAR target recognition method based on adaptive weighted decision fusion[J]. Remote Sensing Letters, 2023, 14(11): 1196-1205.
[31] 熊杰. 面向决策剧场的仿真中多视图及可视化研究[D]. 武汉: 华中科技大学, 2012.
[32] 王兴琳. 公共政策场景下决策剧场的机理分析[D]. 哈尔滨: 哈尔滨工业大学, 2008.

第 2 章　多视图学习方法综述

在当今大数据驱动的时代，真实世界的复杂信息不再是单一、孤立的，而是以多源、多模态的形式呈现。例如，描述一个物体可能同时拥有图像、文本描述、声音特征；医学诊断可能结合了核磁共振(MRI)、计算机断层扫描(CT)和临床报告；社交网络数据则融合了用户文本、图片、视频及社交关系。这些异构数据从不同视角刻画了同一实体或现象，蕴含着丰富而互补的信息，同时也可能存在冗余或噪声。多视图学习的研究正是为了有效利用并融合这些来自不同视图的数据，以克服单一视图的局限性，构建更鲁棒、更全面、泛化能力更强的智能模型。

传统的机器学习方法在处理多视图数据时，往往受限于其浅层结构和线性假设，难以有效捕捉视图间复杂的非线性关系以及高层次的语义关联，其特征工程也常需要领域专家经验。然而，深度学习的兴起彻底改变了这一局面。深度神经网络凭借其强大的端到端特征学习与表示能力，能够从原始异构数据中自动提取多层抽象的、判别性强的特征，并自然地建模视图间的复杂非线性交互。这使得深度多视图学习成为当前研究的热点，极大地拓展了多视图融合与表示学习的深度和广度。

本章将对多视图学习的当前研究进展进行系统性综述，旨在为读者全面梳理其核心概念、主要研究范式以及与深度学习的交叉融合，并为后续章节中更深入的多视图深度学习方法论探讨奠定坚实的理论基础。首先深入探讨多视图特征表示学习的几种经典策略，包括基于连接的方法、基于对齐的方法、基于共享-独有的方法，以及基于可解释的多视图特征表示学习方法，分析其设计理念、优势与局限性。随后，详细阐述深度学习如何在有监督、半监督、无监督以及新兴的深度强化学习等不同范式下，极大地推动多视图学习技术的发展与应用，为从海量异构数据中提取高层次、抽象且富有语义的特征表示提供了前所未有的机遇。

上述这些方法和模型的研究为后续特征学习研究提供了坚实的理论基础，推动了多视图特征表示学习在多个领域的应用和发展，多视图学习的研究方向如图 2.1 所示。

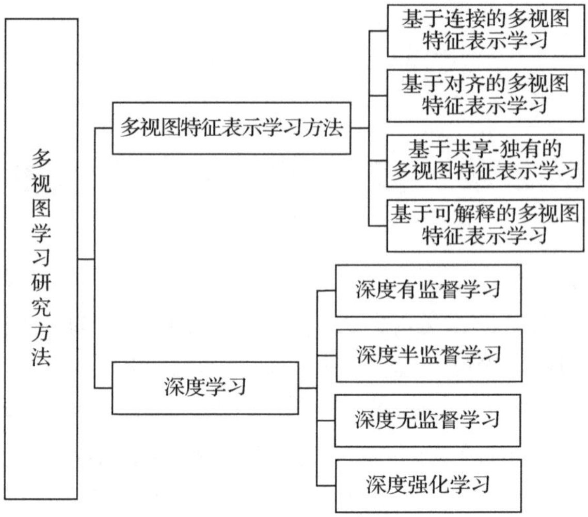

图 2.1　多视图学习研究方向

2.1　多视图特征表示学习

在多视图学习的核心范畴中，多视图特征表示学习扮演着基石性的角色。其宗旨在于从多源异构数据中提取并融合富有判别性和互补性的特征，从而构建更全面、鲁棒且泛化能力更强的模型。围绕这一目标，发展出多种策略，主要可归纳为以下四类[1]，如图 2.2 所示。

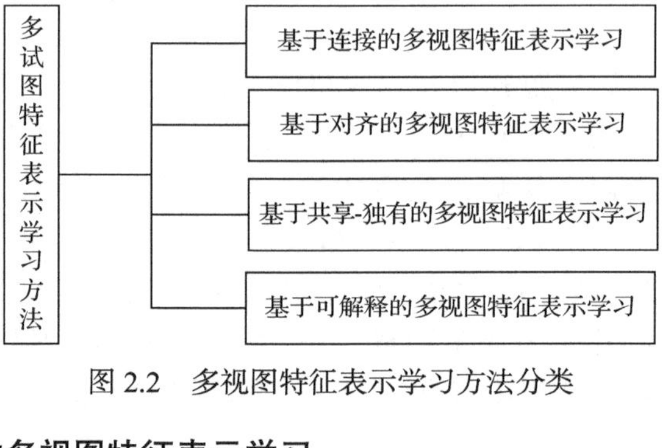

图 2.2　多视图特征表示学习方法分类

2.1.1　基于连接的多视图特征表示学习

基于连接的多视图特征表示学习旨在通过捕捉和利用不同视图间的关联信息来提升表示学习的质量和效果。如图 2.3 所示，这类方法的核心假设是各视图数据之间存在内在关联性或一致性。通过对这些连接进行显式或隐式建模，能够有效地融合多视图数据，进而获得更全面、更具判别力的统一表示。

显式连接指视图间直接可见的明确关系，例如，社交网络中用户在不同平台上的好友关系或共同参与的活动。隐式连接则需通过数据分析和建模来挖掘其潜在关联，例如，在不同模态数据(如图像与文本)中发现同一对象的语义相似性。作为多视图特征表示学习领域最基础且应用广泛的策略之一，基于连接的方法根据其实现机制，进一步细分为基于神经网络的方法和基于图的方法。

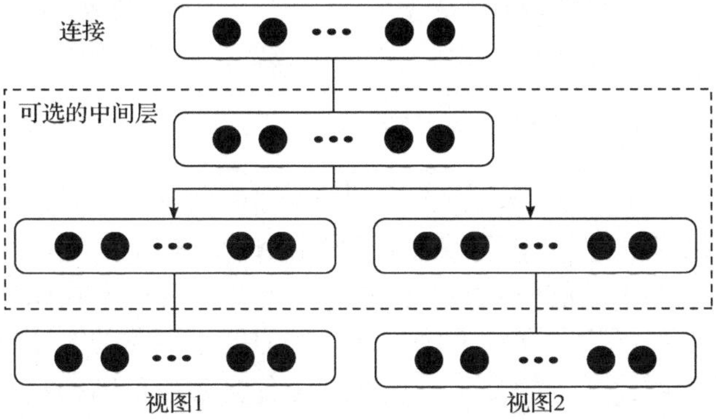

图 2.3　基于连接的多视图特征表示学习方法工作原理

1. 基于神经网络的方法

基于神经网络的方法利用其强大的特征提取、非线性映射和模式识别能力，对来自不同视图的特征表示进行有效融合，进而形成一个统一的多视图表示。例如，邓轩等研究者[2]提出的一种深度多视图特征距离学习方法，利用神经网络同时提取并融合行人图像中的手工特征与深度学习特征，将加权连接的特征作为最终的行人特征，以此来提高行人重识别的精确度。Zhao 等研究者[3]开发的一种半监督多模态深度学习架构，其核心在于为不同模态设计独立网络学习特定表征，并利用另一个网络来综合这些表征。这种方法不仅降低了对于大量标注数据的依赖，而且增强了模型的泛化能力。Yin 等研究者[4]将此思想应用于声音场景分类，从音频波形、时频特征以及时空特征中提取特征，并通过额外网络融合这些多源特征，有效提升分类准确性。Cheng 等研究者[5]则在 RGB-D 半监督多模态目标识别框架中采用协同训练策略，利用不同的网络分别提取 RGB 和深度信息的表征，并在分类前将这些表征综合，提高了模型的稳定性。

2. 基于图的方法

基于图的方法通过建立图结构，将不同视角下的学习成果融合到一个统一的图模型中。该领域内常用的图模型包括受限玻尔兹曼机(Restricted Boltzmann Machine，RBM)、深度置信网络(Deep Belief Network，DBN)，以及稀疏马尔可夫网络。Ouyang 等研究团队[6]提出一个以 RBM 为核心的多视图表示模型，用于人体姿态估算。该模型分别从混合特征、外观特征和形变特征中提取信息，并将这些信息综合起来用于后续研究。在此基础上，Suk 等研究者[7]提出一个基于深度玻尔兹曼机的诊断方案，通过整合 PET(正电子发射型计算机断层显像)和 MRI(核磁共振成像)图像数据来检测阿尔茨海默病。Wu 等研究者[8]研发了一个以 DBN 为核心的双模态动态网络，联合音频和骨骼模态的数据来提取手势识别特征。此外，Xie 和 Xing[9]提出一种以稀疏马尔可夫网络为核心的多模态距离度量学习框架，将异构数据映射到共享潜在空间，利用距离监督约束表征优化过程，进而生成融合的统一表征。

2.1.2　基于对齐的多视图特征表示学习

基于对齐(Alignment-based)的多视图特征表示学习方法致力于利用多视图数据之间的关联性和一致性，实现不同视图间的语义协调和对齐，其工作原理如图 2.4 所示。根据采用的协调与对齐技术，基于对齐的多视图特征表示学习方法可以分为四类：基于相关性的方法、基于相似度或距离的方法、基于分布对齐的方法，以及基于对比学习的方法。这些方法各自通过不同的机制来确保各视图表示在共享空间中的一致性，从而提升数据的整体表示质量。

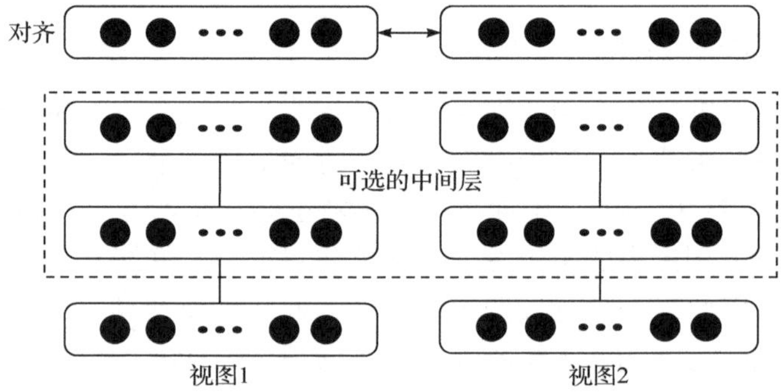

图 2.4　基于对齐的多视图特征表示学习方法示意图

1. 基于相关性的方法

基于相关性的方法通过最大化或优化不同视图间的统计相关性来实现表示对齐和同步化。Jing 等研究人员[10]提出一种适用于网页分类的半监督式多视图特征学习方法，旨在提升同类样本间的相关性，降低不同类别样本间的相关性，以实现网页特征的全面提取和视图间的协调。其中，典型相关分析(CCA)是一个关键的技术分支，它包括线性 CCA、核 CCA 和深度 CCA 等多种变体，深度 CCA 因其出色的非线性特征学习能力而得到广泛应用。在图像分类任务中，Jing 等研究人员[11]利用 CCA 对齐多视图特征，并兼顾视角内部及其之间的相关性。Noroozi 等研究人员[12]开发了一种基于深度 CCA 的半监督多视图表示学习方法，有效提升有标签训练数据和无标签训练数据中不同视角间的相关性。高菊玲[13]在识别算法的研究中，利用深度 CCA 精准对齐从植物叶片图像中提取的 Gist 特征和 VGG16 深度特征，提高识别准确性。Wang 等研究人员[14]则将自编码器与深度 CCA 相结合，创新性地提出 DCCAE(Deep Canonically Correlated Autoencoder)。通过加入自编码器，DCCAE 在加强视图间相互联系的过程中能够保留更丰富的信息，从而实现性能的进一步提升。

2. 基于相似度或距离的方法

在相似性(距离)度量方法的研究领域，初始步骤是确定一种适当的相似性(距离)度量标准，然后通过调整(最大化或最小化)变换后表征的相似性(距离)，以实现不同数据视图或模态间的有效对齐与语义同步。例如，Frome 等学者[15]提出一种名为 DeViSE 的视觉语义表示模型，专注于视觉对象的识别，并最大化标记图像表征与未标记文本表征之间(以点积形式体现)的余弦相似性，从而在语义层面构建多模态数据间的对应关系。同样地，Harwath 等学者[16]构建了一种无监督的匹配映射神经网络，旨在挖掘语音帧与图像像素之间的深层语义关联。同样借助于点积机制，实现对提取自语音和图像数据的表征进行有效对齐，以揭示跨模态的隐式对应。Elkahky 等学者[17]提出一个多视图深度学习框架，应用于用户建模和基于内容的推荐系统。该框架首先将用户表征与商品表征嵌入到一个共通的语义空间,然后通过最小化用户表征与商品表征之间的余弦距离来实现视图的对齐,进而优化推荐效果。此外，刘宇等学者[18]提出一种基于一致性约束的半监督多视图分类方法，运用希尔伯特-施密特独立性准则对各视图施加相似性约束，并通过欧几里得距离作为视图对齐的度量，以确保不同视角下数据表征的高度一致性，从而提升分类性能。

3. 基于分布对齐的方法

基于分布对齐的方法致力于通过最小化或消除不同视图所生成表征的概率分布之间的差异，以实现多模态数据间的一致性或对齐。这种方法的核心思想在于，若不同视图的数据能够映射到具有相似(或相同)统计分布的共享表示空间中，那么这些视图间的语义对应关系将更容易被捕获和利用。例如，Yang 与 Gao[19]提出一种名为多视图判别迁移学习(Multi-view Discriminant Transfer Learning，MDTL)的方法，旨在通过对齐源域和目标域的特征分布来实现领域自适应。其中，最大均值差异(Maximum Mean Discrepancy，MMD)被用作量化和最小化这些分布差异的核心度量。MMD 能够衡量两个概率分布在再生核希尔伯特空间中的距离，从而为跨视图或跨领域分布的对齐提供了理论依据。在基于分布对齐的方法中，基于对抗性学习的分布对齐技术尤为流行。受生成对抗网络(Generative Adversarial

Network，GAN)原理的启发，对抗性分布对齐方法利用判别器区分不同视图的表征，并迫使生成器生成判别器难以区分的表征。在对抗训练中，判别器目标为最大化区分能力，而生成器则最小化该能力，有效推动不同视图表征的概率分布趋于一致。该方法的时间复杂度通常不随视图数量显著增加，使其具有良好扩展性，适用于大规模多视图场景。而 Kim 等研究者[20]提出一种多模态通用语言嵌入模型(Multimodal Universal Language Embedding，MULE)，旨在实现图像与文本表征的语义对齐。在该模型中，他们采用语言分类器作为鉴别器，其任务是区分表征源自图像描述文本还是其他语言输入，进而促使不同语言模态的表征分布趋于相似，以达到跨模态语义统一的目的。Zhou 与 Shen[21]则提出一种端到端的多模态聚类方法，通过模态鉴别器实现不同模态表征的分布对齐，进而将同步化的表征进行融合并执行分类操作，提升聚类性能。

4. 基于对比学习的方法

在自监督学习领域中，基于对比学习的方法尤其引人注目，并迅速成为构建高效、鲁棒特征表示的热点。对比学习的核心思想在于，通过优化一个对比损失函数，使得语义相关的样本(正样本对)在嵌入空间中相互靠近，而语义不相关的样本(负样本对)则相互远离。例如，OpenAI 的 Radford 等研究者[22]开创性地提出了 CLIP (Contrastive Language-Image Pre-training)模型，这是一个里程碑式的多模态表征学习框架。研究者利用约 4 亿图像-文本对的大规模数据集对 CLIP 进行预训练，并巧妙地运用对比损失与余弦相似度来驱动图像和文本在共享语义空间中进行对齐。借助大规模训练数据，CLIP 模型在图像-文本相关任务上展现出卓越的零样本(zero-shot)迁移学习能力，极大地拓宽了视觉-语言模型的应用范畴。受此启发，Google 的研究团队[23]提出 ALIGN 模型，该模型同样采用对比损失来对齐图像和文本的表示，并在更大规模的、包含约 18 亿带噪声的图像-文本对数据上进行训练，以期实现更优的多模态表示学习效果。

在早期的多视图特征表示学习领域中，基于连接的策略因其简洁性和表征融合的直接性而广受青睐，成为多视图特征表示学习的主流方法之一。然而，该方法也存在一些问题，首先，尽管该方法通过结合不同视图的数据来利用视图之间的互补特性，但往往未能充分考虑并利用视图之间深层次的一致性信息；其次，正如孙仕亮等研究人员[24]所指出，这种简单的连接操作在深层语义上可能缺乏充分考量，并且容易忽略各个视图内部固有的统计特征和结构，从而导致融合后的表征缺乏足够的语义信息。与此相反，基于对齐的多视图特征表示学习方法更加重视多视图数据的一致性，主动调整不同视图之间的表征关系，实现信息的一致性对齐。尽管在对齐过程中，这种方法可能导致某些视图独有或细粒度信息的丢失，但对于消除模态间隙，提高融合表示的语义连贯性和最终任务的性能至关重要。

综上所述，基于连接的多视图特征表示学习方法主要关注数据的互补性，而容易忽视数据内部和视图间的一致性；基于对齐的多视图特征表示学习方法则更加注重数据的一致性，却可能在一定程度上牺牲视图独有的细粒度信息。为了克服这两种方法的局限性，一种新的多视图特征表示学习方法——共享-独有多视图表示学习方法——正在逐步发展，该方法旨在同时捕捉并有效利用多视图数据中的共享(一致性)和独有(互补性)信息，从而构建更为全面、鲁棒的特征表示，以期显著提升下游任务的性能。

2.1.3　基于共享-独有的多视图特征表示学习

多视图数据的本质特性是一致性和互补性，一致性体现在不同视图可能从不同角度描述同一底层语义，而互补性则指每个视图又蕴含着其他视图所不具备的独特信息。基于此，共享-独有多视图表示学习方法认为每个视图的信息可被精确地解耦为两类关键部分：一是跨所有视图共有的、反映其语义一致性的共享信息；二是特定于该视图的、提供独特视角的独有或互补信息，其工作原理如图 2.5 所示，共享-独有方法仅对共享信息进行对齐或融合，同时有策略地保留并利用各视图的独有信息，从而获得更全面、更具判别力的多视图统一表征。例如，Luo 及其团队[25]提出一种用于多视图数据的子空间聚类算法，旨在将每个多视图样本的最终表征分解为跨视图的共享部分和各视图特有的独有部分，并通过聚类算法在这些分解后的子空间中寻找数据结构。Hu 等研究者[26]则提出一种多视图深度度量学习方法，通过设计定制化的网络从每个视图中学习其独有特征，并利用一个公共的共享网络从所有视图中提取出共享的特征。Yang 及其团队[27]设计了一个用于蛋白质复合物检测的多视图聚类模型，在该模型中，每个蛋白质样本的表示由两部分构成，一部分是共享的表示，另一部分是特定于该视图的表示，从而使模型能够同时利用蛋白质在不同类型数据(如序列、结构)中的共有信息和各自独有的特性。

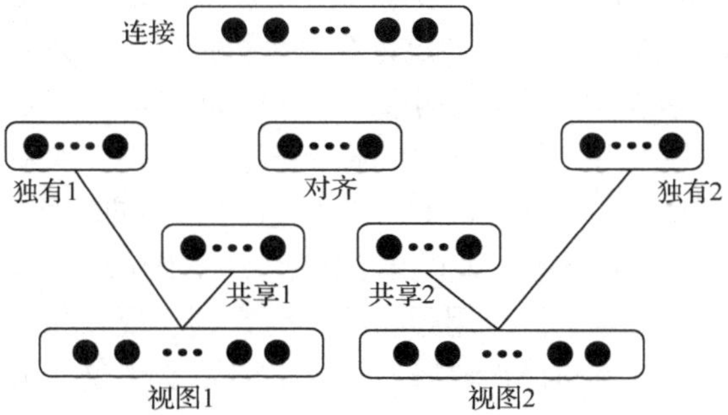

图 2.5　基于共享-独有的多视图特征表示学习方法工作原理

2.1.4 基于可解释的多视图特征表示学习

随着深度学习模型在复杂任务中取得卓越性能，其内部决策机制的“黑箱”特性也日益受到关注。在多视图特征表示学习领域，模型的解释性研究旨在理解不同视图的数据如何被融合、哪些特征对最终预测贡献最大，以及模型如何从多源异构信息中抽取和利用知识。当前，多视图特征表示学习的可解释性方法主要集中于以下三个方向。

(1) 基于注意力机制(Attention)的方法。

(2) 基于 SHAP(Shapley Additive Explanations)的方法。

(3) 基于类激活映射(Class Activation Mapping，CAM)的方法。

1. 基于注意力机制的方法

注意力机制允许模型动态地加权输入的不同部分，从而识别和聚焦对当前任务最重要的信息。通过可视化注意力权重，研究者能够直观地洞察模型在处理多视图数据时，对哪些视图、哪些特征或哪些时间步给予更多关注，从而揭示视图间的关联模式和信息整合策略。Yang 等[28]提出一种用于识别双向情感障碍的图注意力网络，通过注意力机制捕捉解剖缺陷与功能网络异常之间的关联。Agymang 等研究者[29]构建了一个基于自注意力机制的多视图特征表示学习模型，用于揭示药物与靶点之间的关联性，其注意力机制被用来识别和解释药物化合物与靶点之间的相互作用。Rodin 等研究者[30]则提出一个可解释的多模态神经网络，结合了 X 光图像、文本分析报告和病人临床信息作为模型输入，并突出病理影像中的关键区域，最后关联文本报告中的描述性词语，为疾病的诊断和严重程度评估提供可解释的依据。

2. 基于 SHAP 的方法

SHAP 是一种基于合作博弈论的统一框架，旨在量化每个输入特征对模型预测结果的贡献度。其核心优势在于，它能够为任何类型的机器学习模型(包括复杂的深度学习“黑箱”模型)生成局部解释，通过计算每个特征的 Shapley 值，直观地揭示特征的重要性及其对模型输出的积极或消极影响。例如，Ho 等研究人员[31]提出一种可解释的多视图深度学习模型，用于预测结直肠癌患者的复发风险。该模型结合时间序列和表格数据作为输入，并通过 SHAP 精确量化了不同时间点的临床指标和基因特征对复发风险预测的相对贡献，从而指导临床决策。Banerjee 等研究者[32]提出一种多模态分类方法，整合智能手机应用程序收集的音频、视频和文本数据，用于识别情绪障碍的症状，同样运用 SHAP 解释不同模态特征(如语音语调、面部表情、文本内容)在识别特定情绪状态时的重要性，为数字精神病学提供可解释的工具。哈佛大学医学院的 Chen 等研究人员[33]提出一种可解释的多模态深度学习算法，用于癌症分析，结合病理图像、RNA 序列、拷贝数变异和突变数据，并运用 SHAP 来解释和可视化不同分子特征(如特定基因突变、RNA 表达水平)以及病理图像区域对癌症类型或预后判断的重要性。这些技术的提出，为基于 SHAP 的多视图特征表示学习方法提供了新的思路和应用场景，进一步推动了深度学习模型解释性研究的发展。

3. 基于类激活映射的方法

类激活映射(CAM)及其变体(如 Grad-CAM)主要应用于计算机视觉领域，通过突出图像中对特定类别预测贡献最大的区域来提供模型的解释性。虽然 CAM 家族方法主要针对单一图像模态，但在多视图特征表示学习中，特别是当其中包含视觉模态时，这些技术可以被扩展或借鉴。例如，Hu 等研究人员[34]提出一种用于脑成像遗传研究的可解释多模态融合模型，利用深度神经网络将单核苷酸多态性(Single Nucleotide Polymorphism，SNP)与大脑功能性磁共振成像(Functional Magnetic Resonance Imaging，fMRI)数据相结合，并采用 Grad-CAM[35]技术来生成量化输入特征对分类贡献的热力图。

2.2 深度学习

深度学习(Deep Learning)是机器学习的一个分支，关键理念在于利用深度神经网络来模拟人脑的认知和学习机制[36]，如图 2.6 所示。通过多层次的神经网络结构，深度学习能够自动学习并提取多层次、抽象的特征表示，从而在处理各种类型的数据(如文字、图像和声音)时表现出色。

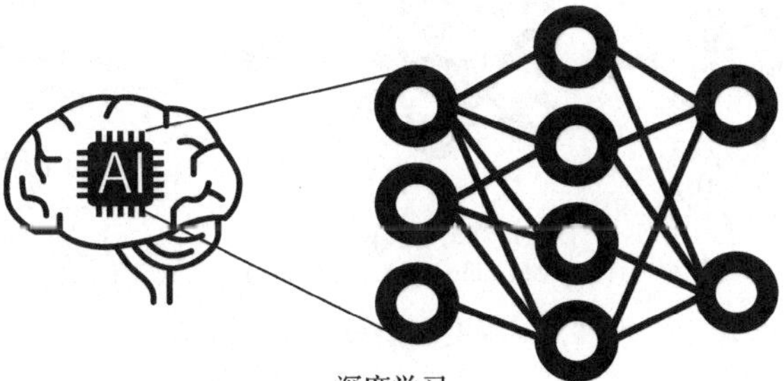

深度学习
(Deep Learning)

图 2.6　深度学习

深度学习模型通常具有以下几个显著特点。

(1) 深层架构：深度学习模型的核心在于其多层的神经网络结构。这些层通过一系列非线性激活函数对输入数据进行逐层抽象和转换，从而能够捕获数据中复杂的层次化特征，例如，在图像中从边缘、纹理到局部形状，再到高级语义概念的逐步识别。

(2) 自动特征学习：与传统机器学习方法不同，深度学习无须人工设计复杂的特征工程，模型能够直接从原始数据(如图像像素、文本词嵌入或音频波形)中自动学习并提取出具有判别力的特征表示。这极大地简化了数据预处理流程，并提高了模型的泛化能力。

(3) 数据驱动的性能提升：深度学习模型通常需要大规模数据集进行训练以充分发挥其潜力。随着训练数据量的增加，模型的泛化能力和性能通常会显著提升。这使得深度学习特别适用于大数据应用场景，能够从海量数据中挖掘深层规律。

鉴于上述特点，深度学习已成为推动人工智能发展的重要驱动力。此外，作为机器学习领域的重要分支，深度学习已经在计算机视觉、数据挖掘、机器翻译、自然语言处理、语音识别、医疗保健、金融风控等诸多领域得到成功应用，成为未来发展的关键方向之一，并将在人工智能领域发挥更加重要的作用[37]。

2.2.1 深度有监督学习

深度有监督学习(Deep Supervised Learning) 作为深度学习领域的核心范式之一，巧妙地融合了深度神经网络强大的特征学习能力与有监督学习利用标签信息进行优化的机制，如图 2.7 所示。深度有监督学习通过使用带标签的训练数据来指导神经网络的学习过程，从而使网络能够自动学习从原始输入到目标输出的复杂非线性映射关系，以实现高效的模式识别和分类预测。

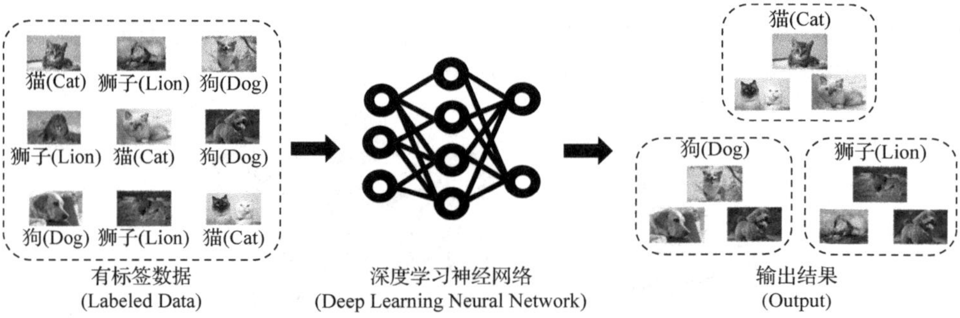

图 2.7 深度有监督学习原理图

在这一训练过程中，模型不再依赖人工设计的特征，而是能够逐层、逐步地从原始数据中提取出更加抽象和富有判别力的特征表示。通过比较网络的预测输出与真实标签之间的差异，计算损失函数，并通过反向传播算法更新网络的权重和偏置，以最小化损失函数。在深度有监督学习的实践中，涌现出众多具有代表性的神经网络架构，它们针对不同类型数据和任务进行了优化，包括但不限于：前馈神经网络(Feedforward Neural Network，FNN)、卷积神经网络(Convolutional Neural Network，CNN)、循环神经网络(Recurrent Neural Network，RNN)及其变种的长短期记忆网络(Long Short-Term Memory Network，LSTM)，以及全连接网络(Fully Connected Network，FCN)等。通过有标签数据的训练，上述神经网络能够自动从数据中提取特征并进行分类、回归或序列预测等任务[38]。

得益于其强大的特征学习和映射能力，深度有监督学习已在诸多领域取得了里程碑式的进展和广泛应用，例如，计算机视觉中的图像分类、目标检测、语义分割、语音识别，自然语言处理中的文本分类、机器翻译，以及推荐系统等。通过大规模高质量有标签数据的训练，深度有监督学习模型通常能达到较高的准确性，并且具备良好的泛化能力，使其在处理未见过的新数据时依然表现出色。然而，尽管取得了显著成就，深度有监督学习仍面临一些固有的挑战。其一，模型的可解释性较差，难以直观理解其内部决策逻辑，这在一些高风险应用(如医疗、金融)中尤为关键；其二，对大规模高质量标注数据的强依赖，获取这些数据通常成本高昂且耗时，尤其是在特定专业领域；其三，容易出现过拟合现象，尤其是在数据量不足或模型复杂度过高时，这需要通过正则化、交叉验证等技术来缓解。

2.2.2 深度半监督学习

深度半监督学习(Deep Semi-Supervised Learning)是一种结合了深度学习和半监督学习的技术，它利用少量有标签数据和大量无标签数据来训练深度神经网络[39]，如图 2.8 所示。在传统的深度有监督学习中，模型通常依赖大量的有标签数据进行训练，但在许多实际应用中，获取海量带标签的数据集既耗时又成本高昂。通过结合有标签数据和无标签数据，深度半监督学习能够在标签数据有限的情况下，充分挖掘无标签数据中的潜在信息，从而提高模型的泛化能力和准确性。

深度半监督学习通常使用深度神经网络作为模型的基础结构，其核心过程包括，利用有标签数据进行有监督学习，训练模型的基本分类或回归能力，为模型提供初步的指导方向和判别依据；再通过无标签数据进行无监督学习或自监督学习，提取数据的内在结构和特征，辅助模型训练发现数据的内在规律；最后将有监督学习和无监督学习的结果融合在一起，提高模型的泛化能力。

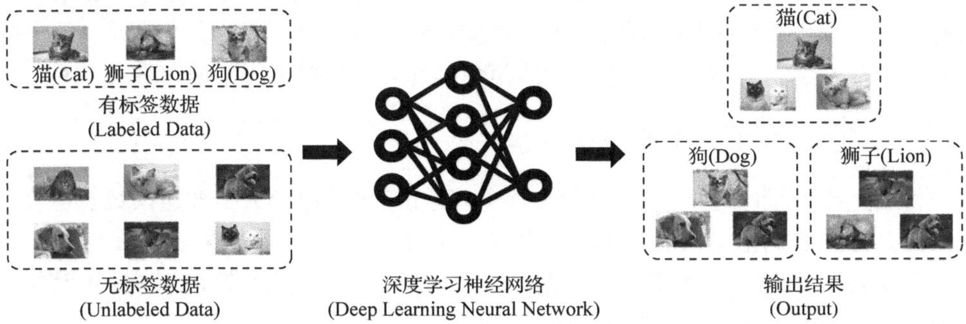

图 2.8 深度半监督学习方法原理图

以下是深度半监督学习的常见实现方法。

1. 自监督预训练与监督微调

自监督预训练(Self-Supervised Pre-training)：在大规模无标签数据集上，设计并执行“代理任务”，使模型通过解决这些无须人工标注的任务(如图像修复、上下文预测、对比学习等)来学习数据的内在表示。例如，使用 Transformer 模型在海量文本上进行掩码语言模型预训练，或使用对比学习(如 SimCLR, MoCo)在图像上学习区分不同数据增强视图的能力。

监督微调(Supervised Fine-tuning)：在自监督预训练的基础上，使用少量有标签数据对预训练模型进行有监督的微调，使其适应特定下游任务(如分类、回归)，从而在标签数据有限的情况下也能达到高性能。

2. 基于一致性正则化的方法

这类方法的核心思想是，对于同一输入数据点，即使对其施加微小的扰动(如加入噪声、进行数据增强)，模型对其预测结果也应该保持一致。通过最小化这种预测差异，模型能够利用无标签数据进行训练。常见的实现包括：

Π-model：对同一输入两次前向传播并添加不同的随机噪声，使其输出保持一致。

Temporal Ensembling：将模型过去预测的指数移动平均指标(Exponential Moving Average，EMA)作为目标，鼓励当前模型预测与历史平均值一致。

Mean Teacher：使用一个“学生模型”和一个“教师模型”(教师模型权重是学生模型权重的 EMA)，鼓励学生模型的预测与教师模型在扰动输入上的预测保持一致。

3. 基于伪标签的方法

模型首先在少量有标签数据上进行初步训练，然后用该模型对无标签数据进行预测，将置信度较高的预测结果作为“伪标签”。接着，将这些伪标签数据与原始有标签数据合并，一同用于模型的迭代训练。这种方法可以重复进行，逐步提高模型的准确性，并逐渐将更多高置信度的无标签数据纳入训练。

4. 基于生成模型或对抗训练的方法

利用生成模型(如生成对抗网络 GAN、变分自编码器 VAE)来建模数据分布，从而在无标签数据上学习有效的特征表示。例如，在 GAN 的半监督设定中，判别器不仅要区分真实数据和生成数据，还要区分真实数据中带标签数据和无标签数据，从而促使判别器学习更鲁棒的特征。

5. 图神经网络的半监督应用

当数据本身具有图结构时(如社交网络、分子结构、引用网络等)，图神经网络能够天然地利用节点之间的连接关系进行半监督学习。通过图卷积网络(GCN)等模型，即使只有少数节点有标签，也能通过图结构信息(邻居节点的特征和标签)传播和聚合来预测无标签节点的标签。

深度半监督学习因其高效利用数据资源的特性，已在多个领域取得广泛应用，包括自然语言处理、计算机视觉、生物信息学等。例如，在自然语言处理中，可以利用深度半监督学习提高文本分类的性能；在计算机视觉中，可以利用深度半监督学习进行图像分割和对象识别。尽管深度半监督学习在许多领域都取得了显著成果，但它仍然面临一些挑战。例如，如何更有效地从无标签数据中提取有益信息并避免引入噪声；如何设计更为鲁棒的算法来融合有监督和无监督学习的信号，以防止模型对伪标签的错误累积或在噪声数据上过拟合；以及如何在不同任务和数据分布下实现稳定的性能提升，都是当前研究的热点和难点。

2.2.3　深度无监督学习

深度无监督学习(Deep Unsupervised Learning)是深度学习与无监督学习的结合，其核心目标是在没有任何人工标注(标签)数据的情况下，通过多层神经网络自动探索和学习数据的内在结构、隐藏模式以及有效的特征表示，如图 2.9 所示。

与深度有监督学习依赖于标签数据不同，深度无监督学习完全依靠无标签数据本身的内在规律和统计特性进行学习。这使得它能够在数据标注成本极高或根本无法获取标签的场景下发挥关键作用，从而处理和分析更为广泛、大规模的无标签数据集。通过深度神经网络，模型能够自动地从原始数据中提取出高层抽象特征，无须人工进行烦琐的特征工程。深度无监督学习主要侧重于：

(1) 发现数据分布：学习数据的概率分布，理解数据的生成机制。

(2) 提取有效表示：将高维数据映射到低维空间，捕获数据中最具信息量的抽象特征。

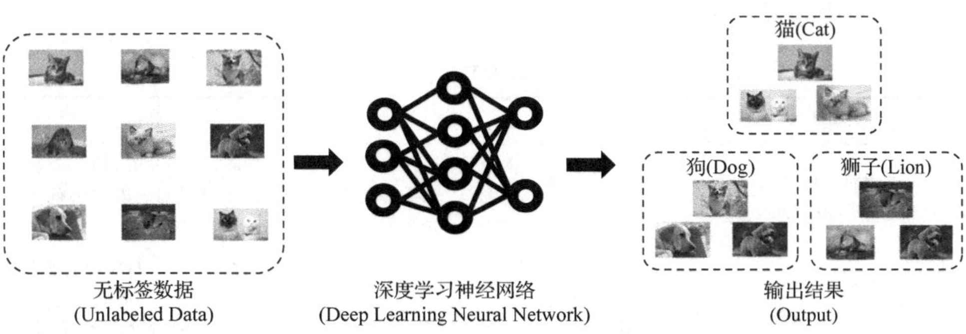

图 2.9　深度无监督学习方法原理图

(3) 揭示内在结构：识别数据中的簇、流形或异常点。

常见的深度无监督学习方法包括生成对抗网络、自动编码器(Autoencoder，AE)及受限玻尔兹曼机(Restricted Boltzmann Machine，RBM)等。深度生成对抗网络(Deep Generative Adversarial Network，D-GAN)[40]是生成对抗网络(GAN)的一种扩展，D-GAN 由生成网络和判别网络两个部分组成，两者通过对抗性训练相互博弈。生成器试图学习真实数据的分布，并生成逼真的假数据；判别器则努力区分真实数据和生成器产生的假数据。这种无监督的对抗过程驱使生成器不断提升其生成数据的质量，使其与真实数据难以区分。自动编码器是一种通过编码和解码过程来学习数据表示的神经网络，它通过将输入数据压缩成低维表示(编码)，然后再从低维表示中重构原始数据(解码)。通过最小化输入与重构输出之间的差异，自动编码器能够学习到数据的核心特征，常用于数据降维、特征提取和去噪。其变种如变分自动编码器(Variational Autoencoder，VAE)则引入了概率思想，使其具备生成新数据的能力。受限玻尔兹曼机是一种两层的概率图模型，由可见层和隐藏层组成，层内神经元无连接，层间全连接，通过学习数据分布来捕捉特征。RBM 常被用作构建深度信念网络(Deep Belief Network，DBN)的模块，DBN 通过堆叠多层 RBM 并在无监督预训练后进行监督微调，从而实现强大的特征学习和分类能力。尽管 RBM 和 DBN 在深度学习早期发挥了重要作用，但随着计算能力的提升和新模型的出现(GAN、VAE)，其独立应用相对减少，更多融入其他架构。

深度无监督学习技术巧妙地将数据从高维空间映射到低维空间，极大地方便了数据的可视化和模式识别。通过学习抽象的特征表示，深度无监督学习为后续的分类、回归等监督任务提供了高质量的预训练模型或特征输入，有效提升下游任务的性能。以 D-GAN 为代表的生成模型，能够生成与原始训练数据分布一致的新数据，这一技术在艺术创作、虚拟现实等多个领域展现出广泛的应用潜力。此外，深度无监督学习还能有效识别数据中的异常模式，因此，在金融欺诈检测、工业设备故障诊断、网络安全入侵检测等关键领域发挥着至关重要的作用。

上述三类监督学习方法的对比及分析见表 2.1。

表 2.1　三类监督学习方法对比及分析

类型	训练数据	应用场景	特性
深度有监督学习 (Deep Supervised Learning)	大量高质量有标签数据	图像分类、语音识别、机器翻译、目标检测、回归预测等	性能好，泛化能力强；对数据标注依赖性高；模型可解释性差；易过拟合
深度半监督学习 (Deep Semi-Supervised Learning)	少量有标签数据与大量无标签数据	文本/图像分类(标签稀缺)、序列标注、推荐系统等	能有效利用无标签数据提升模型性能；伪标签可能引入误差；算法设计复杂；性能稳定性有待提升

续表

类型	训练数据	应用场景	特性
深度无监督学习 (Deep Unsupervised Learning)	无标签数据	数据聚类、特征提取、数据降维、异常检测、数据生成等	无须标签，可处理海量数据，发现其内在结构和规律；可作为预训练步骤提升监督学习表现。结果评估困难；发现的模式可能不直接对应特定任务

2.2.4　深度强化学习

强化学习(Reinforcement Learning，RL)作为解决序列决策问题的重要方法，赋予智能体自监督学习的能力，使其能够自主与环境持续交互，并依据环境反馈的奖励信号，不断优化决策策略。当深度学习与强化学习相结合，便衍生出深度强化学习(Deep Reinforcement Learning，DRL)。DRL 利用深度神经网络来处理高维的感知输入，从而提升强化学习在复杂环境中的应用能力和效率。近年来，以 DRL 为代表的人工智能技术在各领域取得重大突破，已广泛应用于优化调度[41]、机器人控制、智能驾驶[42]、机器视觉[43]等领域，被认为是迈向通用人工智能的重要途径之一。

深度强化学习(DRL)的核心是智能体和环境两部分，通过两者的持续交互来学习最优决策[44]。对于强化学习任务，智能体的目标是学习一个最优策略，即从状态到动作的映射，以最大化长期累积奖励。这一过程通常使用价值函数来完成，状态价值函数或动作价值函数用于估计特定状态或者动作下的长期累计奖励值[45]。深度强化学习原理如图 2.10 所示。

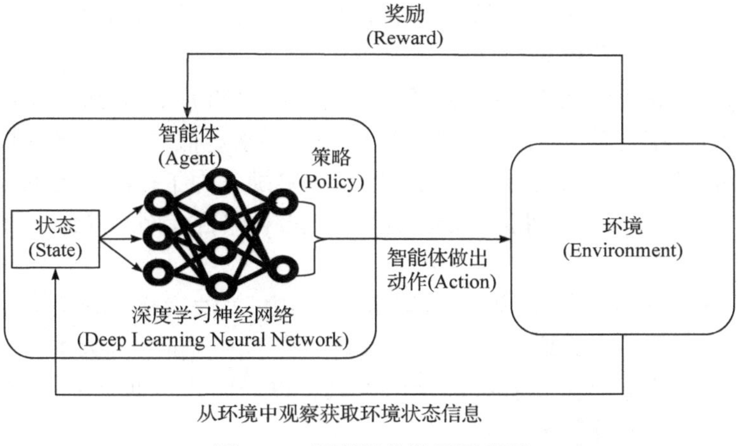

图 2.10　深度强化学习原理图

深度强化学习(DRL)的重要组成部分如下。

(1) 智能体(Agent)：进行核心学习及实施决策的主体被称为智能体，它在一个未知环境中试错学习并做出一系列决策以实现特定目标。

(2) 环境(Environment)：除智能体之外，所有与其交互的事物都被称为环境，环境对智能体的动作做出响应，并提供新的状态和奖励。环境可以是确定性的或具有随机性。

(3) 状态(State)：状态是对环境当前情境的表示。它包含智能体做出当前决策所需的所有相关信息，可以是离散的或连续的。

(4) 动作(Action)：动作是智能体在给定状态下可以执行的操作或决策。动作会引起环境状态的改变，并可能带来奖励。

(5) 奖励(Reward)：奖励是环境对智能体所执行动作的即时数值反馈，用于评估该动作的好坏。智能体的学习目标是最大化长期累积奖励。

(6) 策略(Policy)：策略是智能体的决策规则或行为模式，它定义了在给定状态下选择动作的概率分布(随机策略)或确定性映射(确定性策略)。强化学习的根本目标就是学习并不断优化策略，使其能够最大化预期累积奖励。

(7) 价值函数(Value Function)：用于估计从某个状态开始(或在某个状态执行某个动作后)所能获得的预期累积奖励。它可以帮助智能体评估不同状态或动作的长期吸引力，从而指导策略优化。

深度学习在 DRL 中扮演着关键角色，它使得强化学习能够处理高维度、复杂的感知输入，并实现对价值函数或策略的有效近似。Sliver 等[46]首次提出利用神经网络来近似价值函数的概念，以捕捉状态与价值或状态与动作之间的复杂非线性关系，取代传统强化学习中需要手动设计的特征或表格表示，奠定了深度强化学习的基础。在此基础上，研究者发展了许多高效的深度强化学习算法，主要可分为基于价值(Value-based)、基于策略(Policy-based)，以及结合两者(Actor-Critic)的方法。以下列举几种代表性算法：

Deep Q-Network(DQN)[47]：一种经典的基于价值的 DRL 算法，它将 Q-learning 与深度神经网络相结合。DQN 利用深度神经网络来近似 Q 值函数，即估计在给定状态下采取某个动作后所能获得的长期累积奖励。为了提高学习的稳定性和效率，DQN 引入经验回放缓冲区(Experience Replay)和目标网络(Target Network)等关键技术。

Policy Gradient(PG)[48]：基于策略梯度的 DRL 算法直接优化策略函数，使其能够输出在特定状态下采取各个动作的概率。它不依赖价值函数进行动作选择，而是通过策略梯度上升来调整神经网络参数，以最大化预期奖励。REINFORCE 算法是最早期的策略梯度算法之一。

Proximal Policy Optimization (PPO) [49]：一种流行且高效的基于策略梯度的 DRL 算法。PPO 通过引入裁剪(Clipping)机制，限制每次策略更新的幅度，从而在保证学习效率的同时，有效控制策略更新的稳定性。PPO 因其良好的性能、相对较低的实现复杂度和稳定性，在实际应用中广受欢迎。

深度强化学习结合了深度学习强大的表征能力和强化学习的决策优化框架，使其能够处理高维复杂数据、实现端到端学习，并在许多复杂决策任务中达到超人类水平的表现。然而，DRL 也面临着一系列挑战，包括样本效率低(需要大量的环境交互数据，导致训练时间长)、超参数敏感、奖励函数设计困难(特别是稀疏奖励场景)、模型的泛化能力和可解释性差等问题。在实际应用中，需要针对具体任务特点，权衡这些优缺点，并采用相应的技术手段(如课程学习、模仿学习、元学习等)来提升算法的效率和稳定性。

2.3 本章小结

本章对多视图学习中的特征表示和深度学习两大核心领域进行全面概述。第一部分深入探讨多视图学习中的特征表示方法及其基本原理。具体介绍了基于连接、基于对齐、基于共享-独有，以及基于可解释性等多种多视图特征表示学习范式，阐明如何从多源异构数据中有效地提取融合特征或互补信息。第二部分聚焦深度学习的相关理论和学习模型，详细阐述深度有监督学习、深度半监督学习、深度无监督学习和深度强化学习的原理思想、关键技术及典型应用领域。通过对这四种深度学习范式的系统介绍，旨在展现深度神经网络在处理大规模复杂数据、自动学习高级特征方面的强大能力。本章内容旨在为读者构建扎实的理论基础，尤其是为后续章节探讨深度多视图特征学习方法提供必要的背景知识和技术铺垫，以便更好地理解和设计面向多视图数据的先进深度学习模型。

参 考 文 献

[1] Li Y, Yang M, Zhang Z. A survey of multi-view representation learning[J]. IEEE Transactions on Knowledge and Data Engineering, 2018, 31(10): 1863-1883.

[2] 邓轩, 廖开阳, 郑元林, 等. 基于深度多视图特征距离学习的行人重识别[J]. 计算机应用, 2019, 39(8): 2223.

[3] Zhao L, Hu Q, Zhou Y. Heterogeneous features integration via semi-supervised multi-modal deep networks[C]//Neural Information Processing: 22nd International Conference, Chiang Mai. Springer, 2015: 11-19.

[4] Yin Y, Shah R R, Zimmermann R. Learning and fusing multimodal deep features for acoustic scene categorization[C]//Proceedings of the 26th ACM International Conference on Multimedia, Seoul. ACM, 2018: 1892-1900.

[5] Blum A, Mitchell T. Combining labeled and unlabeled data with co-training[C]//Proceedings of the 11th Annual Conference on Computational Learning Theory, Madison. ACM, 1998: 92-100.

[6] Ouyang W, Chu X, Wang X. Multi-source deep learning for human pose estimation[C]//Proceedings of the IEEE Conference on Computer Vision and Pattern Recognition, Columbus. IEEE, 2014: 2329-2336.

[7] Suk H I, Lee S W, Shen D, et al. Hierarchical feature representation and multimodal fusion with deep learning for AD/MCI diagnosis[J]. NeuroImage, 2014, 101: 569-582.

[8] Wu D, Shao L. Multimodal dynamic networks for gesture recognition[C]//Proceedings of the 22nd ACM International Conference on Multimedia, Orlando. ACM, 2014: 945-948.

[9] Xie P, Xing E P. Multi-modal distance metric learning[C]//Proceedings of the 23rd International Joint Conference on Artificial Intelligence, Beijing. AAAI Press, 2013: 1806-1812.

[10] Jing X Y, Wu F, Dong X, et al. Semi-supervised multi-view correlation feature learning with application to webpage classification[C]//Proceedings of the AAAI Conference on Artificial Intelligence, San Francisco. AAAI Press, 2017, 31(1).

[11] Jing X Y, Hu R M, Zhu Y P, et al. Intra-view and inter-view supervised correlation analysis for multi-view feature learning[C]//Proceedings of the AAAI Conference on Artificial Intelligence, Québec. AAAI Press, 2014, 28(1).

[12] Noroozi V, Bahaadini S, Zheng L, et al. Semi-supervised deep representation learning for multi-view problems[C]//Proceedings of the 2018 IEEE International Conference on Big Data (Big Data), Seattle. IEEE, 2018: 56-64.

[13] 高菊玲. 基于多视图特征融合的植物病害识别算法[J]. 中国农机化学报, 2020, 41(12): 147.

[14] Wang W, Arora R, Livescu K, et al. On deep multi-view representation learning[C]//Proceedings of the International Conference on Machine Learning, Lille. PMLR, 2015: 1083-1092.

[15] Frome A, Corrado G S, Shlens J, et al. Devise: A deep visual-semantic embedding model[J]. Advances in Neural Information Processing Systems, 2013, 26.

[16] Harwath D, Recasens A, Surís D, et al. Jointly discovering visual objects and spoken words from raw sensory input[C]//Proceedings of the European Conference on Computer Vision (ECCV), Munich. Springer Nature, 2018: 649-665.

[17] Elkahky A M, Song Y, He X. A multi-view deep learning approach for cross domain user modeling in recommendation systems[C]//Proceedings of the 24th International Conference on World Wide Web, Florence. ACM, 2015: 278-288.

[18] 刘宇, 孟敏, 武继刚. 一致性约束的半监督多视图分类[J]. 计算机科学与探索, 2022, 16(1): 242-252.

[19] Yang P Y, Gao W. Multi-view discriminant transfer learning[C]//Proceeding of 23rd International Joint Conference on Artificial Intelligence, Beijing. AAAI Press, 2013: 1848-1854.

[20] Kim D, Saito K, Saenko K, et al. Mule: Multimodal universal language embedding[C]//Proceedings of the AAAI Conference on Artificial Intelligence, New York. AAAI Press, 2020, 34(7): 11254-11261.

[21] Zhou R, Shen Y D. End-to-end adversarial-attention network for multi-modal clustering[C]//Proceedings of the IEEE/CVF Conference on Computer Vision and Pattern Recognition, Seattle. IEEE, 2020: 14619-14628.

[22] Radford A, Kim J W, Hallacy C, et al. Learning transferable visual models from natural

language supervision[C]//Proceedings of the 38th International Conference on Machine Learning. PMLR, 2021: 8748-8763.

[23] Jia C, Yang Y, Xia Y, et al. Scaling up visual and vision-language representation learning with noisy text supervision[C]//Proceedings of the 38th International Conference on Machine Learning. PMLR, 2021: 4904-4916.

[24] Sun S, Dong W, Liu Q. Multi-view representation learning with deep gaussian processes[J]. IEEE Transactions on Pattern Analysis and Machine Intelligence, 2020, 43(12): 4453-4468.

[25] Luo S, Zhang C, Zhang W, et al. Consistent and specific multi-view subspace clustering[C]//Proceedings of the AAAI Conference on Artificial Intelligence, New Orleans. AAAI Press, 2018, 32(1): 3730-3737.

[26] Hu J, Lu J, Tan Y P. Sharable and individual multi-view metric learning[J]. IEEE Transactions on Pattern Analysis and Machine Intelligence, 2017, 40(9): 2281-2288.

[27] Ouyang L, Zhang X F, Dai D Q, et al. Protein complex detection based on partially shared multi-view clustering[J]. BMC Bioinformatics, 2016, 17: 1-15.

[28] Yang H, Li X, Wu Y, et al. Interpretable multimodality embedding of cerebral cortex using attention graph network for identifying bipolar disorder[C]//Proceeding of 22nd International Conference on Medical Image Computing and Computer Assisted Intervention, Shen zhen. Springer, 2019: 799-807.

[29] Agyemang B, Wu W P, Kpiebaareh M Y, et al. Multi-view self-attention for interpretable drug–target interaction prediction[J]. Journal of Biomedical Informatics, 2020, 110: 103547.

[30] Rodin I, Fedulova I, Shelmanov A, et al. Multitask and multimodal neural network model for interpretable analysis of x-ray images[C]//Proceedings of the 2019 IEEE International Conference on Bioinformatics and Biomedicine, San Diego. IEEE, 2019: 1601-1604.

[31] Ho D, Tan I B H, Motani M. Prognosticating colorectal cancer recurrence using an interpretable deep multi-view network[C]//Proceedings of the 4th Machine Learning for Health. PMLR, 2021: 97-109.

[32] Banerjee T, Kollada M, Gersberg P, et al. Predicting mood disorder symptoms with remotely collected videos using an interpretable multimodal dynamic attention fusion network[J]. arXiv Preprint, arXiv: 2109. 03029, 2021.

[33] Chen R J, Lu M Y, Williamson D F K, et al. Pan-cancer integrative histology-genomic analysis via interpretable multimodal deep learning[J]. arXiv Preprint, arXiv: 2108. 02278, 2021.

[34] Hu W, Meng X, Bai Y, et al. Interpretable multimodal fusion networks reveal mechanisms of brain cognition[J]. IEEE Transactions on Medical Imaging, 2021, 40(5): 1474-1483.

[35] Selvaraju R R, Cogswell M, Das A, et al. Grad-cam: Visual explanations from deep networks via gradient-based localization[C]//Proceedings of the 2017 IEEE International Conference on Computer Vision, Venice. IEEE, 2017: 618-626.

[36] 温纤纤, 柳毅, 凌捷, 等. 基于 1DCNN-GRU 的网络入侵检测混合模型[J]. 计算机应用与软件, 2023, 40(6): 282-287+349.

[37] 华添聪. 基于深度学习的心脏磁共振图像分割与分析[D]. 南京: 东南大学, 2020. DOI: 10. 27014/d. cnki. gdnau. 2020. 001028.

[38] Dong S, Wang P, Abbas K. A survey on deep learning and its applications[J]. Computer Science Review, 2021, 40: 100379.

[39] 刘志强. 基于半监督学习的蒙古语语音识别模型训练研究[D]. 呼和浩特: 内蒙古工业大学, 2023. DOI: 10. 27225/d. cnki. gnmgu. 2023. 000187.

[40] Zhu B, Jiao J, Tse D. Deconstructing generative adversarial networks[J]. IEEE Transactions on Information Theory, 2020, 66(11): 7155-7179.

[41] Mao H, Schwarzkopf M, Venkatakrishnan B S, et al. Learning scheduling algorithms for data processing clusters[C]//Proceedings of the ACM Special Interest Group on Data Communication, Beijing. ACM, 2019, 270-288.

[42] Li D, Zhao D, Zhang Q, et al. Reinforcement learning and deep learning based lateral control for autonomous driving[J]. IEEE Computational Intelligence Magazine, 2019, 14(2): 83-98.

[43] X L, W L, Q X, et al. Iteratively-refined interactive 3D medical image segmentation with multi-agent reinforcement learning[C]//Proceedings of the IEEE/CVF Computer Society Conference on Computer Vision and Pattern Recognition, Seattle. IEEE, 2020: 9391-9399.

[44] 王璠, 王晓淋. 基于深度强化学习的水库群供水优化调度研究[J]. 水利技术监督, 2024(7): 198-202+240.

[45] 张峻伟, 吕帅, 张正昊, 等. 基于样本效率优化的深度强化学习方法综述[J]. 软件学报, 2022, 33(11): 4217-4238.

[46] Mnih V, Kavukcuoglu K, Silver D, et al. Playing Atari with deep reinforcement learning[J]. arXiv Preprint, arXiv: 1312. 5602, 2013.

[47] Lv L, Zhang S, Ding D, et al. Path planning via an improved DQN-based learning policy[J]. IEEE Access, 2019, 7: 67319-67330.

[48] Maurya S, Joseph S, Asokan A, et al. Federated transfer learning for authentication and privacy preservation using novel supportive twin delayed DDPG(S-TD3) algorithm for IIoT[J]. Sensors, 2021, 21(23): 7793.

[49] 董经纬, 姚尧, 冯景祥, 等. 基于 PPO 的异构 UUV 集群任务分配算法[J]. 舰船科学技术, 2024, 46(12): 84-89.

第Ⅱ部分

多视图特征学习的应用与研究

第 3 章　基于子空间学习的多视图特征学习方法

在多视图学习框架中，基于子空间学习的特征学习方法旨在从不同视图中提取有效的特征，并通过投影或变换将这些多源异构数据映射到一个低维的共享潜在子空间，以实现多源异构数据的有效融合与统一特征表示。传统方法如典型相关分析(CCA)等虽在双视图线性建模中表现优异，但面临多视图扩展困难、非线性关系表征不足，以及监督信息利用缺失等瓶颈。近年来，随着深度学习方法与优化理论的融合，该领域逐步突破线性映射的局限，形成层次化特征选择与跨视图一致性约束相结合的新型技术范式。本章将系统阐述基于递归正交分解和局部敏感判别约束的多视图子空间特征学习框架及其创新实践。

3.1　子空间学习概述及本章研究内容

子空间学习(Subspace Learning)是机器学习和数据挖掘领域中的一种重要方法，主要用于处理高维数据的降维和特征提取问题。其核心思想是基于数学中的线性代数理论，通过投影映射或矩阵分解等手段，实现高维特征向低维空间的转换。在此过程中，子空间学习力求同时去除噪声或冗余特征，从而有效简化数据结构，降低计算复杂度。根据数据的性质和降维的目标，子空间学习主要分为以下两类(见图 3.1)。

(1) 线性子空间学习：线性子空间学习通过线性变换将数据投射到新的坐标系中，旨在最大化数据的方差(如主成分分析(Principal Component Analysis，PCA))或类间可分性(如线性判别分析(Linear Discriminant Analysis，LDA))[1]。主要适用于数据在高维空间中呈线性分布，且其主要结构可通过线性变换捕获的场景。

(2) 非线性子空间学习：非线性子空间学习适用于数据在高维空间中呈现非线性分布的情况，能够发现数据的低维嵌入结构，如局部线性嵌入(Locally Linear Embedding，LLE)、等距映射(Isometric Mapping，Isomap)、流形学习(Manifold Learning)等[2]。

在多视图子空间学习领域，基于鉴别分析的方法占据着重要地位。传统多视图鉴别分析方法，常倾向于首先融合多视图数据，将多视图学习问题转化为单视图框架下的问题进行处理。然而，如何从融合后的复合数据中高效地提取并保留足够的鉴别信息，以确保分类性能，是这类方法面临的一个核心挑战。为应对此挑战，递归鉴别子空间学习(Recursive Discriminant Subspace Learning，RDSL)被提出，该方法通过递归迭代的方式，系统地学习并构建一个对数据分类效果最优的低维鉴别子空间，从而有效捕获并利用充足的鉴别特征，但是已有的递归鉴别子空间学习方法还存在如下问题。

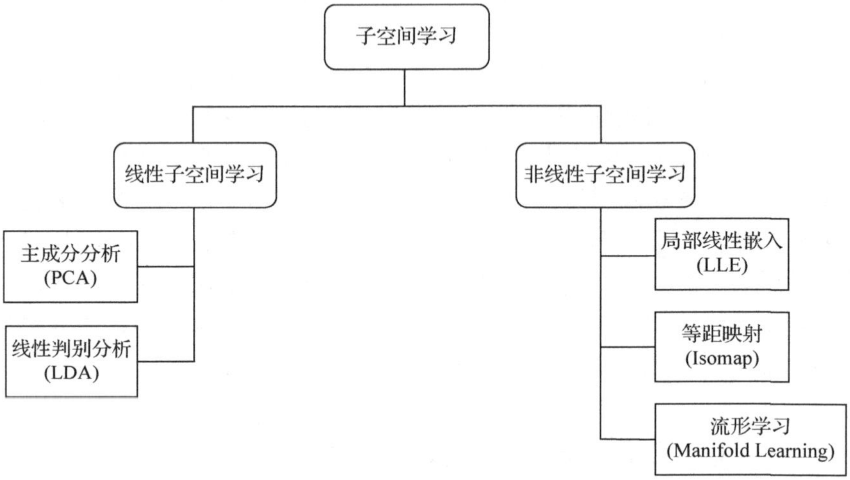

图 3.1　子空间学习

第一，大部分已有的递归鉴别子空间学习方法每次递归计算一个投影向量。为了获得足够多的特征，这些方法需要执行多次递归计算，计算代价较大。

第二，已有的递归鉴别子空间学习方法没有提供递归计算的终止准则，并且不能使已获得的子空间是互相正交的。因此，如何设计一个有效的递归鉴别子空间学习方法，用于多视图学习是一个重要的研究方向。

主流的多视图鉴别分析方法，通常采用为每个视图数据学习一个鉴别变换的策略。大部分已有的多视图鉴别分析方法关注视图内和视图间的全局统计信息，如均值和协方差等。在训练样本不充足时，数据的局部结构信息被认为比全局结构信息在鉴别分析中更重要，然而这些方法未能充分挖掘多视图数据的局部结构信息。因此，对于主流的多视图鉴别分析技术，如何同时有效地从多视图中挖掘鉴别信息和局部几何结构信息是一个重要的研究课题。

本章首先提出一个基于递归学习的多视图鉴别分析方法，即组递归鉴别子空间学习(Group Recursive Discriminant Subspace Learning，GRDSL)。GRDSL是已有两种递归鉴别子空间学习方法的折中方案，一种方法是每次递归仅学习单个投影向量，另一种方法是每次递归获取$c-1$个投影向量但不提供向量选择规则与终止准则。此外，为了进一步提升主流多视图鉴别分析技术的性能，本章还提出一个新的多视图鉴别分析方法，即不相关局部敏感多视图鉴别分析(Uncorrelated Locality Sensitive Multi-View Discriminant Analysis，ULSMDA)。

本章研究内容主要包括以下三个部分。

第一部分对组织递归鉴别子空间学习进行探讨研究。主要从样本集分解与递归学习、投影向量选择规则、递归学习终止准则、算法实现四个方面进行介绍，为后续的相关实验研究奠定理论基础。

第二部分详细阐述不相关局部敏感多视图鉴别分析方法。围绕四个核心模块进行系统性解释，局部敏感多视图鉴别分析的基本原理、跨视图的一致性、不相关的多视图变换技术，以及问题建模与目标函数优化策略。通过对上述模块的研究，能够更好地理解该方法的关键概念和操作步骤。

第三部分的主要内容是实验验证与有效性评估。在 Multi-PIE 数据集、AR 数据集、COIL-20 数据集、MNIST 数据集上进行实验分析，并从分类性能、所提方法关键组件的贡献、运行效率和参数敏感性等多个维度对 GRDSL 和 ULSMDA 的有效性进行深入评估。

3.2　组递归鉴别子空间学习

组递归鉴别子空间学习(GRDSL)是递归鉴别子空间学习的一种扩展，引入了分组的概念，通过递归迭代地发现鉴别信息，并同时利用特征的组结构，学习到一个更能反映数据内在分组特征、更具鲁棒性或可解释性的鉴别子空间[3]。

GRDSL 的三个主要贡献[4]如下。

(1) GRDSL 将原始样本集递归地分解为多个近似样本集和相应的差分样本集，并在每次递归得到的差分样本集中学习一组投影向量。该方法可以快速地学习多个相互正交的子空间，并使得每个子空间中投影向量互相正交。

(2) GRDSL 提供了一个投影向量选择规则，在每次递归中进行投影向量的选择，从而使得每次递归得到的投影变换具有较强的鉴别能力。

(3) GRDSL 设计了一个矩阵形式的递归终止准则，来决定递归计算的次数。

3.2.1　样本集分解与递归学习

样本集分解是指将原始数据集划分为多个较小的子集(或称为子集、近似集、差分集等)，以便进行更高效、更有针对性的处理。

假设$\{X_1,X_2,\cdots,X_M\}$是来自某个视图的训练样本集，其中，$X_k\in\mathbb{R}^{d\times n}$表示来自第$k$个视图的样本集，$d$表示每个视图样本的维数，$n$表示样本个数。融合数据集得到融合后的样本集$X=\left[X_1^{\mathrm{T}},X_2^{\mathrm{T}},\cdots,X_M^{\mathrm{T}}\right]^{\mathrm{T}}\in\mathbb{R}^{(M\times d)\times n}$。使用 Fisherface 方法从原始样本集中获得投影变换V，按照“PCA+LDA”形式实现。PCA 变换将样本维数降为$n-c$，从而避免X的类内散度矩阵S_W是奇异的，c表示样本的类别数。

使用 Fisherface 方面获得的投影变换可表示为$V = W_{\mathrm{PCA}} W_{\mathrm{LDA}}$，其中，$W_{\mathrm{PCA}}$和$W_{\mathrm{LDA}}$分别表示 PCA 变换和 LDA 变换。$W_{\mathrm{LDA}}$可根据如下目标函数获得。

$$\max \frac{\mathrm{tr}\left(W_{\mathrm{LDA}}^{\mathrm{T}} S_B W_{\mathrm{LDA}}\right)}{\mathrm{tr}\left(W_{\mathrm{LDA}}^{\mathrm{T}} S_W W_{\mathrm{LDA}}\right)} \tag{3-1}$$

其中，S_B表示类间散度矩阵，V中投影向量个数为$c-1$。

根据将在 3.2.2 节介绍的投影向量选择规则从V中选出t_1个投影向量，并正交规范化该组向量获得投影变换W_1。注意到即使V中所有向量均被选出，W_1与使用 Fisherface 方法得到的投影变换仍然存在差异，因为进行了正交规范化的操作。原始样本集X可被分解为两个样本集：

$$X_1 = W_1 W_1^{\mathrm{T}} X \tag{3-2}$$

$$X_{1\_Diff} = X - X_1 = X - W_1 W_1^{\mathrm{T}} X = \left(I - W_1 W_1^{\mathrm{T}}\right) X = H_1^{\mathrm{T}} X \tag{3-3}$$

其中，X_1是X的近似样本集，X_{1_Diff}是相应的差分样本集，$H_1 = (I - W_1 W_1^{\mathrm{T}})^{\mathrm{T}}$。

因为W_1是正交规范化的投影矩阵，$W_1^{\mathrm{T}} W_1$是一个单位矩阵，则

$$W_1^{\mathrm{T}} X_1 = W_1^{\mathrm{T}}\left(W_1 W_1^{\mathrm{T}} X\right) = \left(W_1^{\mathrm{T}} W_1\right) W_1^{\mathrm{T}} X = W_1^{\mathrm{T}} X \tag{3-4}$$

因此，从原始样本集X提取的鉴别特征等价于从近似样本集X_1中提取的特征。根据式(3-4)可获得

$$W_1^{\mathrm{T}} X_{1\_Diff} = W_1^{\mathrm{T}}\left(X - X_1\right) = W_1^{\mathrm{T}} X - W_1^{\mathrm{T}} X_1 = 0 \tag{3-5}$$

假设X_i和X_{1_Diff}分别表示第$i(i \geqslant 2)$次递归中近似样本集和差分样本集，使用 Fisherface 方法，从$X_{(i-1)_Diff}$获得投影变换V。PCA 变换降低样本的维数，使得类内散度矩阵是非奇异的，V中投影向量个数为$c-1$。在此基础上，可以根据将在 3.2.2 节介绍的投影向量选择规则从V中选出t_i个投影向量，并正交规范化这组向量，从而获得投影变换W_i，W_i满足$W_i^{\mathrm{T}} W_i = I$，则可得到

$$X_i = W_i W_1^{\mathrm{T}} X_{(i-1)\_Diff} \tag{3-6}$$

$$\begin{aligned} X_{i\_Diff} &= X - X_1 \cdots - X_i = X_{(i-1)\_Diff} - W_i W_i^{\mathrm{T}} X_{(i-1)\_Diff} \\ &= \left(I - W_i W_i^{\mathrm{T}}\right) X_{(i-1)\_Diff} = H_i^{\mathrm{T}} X_{(i-1)\_Diff} \end{aligned} \tag{3-7}$$

其中，$H_i = \left(I - W_i W_i^{\mathrm{T}}\right)^{\mathrm{T}}$。公式(3-7)可写为如下简化形式：

$$X_{i\_Diff} = H_i^{\mathrm{T}} H_{i-1}^{\mathrm{T}} \cdots H_1^{\mathrm{T}} X = \left(\prod_{j-1}^{i} H_j\right)^{\mathrm{T}} X \tag{3-8}$$

可进一步从X_{i_Diff}中获得W_{i+1}。

评论 3.1 所有投影变换(W_j 和 W_{i+1}，$1 \leqslant j \leqslant i$)是相互正交的，即

$$W_j^{\mathrm{T}} W_{i+1} = 0, 1 \leqslant j \leqslant i \tag{3-9}$$

证明 因为 W_i 是使用 Fisherface 方法获得的，W_2 可写为 $W_2 = W_{2\_\mathrm{PCA}} W_{2\_\mathrm{LDA}}$。其中，$W_{2\_\mathrm{PCA}}$ 可写为 $W_{2\_\mathrm{PCA}} = X_{1\_Diff} A_2$，在此，$A_2$ 是一个系数矩阵。因为 $W_1^{\mathrm{T}} X_{1\_Diff} = 0$，可得到 $W_1^{\mathrm{T}} W_2 = W_1^{\mathrm{T}} W_{2\_\mathrm{PCA}} W_{2\_\mathrm{LDA}} = W_1^{\mathrm{T}} X_{1\_Diff} A_2 W_{2\_\mathrm{LDA}} = 0$。

假设 $W_1, W_2, \cdots, W_i$ 是相互正交的，可得

$$\begin{aligned}
& W_j^{\mathrm{T}} X_{i_Diff} \\
&= W_j^{\mathrm{T}} \left(X - W_1 W_1^{\mathrm{T}} X - \cdots - W_j W_j^{\mathrm{T}} X_{(j-1)_Diff} - \cdots - W_i W_i^{\mathrm{T}} X_{(i-1)_Diff} \right) \\
&= W_j^{\mathrm{T}} X - \left(W_j^{\mathrm{T}} W_1 \right) W_1^{\mathrm{T}} X - \cdots - \left(W_j^{\mathrm{T}} W_j \right) W_j^{\mathrm{T}} X_{(j-1)_Diff} - \cdots - \left(W_j^{\mathrm{T}} W_i \right) W_i^{\mathrm{T}} X_{(i-1)_Diff} \\
&= W_j^{\mathrm{T}} X - W_j^{\mathrm{T}} X_{(j-1)_Diff} \\
&= W_j^{\mathrm{T}} \left(X_1 + X_2 + \cdots + X_{j-1} \right) \\
&= \left(W_j^{\mathrm{T}} W_1 \right) W_1^{\mathrm{T}} X + \cdots + \left(W_j^{\mathrm{T}} W_{j-1} \right) W_{j-1}^{\mathrm{T}} X_{(j-2)_Diff} \\
&= 0
\end{aligned} \tag{3-10}$$

与 W_{2_PCA} 类似，$W_{(i+1)\_\mathrm{PCA}} = X_{i\_Diff} A_{i+1}$，其中，$A_{i+1}$ 是系数矩阵，可得

$$W_j^{\mathrm{T}} W_{(i+1)\_\mathrm{PCA}} = W_j^{\mathrm{T}} X_{i\_Diff} A_{i+1} = 0 \tag{3-11}$$

因此，

$$W_j^{\mathrm{T}} W_{i+1} = W_j^{\mathrm{T}} W_{(i+1)\_\mathrm{PCA}} W_{(i+1)\_\mathrm{LDA}} = 0 \tag{3-12}$$

其中，$1 \leqslant j \leqslant i$。评论得证。

评论 3.1 表明 GRDSL 获得的鉴别变换是相互正交的。这些正交的变换可以构建多个正交的子空间，用于从样本集中提取充足并且有效的特征。

3.2.2 投影向量选择规则

投影向量选择规则在机器学习和数据处理中非常重要，特别是涉及特征提取、降维、分类等任务时。一个理想的投影向量应遵循以下核心原则[5]，以确保降维后的数据既能有效保留关键信息，又能适应特定任务的需求：

(1) 最大化信息保留：选择的投影向量应尽可能保留原始数据中的重要信息，确保在降维过程中最大限度地保留数据的本质特性，减少信息损失。

(2) 最小化冗余：投影向量之间应尽可能减少冗余，即它们之间应具有较低的相关性，理想情况下应相互正交。这有助于避免信息重复，确保每个投影维度都能提供独特且有效的信息增益，提高处理效率。

(3) 任务导向性：投影向量的选择应与具体的任务目标紧密相关。例如，在分类任务中，投影向量应能够最大化不同类别之间的可分性，使得投影后的数据在低维空间中仍能清晰地区分不同类别。

对于每次递归，GRDSL 学习一组投影向量，这也是 GRDSL 名称中“组”的来源。为了选择一组具有较强鉴别能力的投影向量，GRDSL 设计了一个选择向量的规则，即 Fisher 准则。根据 Fisher 准则，第 i 次递归中的投影向量 $w_{ij}\left(j=1,2,\cdots,c-1\right)$ 的鉴别能力值可通过下式计算：

$$F\left(w_{ij}\right)=\frac{w_{ij}^{\mathrm{T}}S_B w_{ij}}{w_{ij}^{\mathrm{T}}S_W w_{ij}},j=1,2,\cdots,c-1 \tag{3-13}$$

其中，S_B 和 S_W 分别表示原始样本集的类间和类内散度矩阵，则投影向量规则可定义如下：

$$F\left(w_{ij}\right)>T_1 \tag{3-14}$$

假设 t_1 是选出向量的数量，选出的一组投影向量可以构成第 i 个投影变换 $W_i=\left[w_{i1},w_{i2},\cdots,w_{it_i}\right]$。

T_1 可设为 1，因为根据 Fisher 准则，当投影向量的鉴别能力值低于该阈值时，存在较少的类间可分性信息和更多的类内散度信息。当投影向量不满足公式(3-14)时，由于其鉴别能力较弱，可以丢弃不用。

3.2.3　矩阵形式递归学习终止准则

为了决定递归的次数，为递归计算提供一个矩阵形式的终止准则。假设 V 是从差分样本集 $X_{(i-1)\_Diff}$ 中使用 Fisherface 方法获得的投影变换矩阵。第 i 次递归中，投影变换 V 的鉴别能力可通过下式计算：

$$J_i=\frac{\mathrm{tr}\left(V^{\mathrm{T}}S_B V\right)}{\mathrm{tr}\left(V^{\mathrm{T}}S_W V\right)} \tag{3-15}$$

其中，S_B 和 S_W 分别表示原始样本集的类间和类内散度矩阵。

终止准则定义如下：

$$J_i<T_2 \tag{3-16}$$

其中，T_2 是阈值。公式(3-16)表明，当第 i 次递归中投影变换 V 的鉴别能力低于 T_2 时，递归计算应该终止。与公式(3-14)中的阈值设置一样，T_2 也设为 1。公式(3-14)和公式(3-16)中将阈值设为 1，等价于将 $F\left(w_{ij}\right)=\frac{w_{ij}^{\mathrm{T}}S_B w_{ij}}{w_{ij}^{\mathrm{T}}S_T w_{ij}}$ 和 $J_i=\frac{\mathrm{tr}\left(V^{\mathrm{T}}S_B V\right)}{\mathrm{tr}\left(V^{\mathrm{T}}S_T V\right)}$ 的阈值设为 0.5，其中，S_T 表示样本集的总体散度矩阵。

3.2.4　算法实现步骤

GRDSL 的具体算法实现步骤如下。

步骤 1： 使用 Fisherface 方法计算原始样本集 X 的投影变换。根据公式(3-14)选出 t_1 个投影向量，并正交规范化这组向量，从而获得鉴别变换 W_1。

步骤 2： 当不满足终止条件时，循环以下执行。

步骤 2.1： 当 $i=1$ 时，使用公式(3-3)计算差分样本集 X_{i_Diff}；否则，使用公式(3-8)得到差分样本集。

步骤 2.2： 使用 Fisherface 方法从 X_{i_Diff} 中学习投影变换，如果该变换满足公式(3-16)的终止条件，进入步骤 3。

步骤 2.3： 使用公式(3-14)选择 t_{i+1} 个投影向量，并正交规范化第 $i+1$ 组向量，从而获得投影变换 W_{i+1}。

结束循环。

步骤 3： 获得总体鉴别变换 $W=\left[W_1,\cdots,W_k\right]$，其中，$k$ 表示递归的次数。

步骤 4： 获得投影后的训练样本集 $X_W=W^{\mathrm{T}}X$，以及投影的测试样本集 $y_W=W^{\mathrm{T}}y$，其中，y 是测试样本。

步骤 5： 使用基于余弦距离的最近邻分类器来分类 y_W，两向量 p 和 q 之间的余弦距离定义为 $d_{\cos}(p,q)=\dfrac{p^{\mathrm{T}}q}{\|p\|\cdot\|q\|}$。

3.3　不相关局部敏感多视图鉴别分析

为了从多视图数据中有效地挖掘鉴别信息和局部结构信息，从而进一步提升多视图鉴别分析技术的性能，提出一种新的多视图鉴别分析方法——不相关局部敏感多视图鉴别分析(ULSMDA)。该方法有如下三个贡献。

(1) ULSMDA 联合地学习了多个视图特定的变换矩阵。对于每个视图，通过将数据映射到子空间，使具有相同类别标记的近邻样本相互靠近，具有不同类别标记的样本相互远离。通过这种方式，ULSMDA 可以很好地从多视图中挖掘鉴别信息和局部结构信息。

(2) ULSMDA 引入一个多视图样本距离项，以推动不同视图数据间建立一一对应关系。

(3) ULSMDA 在多视图学习过程中设计了不相关约束，用于减少从不同视图学得的变换之间的冗余。

不相关局部敏感多视图鉴别分析(ULSMDA)是一种结合了局部敏感性和不相

关性约束的多视图鉴别分析方法，通过联合学习多个视图特定的投影变换，使得在投影空间中，原始近邻的同类样本相互聚集，而原始近邻的异类样本相互排斥[6]。

3.3.1 局部敏感多视图鉴别分析

局部敏感多视图鉴别分析(Locality Sensitive Multi-view Discriminant Analysis, LSMDA)旨在从多个视角或数据源中提取具有鉴别性的特征，同时保持数据的局部几何结构信息，以提高分类、聚类等任务的性能[7]。LSMDA 的基本思想是利用数据的局部几何结构信息和多视图数据的互补性来提取特征。首先为每个视图构建局部近邻图，以捕捉数据的局部几何结构；然后通过联合学习多个视图特定的投影变换，使得在共同的低维投影空间中，不仅能够充分融合各视图的互补信息并相互增强，而且能够严格保持原始数据的局部几何拓扑结构。

假设 $X_1, X_2, \cdots, X_M$ 是来自 M 个视图的训练样本，其中，$X_k = \left[x_k^1, x_k^p, \cdots, x_k^n\right]$ 表示来自第 k 个视图的样本集，包含来自 c 类的 n 个维数为 d 的样本，x_k^p 表示第 k 个视图中第 p 个样本。ULSMDA 试图学习多个视图特定的投影向量 $v_1, v_2, \cdots, v_M$，使得多视图数据中鉴别信息和局部几何结构信息可以很好地被挖掘。

对于第 k 个视图，为了挖掘数据中鉴别信息和局部几何结构信息，ULSMDA 定义了两个图，即类内图 G_w^k 和类间图 G_b^k。对于每个样本 x_k^p，寻找其 K 个最近邻样本，从而获得其近邻集 $N^k\left(x_k^p\right) = \left\{x_k^{p1}, x_k^{p2}, \cdots, x_k^{pK}\right\}$。$N^k\left(x_k^p\right)$ 可分为两个子集，即 $N_w^k\left(x_k^p\right)$ 和 $N_b^k\left(x_k^p\right)$。$N_w^k\left(x_k^p\right)$ 和 $N_b^k\left(x_k^p\right)$ 分别是与 x_k^p 具有相同标记的近邻样本集和与 x_k^p 具有不同标记的近邻样本集。假设 $l\left(x_k^p\right)$ 是 x_k^p 的类别标记，$N_w^k\left(x_k^p\right)$ 和 $N_b^k\left(x_k^p\right)$ 定义如下：

$$N_w^k\left(x_k^p\right) = \left\{x_k^{pj} \mid l\left(x_k^{pj}\right) = l\left(x_k^p\right), 1 \leqslant j \leqslant K\right\} \tag{3-17}$$

$$N_b^k\left(x_k^p\right) = \left\{x_k^{pj} \mid l\left(x_k^{pj}\right) \neq l\left(x_k^p\right), 1 \leqslant j \leqslant K\right\} \tag{3-18}$$

$N_w^k\left(x_k^p\right) \cap N_b^k\left(x_k^p\right) = \varnothing, N_w^k\left(x_k^p\right) \cup N_b^k\left(x_k^p\right) = N^k\left(x_k^p\right)$。

假设 W_w^k 表示类内图 G_w^k 的关联矩阵，其元素表示 x_k^p 和 x_k^q 之间边的权重，定义为

$$W_{w(pq)}^k = \begin{cases} 1, & \text{如果} x_k^p \in N_w^k\left(x_k^q\right) \text{或者} x_k^q \in N_w^k\left(x_k^p\right) \\ 0, & \text{其他} \end{cases} \tag{3-19}$$

假设 W_b^k 表示类间图 G_b^k 的关联矩阵，其元素定义为

$$W_{b(pq)}^k = \begin{cases} 1, & \text{如果} x_k^p \in N_b^k\left(x_k^q\right) \text{或者} x_k^q \in N_b^k\left(x_k^p\right) \\ 0, & \text{其他} \end{cases} \tag{3-20}$$

考虑一种简单的情况，即映射后样本维数为 1，此时需要使 G_w^k 中存在连接的样本尽可能靠近，G_b^k 中存在连接的样本尽可能远离，从而使局部近邻内部异类样本之间的间隔被最大化。因此，需要最小化如下目标函数的值。

$$\min_{v_1,v_2,\cdots,v_M}\sum_{k=1}^{M}\left(\sum_{pq}\left(y_k^p-y_k^q\right)^2 W_{w(pq)}^k-\sum_{pq}\left(y_k^p-y_k^q\right)^2 W_{b(pq)}^k\right) \tag{3-21}$$

其中，$y_k^p=v_k^{\mathrm{T}}x_k^p$ 和 $y_k^q=v_k^{\mathrm{T}}x_k^q$ 是第 k 个视图对应的投影向量投影后的样本。公式(3-21)对于两种情况引入了惩罚，第一种情况，映射过后的近邻样本 x_k^p 和 x_k^q 相互远离，但是实际上它们是同类样本；第二种情况，映射过后的近邻样本 x_k^p 和 x_k^q 离得较近，但是实际上它们是异类样本。图 3.2 给出了局部敏感多视图鉴别分析概念图。

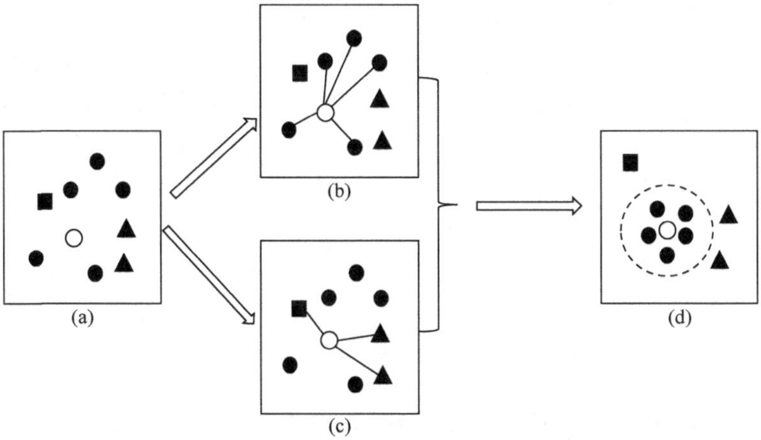

图 3.2　局部敏感多视图鉴别分析概念图

图 3.2(a)表示某个视图的原始示例样本分布，实心圆形表示的样本是空心圆形样本的同类近邻，实心方形和实心三角形表示的样本是空心圆形样本的异类近邻；图 3.2(b)表示类间图的作用，即连接同类近邻样本使映射后样本相互聚集；图 3.2(c)表示类间图的作用，即连接异类近邻样本使映射后样本相互远离；图 3.2(d)表示投影空间中样本的分布情况，同类近邻样本向观察样本聚拢，而异类近邻样本远离观察样本，在一个局部区域内，不同类的间隔被最大化。

3.3.2　跨视图的一致性

为了保留同一样本不同视图的对应关系，设计了如下跨视图样本距离：

$$\sum_{k=1}^{M-1}\sum_{l=k+1}^{M} d\left(v_k^{\mathrm{T}}X_k, v_l^{\mathrm{T}}X_l\right) \tag{3-22}$$

其中，$d\left(v_k^{\mathrm{T}}X_k, v_l^{\mathrm{T}}X_l\right)=\sum_{p=1}^{n}\left\|v_k^{\mathrm{T}}x_k^p-v_l^{\mathrm{T}}x_l^p\right\|^2$ 表示投影后样本集 $v_k^{\mathrm{T}}X_k$ 和 $v_l^{\mathrm{T}}X_l\,(l\neq k)$

的距离。最小化投影后样本的跨视图距离，可以增强描述同一对象的多视图样本的对应性。

3.3.3 不相关的多视图变换

多视图数据通常存在较大的相关性，导致所学得的投影变换之间存在冗余。因此，除了保留鉴别信息和局部几何结构信息，以及对跨视图一致性的考虑，ULSMDA 还要求不同视图学得的投影变换之间的冗余性低。因此，ULSMDA 要求不同视图对应的投影变换是不相关的。

$$v_k^{\mathrm{T}} v_l = 0, k \neq l \tag{3-23}$$

3.3.4 问题建模与目标函数优化

考虑到局部敏感的多视图鉴别分析、跨视图的一致性，以及不相关的多视图变换，提出不相关局部敏感多视图鉴别分析(ULSMDA)方法的总目标函数，定义如下。

$$\begin{gathered}\min_{v_1, v_2, \cdots, v_M} \frac{1}{2} \sum_{k=1}^{M} \left(\sum_{pq} \left(y_k^p - y_k^q \right)^2 W_{w(pq)}^k - \sum_{pq} \left(y_k^p - y_k^q \right)^2 W_{b(pq)}^k \right) + \sum_{k=1}^{M-1} \sum_{l=k+1}^{M} d\left(v_k^{\mathrm{T}} X_k, v_l^{\mathrm{T}} X_l \right) \\ \text{s.t.} \quad v_k^{\mathrm{T}} v_l = 0, k \neq l \end{gathered} \tag{3-24}$$

其中，加入系数$\frac{1}{2}$主要是为了方便后续优化。

目标函数(3-24)中，$\frac{1}{2}\sum_{pq}\left(y_k^p - y_k^q\right)^2 W_{w(pq)}^k$可简化为

$$\begin{aligned} &\frac{1}{2}\sum_{pq}\left(y_k^p - y_k^q\right)^2 W_{w(pq)}^k \\ &= \frac{1}{2}\sum_{pq}\left(v_k^{\mathrm{T}} x_k^p - v_k^{\mathrm{T}} x_k^q\right)^2 W_{w(pq)}^k \\ &= \sum_{p} v_k^{\mathrm{T}} x_k^p D_{w(pp)}^k x_k^{p\mathrm{T}} v_k - \sum_{pq} v_k^{\mathrm{T}} x_k^p W_{w(pq)}^k x_k^{q\mathrm{T}} v_k \\ &= v_k^{\mathrm{T}} X_k \left(D_w^k - W_w^k\right) X_k^{\mathrm{T}} v_k \\ &= v_k^{\mathrm{T}} X_k L_w^k X_k^{\mathrm{T}} v_k \end{aligned} \tag{3-25}$$

其中，D_w^k是一个对角矩阵，其元素为W_w^k的行和或者列和，即$D_{w(pp)}^k = \sum_q W_{w(pq)}^k$；$L_w^k = D_w^k - W_w^k$是类内图$G_w^k$的拉普拉斯矩阵。类似地，$\frac{1}{2}\sum_{pq}\left(y_k^p - y_k^q\right)^2 W_{b(pq)}^k$也可以简化为

$$\begin{aligned}
&\frac{1}{2}\sum_{pq}\left(y_k^p - y_k^q\right)^2 W_{b(pq)}^k \\
&=\frac{1}{2}\sum_{pq}\left(v_k^{\mathrm{T}} x_k^p - v_k^{\mathrm{T}} x_k^q\right)^2 W_{b(pq)}^k \\
&=\sum_{p} v_k^{\mathrm{T}} x_k^p D_{b(pp)}^k x_k^{p\mathrm{T}} v_k - \sum_{pq} v_k^{\mathrm{T}} x_k^p W_{b(pq)}^k x_k^{q\mathrm{T}} v_k \\
&=v_k^{\mathrm{T}} X_k \left(D_b^k - W_b^k\right) X_k^{\mathrm{T}} v_k \\
&=v_k^{\mathrm{T}} X_k L_b^k X_k^{\mathrm{T}} v_k
\end{aligned} \tag{3-26}$$

其中，$L_b^k = D_b^k - W_b^k$ 是类间图 G_b^k 的拉普拉斯矩阵；D_b^k 是一个对角矩阵，其元素为 W_b^k 的行和或者列和，即 $D_{b(pp)}^k = \sum_q W_{b(pq)}^k$。因此，总目标函数可重写为

$$\begin{aligned}
&\min_{v_1, v_2, \cdots, v_M} \sum_{k=1}^{M} v_k^{\mathrm{T}} X_k \left(L_w^k - L_b^k\right) X_k^{\mathrm{T}} v_k + \sum_{k=1}^{M-1} \sum_{l=k+1}^{M} d\left(v_k^{\mathrm{T}} X_k, v_l^{\mathrm{T}} X_l\right) \\
&\text{s.t.} \quad v_k^{\mathrm{T}} v_l = 0, k \neq l
\end{aligned} \tag{3-27}$$

假设 $v = \left[v_1^{\mathrm{T}}, v_2^{\mathrm{T}}, \cdots, v_M^{\mathrm{T}}\right]^{\mathrm{T}}$，$G = \begin{bmatrix} X_1 A_1 X_1^{\mathrm{T}} & -X_1 X_2^{\mathrm{T}} & \cdots & -X_1 X_M^{\mathrm{T}} \\ -X_2 X_1^{\mathrm{T}} & X_2 A_2 X_2^{\mathrm{T}} & \cdots & -X_2 X_M^{\mathrm{T}} \\ \vdots & \vdots & \cdots & \vdots \\ -X_M X_1^{\mathrm{T}} & -X_M X_2^{\mathrm{T}} & \cdots & X_M A_M X_M^{\mathrm{T}} \end{bmatrix}$，其中，$A_k = L_w^k - L_b^k + (M-1)I$，$I$ 是单位矩阵，$H \in \mathbb{R}^{(Md)\times(Md)} = \begin{bmatrix} 0_{d\times d} & I_{d\times d} & \cdots & I_{d\times d} \\ 0_{d\times d} & 0_{d\times d} & \cdots & I_{d\times d} \\ \vdots & \vdots & \cdots & \vdots \\ 0_{d\times d} & 0_{d\times d} & \cdots & 0_{d\times d} \end{bmatrix}$，目标函数(3-27)可转换为

$$\begin{aligned}
&\min_{v_1, v_2, \cdots, v_M} \ v^{\mathrm{T}} G v \\
&\text{s.t.} \quad v^{\mathrm{T}} H v = 0
\end{aligned} \tag{3-28}$$

为了避免 H 矩阵的奇异性，为 H 引入正则，即在 H 矩阵的对角元素上加入长数值。H 矩阵可修改为 $H' = H + \lambda I_{(Md)\times(Md)}$，其中，$\lambda$ 是一个很小的正常数。因此，目标函数(3-28)的解可通过求解如下特征问题得到。

$$Gv = \lambda H' v \tag{3-29}$$

获得 $H'^{-1}G$ 的 t 个最大特征值对应的特征向量 $v^r\ (r = 1, 2, \cdots, t)$ 后，可以从 v^k 得到 $v_1^r, v_2^r, \cdots, v_M^r$。假设 $V_k = \left[v_k^1, v_k^2, \cdots, v_k^t\right]$ 是第 k 个视图对应的投影变换，

$k=1,2,\cdots,M$ ， $y_1,y_2,\cdots,y_M$ 表示一个测试样本的 M 个视图。基于获得的 V_k ，可通过 $Z_k^X=v_k^{\mathrm{T}}X_k$ 和 $Z_k^y=v_k^{\mathrm{T}}y_k$ 得到训练样本集和测试样本的投影特征 Z_k^X 和 Z_k^y 。紧接着，可以使用如下策略融合不同视图的特征。

$$Z^X=\begin{bmatrix}Z_1^X\\Z_2^X\\\vdots\\Z_M^X\end{bmatrix},\ Z^y=\begin{bmatrix}Z_1^y\\Z_2^y\\\vdots\\Z_M^y\end{bmatrix} \tag{3-30}$$

最后，可以使用基于余弦距离的最近邻分类器分类 Z^y 。

综上所述，ULSMIDA 的具体算法实现步骤如下。

步骤 1：构造类内图 $G_w^k\left(k=1,\cdots,M\right)$ 和类间图 $G_b^k\left(k=1,\cdots,M\right)$ ，计算每个视图类内图对应的拉普拉斯矩阵 L_w^k 和类间图对应的拉普拉斯矩阵 L_b^k 。

步骤 2：计算 G 和 H' 矩阵。

步骤 3：求解特征问题(3-29)得到特征向量，从而获得每个视图对应的投影变换 V_k 。

步骤 4：计算训练样本集和测试样本每个视图投影后的特征， $Z_k^X=v_k^{\mathrm{T}}X_k$ 和 $Z_k^y=v_k^{\mathrm{T}}y_k$ 。

步骤 5：使用融合策略(3-30)得到训练集和测试样本不同视图融合后的特征 $Z^X=\left[Z_1^{X\mathrm{T}},Z_2^{X\mathrm{T}},\cdots,Z_M^{X\mathrm{T}}\right]^{\mathrm{T}}$ 和 $Z^y=\left[Z_1^{y\mathrm{T}},Z_2^{y\mathrm{T}},\cdots,Z_M^{y\mathrm{T}}\right]^{\mathrm{T}}$ 。

步骤 6：使用基于余弦距离的最近邻分类器分类 Z^y 。

3.4 实验验证与有效性评估

在 Multi-PIE、AR、COIL-20 及 MNIST 四个基准数据集上构建实验评估体系，对提出的 GRDSL 与 ULSMDA 两种多视图子空间特征学习方法展开系统性验证。实验设计涵盖分类效果评估、方法关键组成部分有效性验证、运行时间对比，以及参数敏感性分析四个维度，通过严格控制实验条件与可复现的评估流程，全面验证所提方法在跨模态特征表示学习中的理论优势与工程适用性。

3.4.1 数据集介绍

Multi-PIE[8]数据集是一个在人脸识别研究领域极具价值的高质量图像数据库，它包含 750 000 张人脸图像，这些图像来自 337 个不同的受试者。每个受试者在四种基本姿态下被拍摄，且每种姿态又进一步细分为多个子姿态，共计约 15

种不同姿态。此外，图像的拍摄还考虑了从均匀到极端的各种光照条件，以及包括中性表情在内的多种表情变化。所有图像分辨率均为 64×64 像素，便于进行算法处理和结果比较，图 3.3 给出了该库上来自同一人两张人脸图像的五种姿态示例图片。在本实验研究中，选择 Multi-PIE 数据集的子集进行实验，其中包含 68 个受试者的图像，每个受试者有 24 个样本，每个样本包含 5 种不同姿态。为了计算方便，使用主成分分析(PCA)[9]将样本维数降至 100 维，每类随机选择 8 个样本用于构建训练集，剩余样本用于构建测试集，进行 20 次随机实验并计算平均结果。

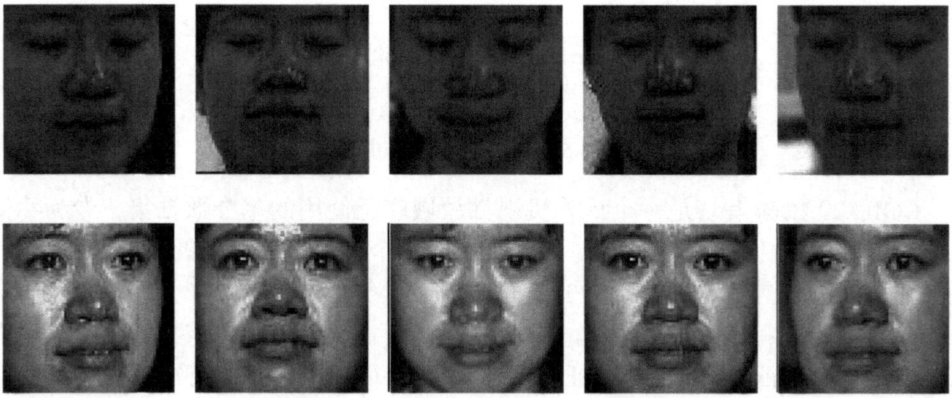

图 3.3　Multi-PIE 数据集上的示例图像

AR 数据集[10]是一个在人脸识别和表情识别研究领域广泛使用的高质量图像数据库，它包含 119 个不同受试者的正脸人脸图像，其中每人含 26 张图像，图像分辨率为 60×60 像素。图 3.4 给出一个受试者的所有图像，该数据集的显著特点是涵盖多种姿态和光照条件，以及有无佩戴眼镜和不同遮挡等变化，为研究者提供了丰富的实验场景。在本实验研究中，从原始图像中提取 Gabor 变换特征[11]、Karhunen-Loeve(KL)变换特征[12]和 Local Binary Patterns(LBP)变换特征[13]以构建

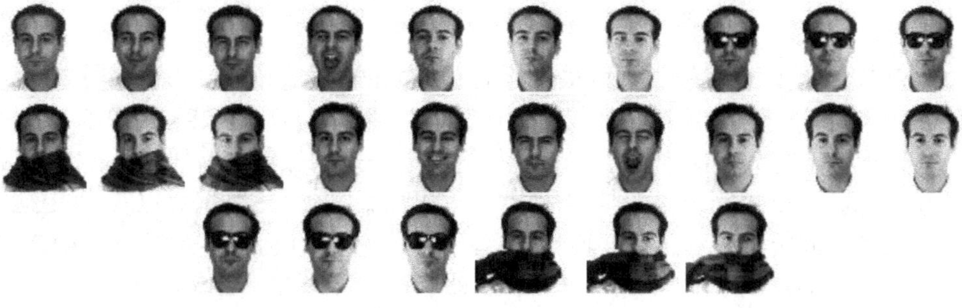

图 3.4　AR 数据集上的示例图像

三个特征集用于实验，多特征集构造过程如图 3.5 所示。与 Multi-PIE 数据集一样也使用 PCA[9]变换将样本维数降至 100 维，每类随机选择 8 张图像用于构建训练集，剩余图像用于构建测试集，进行 20 次随机实验并计算平均结果。

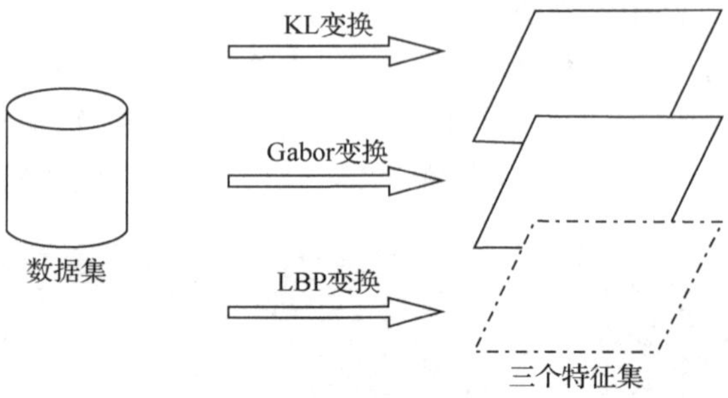

图 3.5　多特征集构造过程

COIL-20 数据集[14]是一个计算机视觉领域广泛使用的基准数据集，专为物体识别和旋转不变性学习研究设计。主要包含 20 个物体不同姿态的 1440 张图像，每一个物体都有 72 张图像，这 72 张图像是通过将物体旋转 360°，每隔 5°拍摄一张图像而得到的。其中一个物体的部分图像如图 3.6 所示。在该数据集上，也提取 Gabor 变换特征、KL 变换特征和 LBP 变换特征以构建三个特征集用于实验。使用 PCA 变换将样本维数降至 100 维，每类随机选择 36 张图像用于构建训练集，剩余图像用于构建测试集，进行 20 次随机实验并计算平均结果。

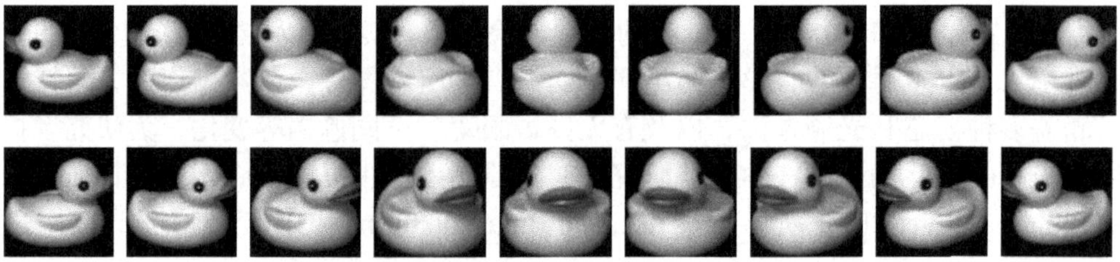

图 3.6　COIL-20 数据集上的示例图像

MNIST [15]是计算机视觉领域最经典的基准数据集之一，主要用于手写数字识别任务。该数据集包含 70 000 张灰度图像，每张图像分辨率为 28×28 像素，通过归一化处理将手写数字居中显示，并进行抗锯齿处理以保留灰度层次。图 3.7 展示了 0～9 的 10 个不同数字的手写体部分示例图像。和 AR 数据集以及 COIL-20 数据集一样，依然提取 Gabor 变换特征、KL 变换特征和 LBP 变换特征以构建三个特征集用于实验。使用 PCA 变换将样本维数降至 100 维，每类随机选择 40 张图像用于构建训练集，剩余图像用于构建测试集，进行 20 次随机实验并计算平均结果。

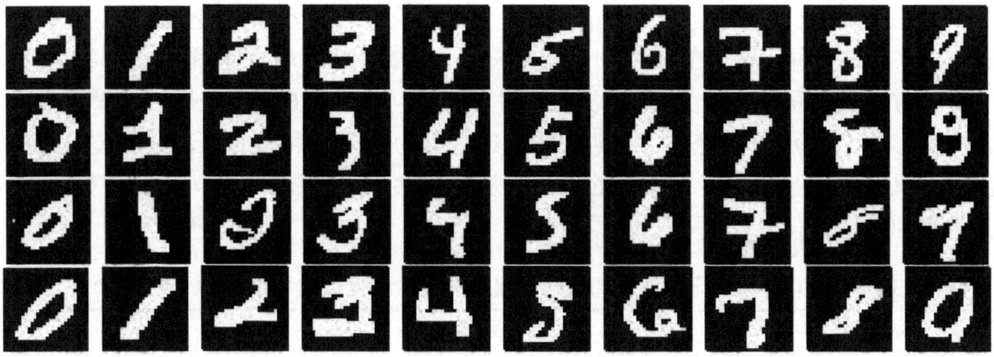

图 3.7　MNIST 数据集的示例图像

3.4.2　对比方法及实验设置

为了检验 3.2 节提出的组递归鉴别子空间学习(GRDSL)的性能，选取两组方法进行对比分析，第一组为经典的递归鉴别子空间学习方法，包括 RFLD[16]、RMLD[17]和 IRFLD(c-1)[18]；第二组为基本的多视图子空间学习方法，涉及 MCCA[19](一种无监督的特征提取方法)和 MvDA[20]。在评价不相关局部敏感多视图鉴别分析方法(ULSMDA)时，与几种标准的多视图子空间学习方法进行比较，分别是 MCCA[19]、MvDA[20]、MiLDA[21]和 GMMFA[22]。

在实验过程中，ULSMDA 的参数优化(涉及样本的最近邻数量 K、H' 矩阵的正则化系数 λ，以及特征分解后选取的特征向量数量 t)是通过对训练集进行五重交叉验证来完成的。具体参数设置是，在 Multi-PIE 数据集上，参数设置为 $K=270$，$\lambda=0.01$，$t=280$；在 AR 数据集上，参数选择为 $K=460$，$\lambda=0.1$，$t=150$；在 COIL-20 数据集上，参数设置为 $K=300$，$\lambda=0.01$，$t=220$；而在 MNIST 数据集上，参数设置为 $K=200$，$\lambda=0.01$，$t=220$。

3.4.3　分类效果评估

GRDSL 方法与对比方法在四个数据集上的平均分类准确率见表 3.1，其中加粗的数字代表最高性能。从该表中的数据可以看出，GRDSL 在所有测试的数据集上均获得比递归鉴别子空间学习经典方法 RFLD、RMLD 和 IRFLD(c-1)，以及多视图子空间学习方法 MCCA 和 MvDA 更优的分类效果。具体来说，GRDSL 在 Multi-PIE 数据集上的准确率提高了至少 0.36%(=94.64%–94.28%)，在 AR 数据集上提高了至少 0.22%(=94.41%–94.19%)，在 COIL-20 数据集上提高了至少 0.57%(=96.21%–95.64%)，而在 MNIST 数据集上提高了至少 0.92%(=88.34%–87.42%)。GRDSL 性能提升的原因是，其采用独特的投影向量选择机制，这使得每次递归都能筛选出鉴别力较强的向量；而递归终止准则的采用确保 GRDSL 的学习过程在“合适的时候”停止递归学习。此外，GRDSL 理论上确保多个鉴别变换的正交性，有效挖掘出数据中的互补信息。MCCA 是一种无监督的多视图子空间学习方法，而 MvDA 则利用样本标签信息，这两种方法通过联合学习为每个视图独立构建投影变换。GRDSL 之所以能够超越上述两种方法，是因为它通过持续地将样本集拆分为近似集和差分集，并从差分集中提取出既具有强鉴别力又不相关的特征，从而在融合的多视图数据中充分挖掘出对分类有利的特征。

表 3.1　GRDSL 与对比方法在四个数据集上的平均分类准确率(均值±标准差，%)

方法	Multi-PIE	AR	COIL-20	MNIST
RFLD	87.92±1.18	90.63±1.24	92.94±0.86	84.39±1.38
RMLD	92.56±1.27	92.57±1.39	94.17±1.04	86.62±1.42
IRFLD(c-1)	92.83±1.33	93.04±1.42	94.32±1.19	86.83±1.55
MCCA	94.06±1.09	93.61±1.23	95.64±0.62	86.76±1.58
MvDA	94.28±0.92	94.19±1.31	95.33±0.64	87.42±1.02
GRDSL	**94.64±0.83**	**94.41±1.04**	**96.21±0.38**	**88.34±0.97**

ULSMDA 方法与对比方法(包括 GRDSL 方法)在四个数据集上的平均分类准确率见表 3.2，数据显示，ULSMDA 方法在分类准确率上超过基于 CCA 的多视图子空间学习方法 MCCA，以及近期提出的多视图鉴别分析方法 MvDA、MiLDA 和 GMMFA。具体来说，ULSMDA 在 Multi-PIE 数据集上的准确率提高了至少 1.06%(=95.51%−94.45%)，在 AR 数据集上提高了至少 0.93%(=95.75%−94.82%)，在 COIL-20 数据集上提高了至少 1.13%(=96.97%−95.84%)，而在 MNIST 数据集上提高了至少 2.44%(=90.02%−87.58%)。性能提升的关键在于，ULSMDA 为每个视图创建了类内和类间的关系图，使得在投影过程中同类样本靠近更紧密而异类近邻样本远离，同时从中提取了多视图数据的鉴别信息和局部几何结构信息。ULSMDA 还考虑了跨视图样本的一致性，并确保不同视图的投影变换的正交性，有效减少了视图间的信息冗余。从表中也可以看到，相对于提出的 GRDSL 方法，ULSMDA 同样展现出出色的分类性能。

表 3.2　ULSMDA 与对比方法在四个数据集上的平均分类准确率(均值±标准差，%)

方法	Multi-PIE	AR	COIL-20	MNIST
MCCA	94.06±1.09	93.61±1.23	95.64±0.62	86.76±1.58
MvDA	94.28±0.92	94.19±1.31	95.33±0.64	87.42±1.02
GRDSL	94.64±0.83	94.41±1.04	96.21±0.38	88.34±0.97
MiLDA	94.37±1.33	94.54±1.53	95.69±0.94	87.33±1.32
GMMFA	94.45±1.21	94.82±1.50	95.84±0.88	87.58±0.89
ULSMDA	**95.51±0.83**	**95.75±1.24**	**96.97±0.66**	**90.02±1.20**

3.4.4　GRDSL、ULSMDA 关键组成部分评估

本节设计实验对 GRDSL 方法的两个关键组成部分——递归终止准则和投影向量选择规则进行有效性验证。表 3.3～表 3.6 分别给出在 Multi-PIE、AR、COIL-20 和 MNIST 数据集上，GRDSL 算法在每次递归过程中选择的投影向量数量、每次递归获得的投影变换的鉴别能力值，以及每次递归后使用总投影变换(每次递归进行或者不进行投影向量选择)得到的识别率。表格中的符号“(T)”表示递归过程结束，加粗数字代表最高识别率及其对应的鉴别能力值。在递归计算停止后，强制执行额外的两次递归学习(每次获取 $c-1$ 个投影向量)来验证终止准则的有效性，额外两次递归学习得到的结果用斜体标出。表格还展示了未进行投影向量选择，直接使用所有 $(c-1)$ 个投影向量的结果，以凸显投影向量选择规则的有效性。

根据表 3.3～表 3.6，可以发现识别率随着递归计算的进行呈现出三个阶段的变化。在第一阶段，鉴别能力超过 4，识别率快速上升。第二阶段，鉴别能力下降至 1～4，识别率缓慢增长。在第三阶段，鉴别能力小于 1。GRDSL 算法在前两个阶段提取的特征达到最佳识别效果，并在进入第三阶段时停止递归。表格数据还表明，随着递归学习的进行，如果不筛选而直接使用所有投影向量，对识别并无益处，这证实了投影向量筛选规则的必要性和有效性。此外，与 GRDSL 在递归终止时的识别率相比，额外的递归计算导致的识别效果会有较大幅度的下降，进一步证明了递归终止准则的重要性。

表 3.3　在 Multi-PIE 数据集上对递归终止准则和投影向量选择规则进行评估

递归次数	0	1	2	3	4	5	6(T)	7	8
投影变换	W_1	W_2	W_3	W_4	W_5	W_6	W_7	W_8	W_9
选择的投影向量个数	67	67	67	67	54	41	32	*67*	*67*
鉴别能力值	451.42	77.40	28.18	12.38	6.92	3.48	**1.71**	*0.96*	*0.85*
识别率/%	86.83	89.41	91.06	91.70	92.71	94.25	**94.64**	*94.21*	*93.73*
(c-1)个投影向量全部使用时的识别率/%	86.83	89.41	91.06	91.70	92.68	94.02	94.17	—	—

表 3.4　在 AR 数据集上对递归终止准则和投影向量选择规则进行评估

递归次数	0	1	2	3	4(T)	5	6
投影变换	W_1	W_2	W_3	W_4	W_5	W_6	W_7
选择的投影向量个数	119	119	119	95	74	*119*	*119*

续表

递归次数	0	1	2	3	4(T)	5	6
鉴别能力值	87.36	54.22	12.01	4.58	**1.32**	*0.89*	*0.74*
识别率/%	90.0	92.23	93.04	93.86	**94.41**	*94.18*	*93.59*
(c-1)个投影向量全部使用时的识别率/%	90.01	92.23	93.04	93.80	93.98	—	—

表 3.5　在 COIL-20 数据集上对递归终止准则和投影向量选择规则进行评估

递归次数	0	1	2	3	4	5(T)	6	7
投影变换	W_1	W_2	W_3	W_4	W_5	W_6	W_7	W_8
选择的投影向量个数	19	19	19	19	17	13	*19*	*19*
鉴别能力值	158.42	83.88	52.40	19.29	4.75	**1.12**	*0.97*	*0.91*
识别率/%	92.79	93.94	94.65	95.38	95.94	**96.21**	*95.95*	*95.46*
(c-1)个投影向量全部使用时的识别率/%	92.79	93.94	94.65	95.38	95.87	96.03	—	—

表 3.6　在 MNIST 数据集上对递归终止准则和投影方向量选择规则进行评估

递归次数	0	1	2	3	4	5	6	7(T)	8	9
投影变换	W_1	W_2	W_3	W_4	W_5	W_6	W_7	W_8	W_9	W_{10}
选择的投影向量个数	9	9	9	9	9	9	7	6	*9*	*9*
鉴别能力值	162.15	30.52	13.95	8.50	5.35	4.09	2.15	**1.20**	*0.84*	*0.63*
识别率/%	82.45	85.38	86.22	87.04	87.55	87.98	88.26	**88.34**	*88.17*	*88.63*
(c-1)个投影向量全部使用时的识别率/%	82.45	85.38	86.22	87.04	87.55	87.98	88.19	88.22	—	—

局部几何结构的考虑、跨视图一致性和多视图不相关变换是 ULSMDA 方法三个关键组成部分，本节设计实验对这三个组成部分的有效性进行评估。分别运行不考虑局部几何结构、去除跨视图一致性项，以及去除多视图不相关变换约束的 ULSMDA 版本，并将这三个版本的结果与 ULSMDA 的结果作对比。表 3.7 给出了这三个版本与 ULSMDA 在四个数据集上的平均分类准确率结果，其中，$\text{ULSMDA}_{\text{noLS}}$ 表示 ULSMDA 不考虑局部几何结构的版本，$\text{ULSMDA}_{\text{noCC}}$ 表示

ULSMDA 无跨视图一致性的版本，$ULSMDA_{noUC}$ 表示 ULSMDA 无多视图不相关变换约束的版本。从表中可以看到，$ULSMDA_{noLS}$、$ULSMDA_{noCC}$、$ULSMDA_{noUC}$ 的性能较 ULSMDA 有所下降，这表明考虑局部几何结构信息、跨视图一致性和多视图不相关变换能有效提升分类结果。

表 3.7　$ULSMDA_{noLS}$、$ULSMDA_{noCC}$、$ULSMDA_{noUC}$ 和 ULSMDA 在四个数据集上的平均分类准确率(%)

方法	Multi-PIE	AR	COIL-20	MNIST
$ULSMDA_{noLS}$	94.32	94.58	95.74	88.19
$ULSMDA_{noCC}$	94.48	94.77	95.94	88.46
$ULSMDA_{noUC}$	94.64	94.96	96.23	89.15
ULSMDA	95.51	95.75	96.97	90.02

3.4.5　运行时间评估

本节对 GRDSL、ULSMDA 及对比方法在四个数据集上的运行时间进行评估。测试时间为整个测试样本集的处理时长。实验所用的硬件配置为 Intel Core2 E7500 双核 CPU(2.93GHz)、内存 4GB。表 3.8 展示了 GRDSL 与相关递归鉴别子空间学习方法，以及多视图子空间学习方法的运行时间对比。从表中可以看出，由于递归鉴别子空间学习方法是基于维数较高的融合样本进行特征提取，且需要进行多次递归学习(每次递归都需要进行特征分解计算)，其训练和测试时间显著长于 MCCA 和 MvDA。同时，GRDSL 相较于 RFLD、RMLD 和 IRFLD(c-1)具有更短的运行时间。这是因为 GRDSL 每次递归能够获得一组投影向量，从而减少了递归学习的次数(相比之下，RFLD 每次递归仅得到一个投影向量)。GRDSL 还引入了递归终止准则，能够在适当的时候结束递归，减少了递归计算的总次数。

表 3.9 展示了 ULSMDA 与其他多视图子空间学习方法的运行时间对比。由表中数据可知，ULSMDA 的运行时间与 MCCA、MvDA、GRDSL、MiLDA 以及 GMMFA 相当。

表 3.8　GRDSL 与对比方法在四个数据集上的运行时间(单位：s)

方法	Multi-PIE		AR		COIL-20		MNIST	
	训练	测试	训练	测试	训练	测试	训练	测试
RFID	152.16	0.05	63.22	0.09	57.38	0.03	27.98	0.01
RMLD	11.45	0.33	6.55	0.64	5.01	0.18	4.27	0.09
IRFID(c-1)	18.86	0.36	12.39	0.70	8.13	0.23	6.96	0.10
MCCA	0.57	0.08	0.43	0.21	0.23	0.08	0.18	0.04
MvDA	3.77	0.54	1.09	1.13	1.00	0.50	0.66	0.32
GRDSL	8.43	0.19	5.33	0.32	4.89	0.10	3.62	0.04

表 3.9　ULSDA 与对比方法在四个数据集上的运行时间(单位：s)

方法	Multi-PIE		AR		COIL-20		MNIST	
	训练	测试	训练	测试	训练	测试	训练	测试
MCCA	0.57	0.08	0.43	0.21	0.23	0.08	0.18	0.04
MvDA	3.77	0.54	1.09	1.13	1.00	0.50	0.66	0.32
GRDSL	8.43	0.19	5.33	0.32	4.89	0.10	3.62	0.04
MiLDA	3.41	0.55	0.77	1.00	0.69	0.43	0.53	0.17
GMMFA	6.62	0.46	4.26	1.31	3.73	0.39	1.26	0.13
ULSMDA	5.73	0.53	3.17	0.73	2.78	0.36	0.99	0.14

3.4.6　参数敏感性评估

本节旨在评估 ULSMDA 方法中三个可调整参数(样本最近邻数量 K 、H' 矩阵正则化项权重 λ 、特征分解后选取的特征向量数 t)对其性能的具体影响。与之相对，组递归鉴别子空间学习方法(GRDSL)没有可调节的参数。以 Multi-PIE 数据集为例，图 3.8 的(a)、(b)、(c)三幅子图分别展示了 ULSMDA 方法随着 K、λ、t 三个参数变化时分类准确率的变化趋势。具体来说，参数 K 在[10，300]范围内以 10 为步长进行考察；参数 λ 在[0.001，0.015]范围内以 0.001 为步长进行考察；参数 t 在[10，300]范围内以 10 为步长进行考察。在考察 K 的变化时，将 λ 固定为 0.01，t 固定为 280；在考察 λ 的变化时，将 K 固定为 270，t 固定为 280；在考察 t 的变化时，将 K 固定为 270，λ 固定为 0.01。

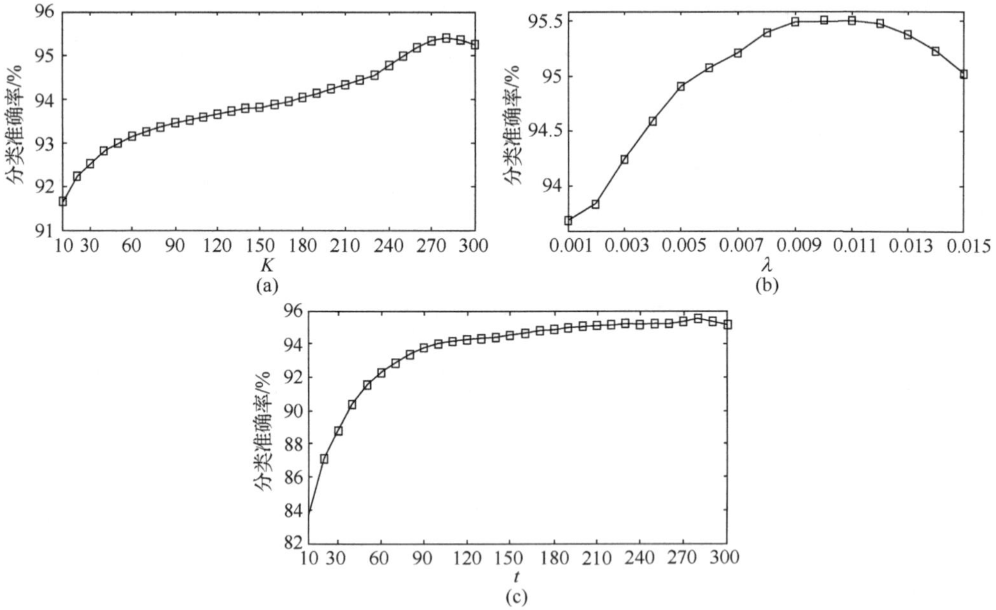

图 3.8　在 Multi-PIE 数据集上，随着参数 K、λ 或 t 变化 ULSMDA 分类准确率的变化情况

由图3.8可知，当K值在[260, 280]范围内，λ值在[0.009, 0.011]范围内，以及t值在[270, 290]范围内时，ULSMDA方法的分类准确率趋于稳定。因此，为了简化操作，在Multi-PIE数据集上，将这三个参数分别设定为$K=270$，$\lambda=0.01$，$t=280$。在其他三个数据集上，也观察到类似的参数稳定现象。

3.5　本章小结

本章提出两种新的多视图鉴别分析方法：组递归鉴别子空间学习(GRDSL)和不相关局部敏感多视图鉴别分析(ULSMDA)。GRDSL通过在数据层面上融合多视图数据，实现了一种简单的多视图鉴别分析。该方法通过递归地将样本集分解为多个近似集和差分集，迅速学习多个鉴别变换。采用Fisher准则，GRDSL设定了一个矩阵形式的递归终止准则，以便在投影变换的鉴别能力不足时停止递归。为了在每次递归中提取出尽可能强的鉴别特征，GRDSL依据Fisher准则设计了投影向量选择规则，挑选出鉴别能力较强的向量。每次递归得到的一组投影向量构成一个子空间，多个子空间相互正交，减少了信息冗余。

ULSMDA在提取多视图数据的鉴别特征时，有效地保留了数据的局部几何结构信息。该方法旨在使原始空间中的同类近邻样本在映射后的子空间中保持聚集，而异类近邻样本则相互排斥。此外，ULSMDA还特别考虑了跨视图数据的一致性，以及减少多视图变换的信息冗余。

本章在四个数据集上验证了这两种方法的有效性，实验结果显示，GRDSL可以获得比已有代表性的递归鉴别子空间学习方法更好的分类结果，甚至优于某些多视图子空间学习方法。ULSMDA在分类效果上也优于已有代表性的多视图子空间学习方法。本章设计了实验来验证GRDSL和ULSMDA中关键组成部分的有效性，结果表明，GRDSL的递归终止准则和投影向量选择规则，以及ULSMDA的局部几何结构保持、跨视图一致性和多视图不相关变换都是有效的。运行时间的分析结果也显示，所提出的方法比相关方法需要更少或相当的运行时间。

参考文献

[1] 汤荣. 基于子空间学习的聚类算法研究[D]. 芜湖: 安徽工程大学, 2023. DOI: 10. 27763/d. cnki. gahgc. 2023. 000101.

[2] 宋紫浩. 基于子空间学习的无监督特征选择算法研究[D]. 烟台: 烟台大学, 2023. DOI: 10. 27437/d. cnki. gytdu. 2023. 000280.

[3] Dong Z, Yunlian S, Qiaolin Y, et al. Recursive Discriminative Subspace Learning With ℓ_1-Norm Distance Constraint[J]. IEEE Transactions on Cybernetics, 2018, 50(5): 1-14.

[4] 吴飞. 多视图特征学习方法研究[D]. 南京: 南京邮电大学, 2016.

[5] Tyssedal J , Hussain S . Factor screening in nonregular two-level designs based on

projection-based variable selection [J]. Journal of Applied Statistics, 2016, 43 (3): 490-508.
[6] Wu F, Jing X, Huang Q. Uncorrelated locality-sensitive multi-view discriminant analysis[J]. National Academy Science Letters, 2020, 43(4): 327-331.
[7] Feng G, Xiao H, Fu Q. Local sampling mean discriminant analysis with kernels[J]. Electronics Letters, 2012, 48(1): 22-23.
[8] Cai D, He X, Han J, et al. Orthogonal Laplacianfaces for face recognition[J]. IEEE Transactions on Image Processing, 2006, 15(11): 3608-3614.
[9] Turk M, Pentland A. Eigenfaces for recognition[J]. Journal of Cognitive Neuroscience, 1991, 3(1): 71-86.
[10] Martinez A, Benavente R. The AR face database[EB/OL]. CVC Technical Report #24, 1998. http://www2.ece.ohio.
[11] Grigorescu S E, Petkov N, Kruizinga P. Comparison of texture features based on Gabor filters[J]. IEEE Transactions on Image Processing, 2002, 11(10): 1160-1167.
[12] Fukunaga K, Koontz W L G. Application of the Karhunen-Loeve expansion to feature selection and ordering[J]. IEEE Transactions on Computers, 1970, 100(4): 311-318.
[13] Ahonen T, Hadid A, Pietikainen M. Face description with local binary patterns: Application to face recognition[J]. IEEE Transactions on Pattern Analysis and Machine Intelligence, 2006, 28(12): 2037-2041.
[14] Murase H, Nayar S K. Visual learning and recognition of 3-D objects from appearance[J]. International Journal of Computer Vision, 1995, 14(1): 5-24.
[15] LeCun Y, Bottou L, Bengio Y, et al. Gradient-based learning applied to document recognition[J]. Proceedings of the IEEE, 1998, 86(11): 2278-2324.
[16] Xiang C, Fan X A, Lee T H. Face recognition using recursive fisher linear discriminant[J]. IEEE Transactions on Image Processing, 2006, 15(8): 2097-2105.
[17] Xiang C, Huang D. Feature extraction using recursive cluster-based linear discriminant with application to face recognition[J]. IEEE Transactions on Image Processing, 2006, 15(12): 3824-3832.
[18] Ohta R, Ozawa S. An incremental learning algorithm of recursive Fisher linear discriminant[C]//Proceedings of the 2009 International Joint Conference on Neural Networks, Atlanta. IEEE, 2009: 2310-2315.
[19] Li Y O, Adali T, Wang W, et al. Joint blind source separation by multiset canonical correlation analysis[J]. IEEE Transactions on Signal Processing, 2009, 57(10): 3918-3929.
[20] Kan M, Shan S, Zhang H, et al. Multi-view discriminant analysis[J]. IEEE Transactions on Pattern Analysis and Machine Intelligence, 2015, 38(1): 188-194.
[21] Guo Y, Ding X, Xue J H. MiLDA: A graph embedding approach to multi-view face recognition[J]. Neurocomputing, 2015, 151: 1255-1261.
[22] Sharma A, Kumar A, Daume H, et al. Generalized multiview analysis: A discriminative latent space[C]//Proceedings of the 2012 IEEE Conference on Computer Vision and Pattern Recognition, Providence. IEEE, 2012: 2160-2167.

第 4 章　基于字典学习的多视图特征学习方法

基于字典学习的多视图特征学习方法，是一种结合了字典学习理论和多视图特征学习技术的机器学习方法。该方法利用字典学习算法对多视图数据进行稀疏编码，增强特征的表达力和区分度，从而提取出各视图下的关键特征，并通过多视图间的信息共享和互补来优化特征表示[1]。基于字典学习的多视图特征学习方法不仅能够捕捉单个视图内的数据特性，还能挖掘视图间的潜在关系，有效提高学习模型的泛化能力和鲁棒性。

4.1　字典学习定义及本章研究内容

字典学习(Dictionary Learning)是一种基于信号稀疏表示理论的数据驱动式自适应特征提取方法，其核心目标是通过对训练样本集(如图像、音频信号等)的优化学习构建一个过完备原子库(字典)，使得输入信号在该字典下可被表示为少量原子的线性组合。该技术突破了传统解析字典(如傅里叶变换、小波变换等)的固定数学结构限制，通过建立综合模型 $X \approx DA$ (其中，X 为原始信号矩阵，D 为字典，A 为稀疏系数矩阵)，在稀疏性约束条件下交替优化字典与系数矩阵，实现信号本质特征的自适应捕捉。1993 年，S.Mallat 等首次提出字典学习；B.A.Olshausen 等提出以稀疏性为准则的字典学习形式，此研究促进了稀疏表达的发展，吸引了更多学者对字典学习展开研究[2]。

多视图学习与字典学习在数据处理和特征提取方面紧密相连，互为补充。每个视图提供的数据可能包含不同的特征和信息，因此需要有效的提取方法。字典学习作为强大的特征提取工具，能够通过为每个视图学习特定字典，或学习共享字典来捕捉多视图数据的共性和互补性[3]。同时，多视图数据中可能存在的冗余信息，可以通过字典学习中的稀疏表示来减少，从而提高数据表示的简洁性和学习任务的性能[4]。最近，研究者已经将字典学习技术引入到多视图学习中，提出了多视图字典学习方法，以提升已有多视图学习技术的分类识别效果。

然而，已有的多视图字典学习方法主要关注重构精确度，还存在如下几方面的不足。

(1) 鉴别特征的提取对于分类识别任务而言非常重要，但如何增强字典的总体鉴别能力还没有得到全面深入的研究。

(2) 多视图数据中往往会存在冗余信息，会导致所学字典的信息冗余，不利于后续分类。然而，如何在多视图字典学习过程中，减少多视图字典间的冗余性也还没有得到很好的研究。

(3) 在实际应用中，样本中往往会存在噪声，多视图数据中存在的噪声会大大削弱学到的字典的鉴别能力，已有的多视图字典学习方法还没有考虑该因素。

(4) 对于字典学习技术，一个有效并且高效的分类机制很重要。

(5) 多视图数据反映同一物体的多个方面，因而视图间存在一定共享信息，如何有效挖掘这些共享信息帮助分类还没有得到很好的研究。

综上所述，如何通过协同优化各视图字典，在提升整体鉴别能力的同时降低字典间的冗余度；如何有效利用多视图间的互补信息，并克服数据噪声对字典学习的影响；以及如何构建高效的多视图分类框架。这些关键问题的解决将推动多视图字典学习技术的进一步发展。为了解决已有多视图字典学习技术中的不足，本章主要进行以下四个方面的研究。

第一部分对不相关多视图鉴别字典学习(Uncorrelated Multi-view Discrimination Dictionary Learning，UMD^{2}L)进行研究。主要从 UMD^{2}L 方法模型、UMD^{2}L 目标函数优化、基于字典编码的分类机制三个方面进行讲述，为后续的相关实验研究奠定理论基础。

第二部分将详细阐述多视图低秩字典学习(Multi-view Low-rank Dictionary Learning，MLDL)的原理。本部分内容将围绕 MLDL 模型的构建、MLDL 目标函数的优化策略，以及 MLDL 的分类机制三个核心模块展开，旨在提供一个全面而深入的理解，以便更好地掌握该方法的关键要素和操作流程。

第三部分的核心研究内容是多视图低秩共享结构化字典学习(Multi-view Low-rank Shared Structured Dictionary Learning，MLS^{2}DL)。本部分将从 MLS^{2}DL 模型的构建、MLS^{2}DL 目标函数的优化策略，以及 MLS^{2}DL 的分类机制三个重要维度进行深入探讨。

第四部分为实验验证与有效性评估。在 Multi-PIE 数据集、AR 数据集、COIL-20 数据集、MNIST 数据集上进行实验验证，有效性评估主要从分类效果、方法关键组成部分有效性、运行时间，以及参数敏感性四个方面进行。

4.2　不相关多视图鉴别字典学习

不相关多视图鉴别字典学习(UMD^{2}L)是一种结合字典学习和多视图学习的新方法，旨在处理来自不同视图的数据中冗余信息或不相关的信息。UMD^{2}L 从数据中构建具有较强鉴别能力的多视图结构化字典，确保每个字典能够高效地表示其对应视图下的数据特征。并通过设计不相关约束条件，有效减少不同视图字典之间的冗余信息，从而提升多视图字典学习技术[5]。

4.2.1 UMD²L 方法模型

给定 M 个视图的训练数据 $X_k\left(k=1,\cdots,M\right)$，UMD²L 的目标是联合学习 M 个鉴别字典 $D_k\left(k=1,\cdots,M\right)$，其中，每个字典对应一个视图。对于第 k 个视图的字典学习任务，假设 X_k^i 表示 X_k 中来自第 i 类的训练样本集，D_k^i 和 D_k^j 分别表示与第 i 类和第 j 类相对应的类特定子字典。此外，假设 A_k^i 是 X_k^i 在 D_k 上的编码系数，其可表示为 $A_k^i=\left[A_k^{i1},A_k^{i2},\cdots,A_k^{ic}\right]$，其中，系数矩阵 A_k^{ij} 是第 i 类样本集在第 j 类子字典 D_k^j 上的编码系数，c 代表类别个数。UMD²L 要求第 k 个视图的总字典 D_k 应该对第 k 个视图的总样本集 X_k 具有很好的重构能力，同时对总样本集 X_k 中的样本也具有很强的鉴别能力，即最小化 $\left\|X_k^i-D_kA_k^i\right\|_F^2+\left\|X_k^i-D_k^iA_k^{ii}\right\|_F^2$ 的值。而且，第 i 类样本集 X_k^i 在第 j 类子字典 D_k^j 上的编码系数 A_k^{ij} 应该几乎为零，使得 $\left\|D_k^jA_k^{ij}\right\|_F^2$ 的值很小。因此，对于 k 视图，可定义如下保真度项：

$$q\left(X_k^i,D_k,A_k^i\right)=\left\|X_k^i-D_kA_k^i\right\|_F^2+\left\|X_k^i-D_k^iA_k^{ii}\right\|_F^2+\sum_{\substack{j=1\\j\neq i}}^{c}\left\|D_k^jA_k^{ij}\right\|_F^2 \tag{4-1}$$

为了消除所学字典之间的冗余，UMD²L 为多视图字典学习设计了不相关约束。D_k 和 D_l (第 l 个视图对应的字典，$l\neq k$)之间的相关系数可定义为

$$\operatorname{Corr}\left(D_k,D_l\right)=\frac{\sum_{i=1}^{N_k}\sum_{j=1}^{N_l}\operatorname{Corr}\left(d_k^i,d_l^j\right)}{N_k\cdot N_l} \tag{4-2}$$

其中，d_k^i 表示第 k 个视图的总字典 D_k 中第 i 个字典原子，d_l^j 表示第 l 个视图的总字典 D_l 中第 j 个字典原子；N_k 和 N_l 分别表示 D_k 和 D_l 中字典原子的个数。公式(4-2)中 $\operatorname{Corr}\left(d_k^i,d_l^j\right)$ 可定义为

$$\operatorname{Corr}\left(d_k^i,d_l^j\right)=\frac{\left(d_k^i-\overline{d_k^i}\cdot I\right)^{\mathrm{T}}\left(d_l^j-\overline{d_l^j}\cdot I\right)}{\left\|d_k^i-\overline{d_k^i}\cdot I\right\|\cdot\left\|d_l^j-\overline{d_l^j}\cdot I\right\|} \tag{4-3}$$

公式(4-3)表示原子 d_k^i 和 d_l^j 的相关性系数。其中，$\overline{d_k^i}$ 和 $\overline{d_l^j}$ 表示原子向量的均值，I 是一个全一向量。因此，不相关多视图鉴别字典学习(UMD²L)方法的总目标函数可定义如下：

$$\min\sum_{k=1}^{M}\sum_{i=1}^{c}q\left(X_k^i,D_k,A_k^i\right)+\lambda\sum_{k=1}^{M}\left\|A_k\right\|_1$$
$$\text{s.t.}\quad \operatorname{Corr}\left(D_k,D_l\right)=0,l\neq k \tag{4-4}$$

也即

$$\min\sum_{k=1}^{M}\sum_{i=1}^{c}\left(\left\|X_k^i-D_kA_k^i\right\|_F^2+\left\|X_k^i-D_k^iA_k^{ii}\right\|_F^2+\sum_{\substack{j=1\\j\neq i}}^{c}\left\|D_k^jA_k^{ij}\right\|_F^2\right)+\lambda\sum_{k=1}^{M}\left\|A_k\right\|_1$$
$$\text{s.t.}\quad \operatorname{Corr}\left(D_k,D_l\right)=0,l\neq k \tag{4-5}$$

公式(4-4)和公式(4-5)中的λ是平衡因子。尽管该目标函数并非对$\left(D_k,A_k\right)_{k=1}^{M}$联合凸的，但是当$D_k$和$A_k$二者固定其一时，它对另一个变量是凸的。因此，该目标函数是一个双凸问题，在下面的章节中，将给出目标函数的优化过程。

4.2.2　UMD^{2}L 目标函数优化

目标函数(4-5)中的变量采用两层优化的策略来优化更新。

(1) 当更新第k个视图的变量时，其他视图的变量固定。

(2) 对于第k个视图，系数矩阵A_k和总字典D_k二者固定其一，更新另外一个。

具体地，当更新第k个视图的系数矩阵A_k时，其他视图的字典$D_l(l\neq k)$以及系数矩阵$A_l(l\neq k)$固定；此外，第k个视图的总字典D_k也固定。此时，目标函数(4-5)可简化为

$$J_{(A_k)}=\underset{(A_k)}{\arg\min}\left\{\left\|X_k^i-D_kA_k^i\right\|_F^2+\left\|X_k^i-D_k^iA_k^{ii}\right\|_F^2+\sum_{\substack{j=1\\j\neq i}}^{c}\left\|D_k^jA_k^{ij}\right\|_F^2+\lambda\left\|A_k\right\|_1\right\} \tag{4-6}$$

该稀疏编码问题可通过使用迭代投影方法(Iterative Projection Method，IPM)[6]来解决。当更新总字典D_k时，系数矩阵A_k固定。可通过逐类更新的方式优化D_k，更新D_k^i时，所有$D_k^j\left(j\neq i\right)$固定。则目标函数(4-5)可简化为

$$J_{\left(D_k^i\right)}=\underset{\left(D_k^i\right)}{\arg\min}\left\{p\left(D_k^i\right)\right\}$$
$$\text{s.t.}\quad \operatorname{Corr}\left(D_k^i,D_l\right)=0 \tag{4-7}$$

其中，

$$p\left(D_k^i\right)=\left\|X_k-D_k^iA_k^{(i)}-\sum_{\substack{j=1\\j\neq i}}^{c}D_k^jA_k^{(j)}\right\|_F^2+\left\|X_k^i-D_k^iA_k^{ii}\right\|_F^2+\sum_{\substack{j=1\\j\neq i}}^{c}\left\|D_k^iA_k^{ij}\right\|_F^2 \tag{4-8}$$

$$\begin{aligned}\operatorname{Corr}\left(D_k^i, D_l\right) &= \frac{1}{N_k^i \cdot N_l} \sum_{n=1}^{N_k^i} \sum_{j=1}^{N_l} \operatorname{Corr}\left(d_k^{in}, d_l^j\right) \\ &= \frac{1}{N_k^i \cdot N_l} \sum_{n=1}^{N_k^i} \sum_{j=1}^{N_l} \frac{\left(d_k^{in} - \overline{d_k^{in}} \cdot I\right)^{\mathrm{T}} \left(d_l^j - \overline{d_l^j} \cdot I\right)}{\left\| d_k^{in} - \overline{d_k^{in}} \cdot I \right\| \cdot \left\| d_l^j - \overline{d_l^j} \cdot I \right\|}\end{aligned} \tag{4-9}$$

其中，$A_k^{(i)}$ 表示总样本集 X_k 在第 i 类子字典 D_k^i 上的编码系数，N_k^i 表示类特定子字典 D_k^i 中原子的个数，d_k^{in} 表示第 i 类子字典 D_k^i 中第 n 个原子，$\overline{d_k^{in}}$ 表示 d_k^{in} 向量的均值。假设 d_k^{in} 是单位向量，则上述不相关约束可简化为

$$\text{s.t.} \quad \sum_{n=1}^{N_k^i} \sum_{j=1}^{N_l} \left(d_k^{in} - \overline{d_k^{in}} \cdot I\right)^{\mathrm{T}} \left(d_l^j - \overline{d_l^j} \cdot I\right) = 0 \tag{4-10}$$

求解 D_k^i 的目标函数是一个二次规划问题，可根据文献[7]的算法对 D_k^i 中的原子逐个进行求解。

UMD²L 的具体算法实现步骤如下。

步骤 1：初始化字典 $\{D_1, D_2, \cdots, D_M\}$。初始化每个字典 D_i 的原子为 2 范数归一化的随机向量。

步骤 2：从 $k=1 \sim M$，执行循环。

步骤 2.1：更新稀疏编码系数 A_k。固定总字典 D_k，根据公式(4-6)，使用 IPM 算法逐类求解 A_k^i。

步骤 2.2：更新字典 D_k。固定系数矩阵 A_k，根据公式(4-7)～公式(4-10)，使用文献[7]的算法对 D_k^i 中的原子逐个进行求解。

结束循环。

步骤 3：迭代学习。重复步骤 2 直至相邻两次迭代的目标函数值较小或者达到迭代的最大次数。

步骤 4：输出 $\{A_1, A_2, \cdots, A_M\}$ 和 $\{D_1, D_2, \cdots, D_M\}$。

4.2.3　基于字典编码的分类机制

基于字典编码的分类机制是一种通过字典学习和稀疏编码来实现数据分类的方法，其核心在于构建一个字典(也称为编码表或码本)，将原始数据中的元素(如字符、字符串、图像块等)映射为唯一的编码或索引，再根据编码后的稀疏系数进行分类，从而有效地捕捉数据特征并提高分类性能[8]。

当获得字典集 $\{D_1, D_2, \cdots, D_M\}$ 后，可以对测试样本使用字典编码实现分类需求。具体地，对于给定的测试样本 $y = \{y_1, y_2, \cdots, y_M\}$，使用 $D_k\,(k=1:M)$ 来表示 y_k。

稀疏编码系数可按照如下方式求解。

$$\left(\hat{\alpha}_1,\cdots,\hat{\alpha}_M\right)=\underset{\alpha_1,\cdots,\alpha_M}{\arg\min}\left\{\sum_{k=1}^{M}\left(\left\|y_k-D_k\alpha_k\right\|_2^2+\gamma\left\|a_k\right\|_1\right)\right\} \tag{4-11}$$

其中，γ 是常量。采用交替优化的策略来优化目标函数(4-11)中的变量，即当更新第 k 个视图的系数时，固定其他视图对应的编码系数。对于第 k 个视图，$\hat{\alpha}_k$ 可通过稀疏表示分类(SRC)方法[9]获得。$\hat{\alpha}_k\left(k=1,\cdots,M\right)$ 可写成 $\hat{\alpha}_k=\left[\hat{\alpha}_k^1,\hat{\alpha}_k^2,\cdots,\hat{\alpha}_k^C\right]$，其中，$\hat{\alpha}_k^i$ 是与第 i 类子字典 D_k^i 对应的系数向量。当获得多视图表示系数后，定义如下的度量用于最后的分类过程：

$$e_i=\sum_{k=1}^{M}\left\|y_k-D_k^i\hat{\alpha}_k^i\right\|_2^2 \tag{4-12}$$

其中，$\left\|y_k-D_k^i\hat{\alpha}_k^i\right\|_2^2$ 表示第 k 个视图第 i 类的重构误差。根据类特定的最小重构误差给测试样本打上类别标记。

$$\text{identity}\left(y\right)=\underset{i}{\arg\min}\left\{e_i\right\} \tag{4-13}$$

综上，UMD^{2}L 整体算法优化流程如下。

步骤 1： 基于给定的 M 个视图的训练数据 $X_k\left(k=1,\cdots,M\right)$，根据 4.2.2 节的训练过程学习 M 个视图的字典 $\left\{D_1,D_2,\cdots,D_M\right\}$。

步骤 2： 基于获得的多视图字典 $\left\{D_1,D_2,\cdots,D_M\right\}$，根据公式(4-11)求解字典对测试样本 $y=\left\{y_1,y_2,\cdots,y_M\right\}$ 的多视图稀疏表示系数 $\hat{\alpha}_k\left(k=1,\cdots,M\right)$。

步骤 3： 根据公式(4-12)，计算每类字典对测试样本的表示误差。

步骤 4： 根据公式(4-13)，将最小表示误差对应的类别赋给测试样本。

4.3 多视图低秩字典学习

多视图低秩字典学习(MLDL)是一种结合多视图数据特性与低秩约束的机器学习方法，通过联合学习多个视图的字典结构，在保持数据结构一致性的同时，利用低秩约束[10]消除冗余信息并增强特征的判别性，从多源异构数据中提取低维、鲁棒的特征表示。

低秩性意味着字典中的原子(或称为基本元素)之间存在较强的线性相关性，这有助于减少数据的冗余性，提高表示效率[11,12]。现有多视图字典学习方法在字典鉴别能力、多视图冗余性消除及噪声鲁棒性方面研究不够深入，且依赖的稀疏表示分类策略效率较低，亟待更高效的分类机制设计[12]。因此，本节主要从以下三个方面进行研究。

(1) 开创性地将低秩矩阵恢复理论引入到多视图字典学习框架中，旨在设计一种自适应的低秩正则项，引导模型学习到蕴含数据本质特征且对噪声具有免疫力的“纯净”字典原子，从而实现高质量的图像去噪重建。这是目前首次系统性地将低秩学习范式与多视图字典学习技术深度融合，为解决多模态数据在复杂噪声环境下的鲁棒性字典学习与表示难题，提供了全新的理论视角与高效的算法路径。

(2) 为多视图字典学习设计一个结构化不相关约束，使得不同视图的字典互相独立，可以有效减少不同视图字典间的冗余。

(3) 借助联合表示分类的思想，为多视图字典学习提供一个新的分类机制，即采用 l_2 范数正则代替 l_1 范数，在保证分类效果的同时，使分类过程的复杂度显著降低。

4.3.1　MLDL 模型

首先描述 MLDL 的鉴别重构误差项，然后，介绍设计的多视图字典低秩正则项和结构化不相关约束。最后，给出 MLDL 总的目标函数。

1. 鉴别重构误差项

假设给定 M 个视图的训练数据，即 $X_k\left(k=1,\cdots,M\right)$。对于第 k 个视图，令 X_k^i 表示第 i 类训练样本子集，D_k^i 和 D_k^j 分别表示与第 i 类和第 j 类相对应的类特定子字典。假设用字典 D_K 表示第 i 类样本 X_k^i 的编码系数 A_k^i，$A_k^i=\left[A_k^{i1},A_k^{i2},\cdots,A_k^{ic}\right]$，其中，$A_k^{ij}$ 是使用第 j 类子字典 D_k^j 表示第 i 类样本集 X_k^i 的编码系数，c 表示类别数。

首先，总字典 D_k 应该能够很好地表示该视图中每一类样本 X_k^i，因此，应该最小化 $\left\|X_k^i-D_kA_k^i\right\|_F^2$ 项的值。其次，由于第 i 类子字典 D_k^i 与第 i 类样本相对应，其应该能够很好地表示第 i 类样本，也即 $\left\|X_k^i-D_k^iA_k^{ii}\right\|_F^2$ 需要最小化。此外，第 i 类子字典 D_k^i 不应该对其他类的样本具有很好的表示能力，即 $\sum\limits_{\substack{j=1\\j\neq i}}^{c}\left\|D_k^iA_k^{ji}\right\|_F^2$ 应该尽可能小。因此，对于字典 D_k^i，总的鉴别重构项定义如下。

$$R\left(D_k^i,A_k^i\right)=\left\|X_k^i-D_kA_k^i\right\|_F^2+\left\|X_k^i-D_k^iA_k^{ii}\right\|_F^2+\sum_{\substack{j=1\\j\neq i}}^{c}\left\|D_k^iA_k^{ji}\right\|_F^2 \tag{4-14}$$

为了使得字典与类别标记相对应，应该最小化 $\sum\limits_{k=1}^{M}\sum\limits_{i=1}^{c}R\left(D_k^i,A_k^i\right)$。通过让字典原子和类别标记相对应，可以使获得的重构误差是鉴别的。通过这种方式，可以学到多个具有较强鉴别能力的字典。

2. 多视图字典低秩正则项

对于图像分类任务，同类的训练样本往往是线性相关的。因此，表示同类样本的类特定子字典应该是低秩的。此外，根据低秩矩阵恢复理论，字典的低秩正则化会产生紧凑并且纯粹的字典，即使在训练样本中存在噪声，该字典也可以重构去噪的图像。对于第 k 个视图，为了获得第 i 类样本的最紧凑的字典基，设计了字典低秩正则化项 $L\left(D_k^i\right)=\left\|D_k^i\right\|_*$，其中，$\|\cdot\|_*$ 是矩阵的核范数。为了解决噪声问题，学习低秩字典，应该使如下项的值最小。

$$\sum_{k=1}^{M}\sum_{i=1}^{c}L\left(D_k^i\right) \tag{4-15}$$

3. 多视图字典学习的结构化不相关约束

原始多视图数据中的信息冗余会导致学到的字典之间存在冗余，因此，除了要求字典有较好的鉴别重构能力和低秩特性，还要求不同视图间的字典具有较低的相关性。4.2 节提出的 UMD^{2}L 方法尝试最小化不同字典间的相关性，以此来减少多视图字典之间的冗余信息。但是两个字典之间的相关性是通过计算字典基层相关性(向量与向量之间的相关性)的和得到的，这种做法比较耗时。因此，尝试让不同类对应的矩阵(字典矩阵或者低秩矩阵)相互独立，从而增强学习模型的鉴别能力，为多视图字典学习设计了如下结构化不相关约束。

$$\sum_{k=1}^{M}\sum_{i=1}^{c}\sum_{\substack{l=1\\l\neq k}}^{M}\left\|D_k^{i\mathrm{T}}D_l\right\|_F^2=0 \tag{4-16}$$

其中，$(\cdot)^{\mathrm{T}}$ 表示矩阵的转置。结构化不相关的引入会使得不同视图对应的字典尽可能独立，并实现直接在字典层(矩阵层)减少冗余。这会提高变量优化的效率，尤其是对字典矩阵，因为字典可以作为一个整体优化，而不是按照逐个原子更新的方式来优化。

4. MLDL 的总目标函数

考虑到字典的鉴别重构能力，子字典的低秩特性以及结构化不相关约束，多视图低秩字典学习(MLDL)方法的目标函数可定义为

$$\begin{aligned}J\left(D_1,\cdots,D_M,A_1,\cdots,A_M\right)=\underset{\substack{D_1,\cdots,D_M\\A_1,\cdots,A_M}}{\arg\min}\sum_{k=1}^{M}\sum_{i=1}^{c}R\left(D_k^i,A_k^i\right)+\lambda\sum_{k=1}^{M}\left\|A_k\right\|_1+\alpha\sum_{k=1}^{M}\sum_{i=1}^{c}L\left(D_k^i\right)\\ \text{s.t.}\quad\sum_{k=1}^{M}\sum_{i=1}^{c}\sum_{\substack{l=1\\l\neq k}}^{M}\left\|D_k^{i\mathrm{T}}D_l\right\|_F^2=0\end{aligned} \tag{4-17}$$

其中，λ 和 α 是控制鉴别重构误差项和低秩正则项各自贡献的参数。图 4.1 展现了 MLDL 模型的概念，不同视图字典互相不相关，每个子字典都是低秩的，这可以降低原始样本中存在的噪声产生的不利影响。

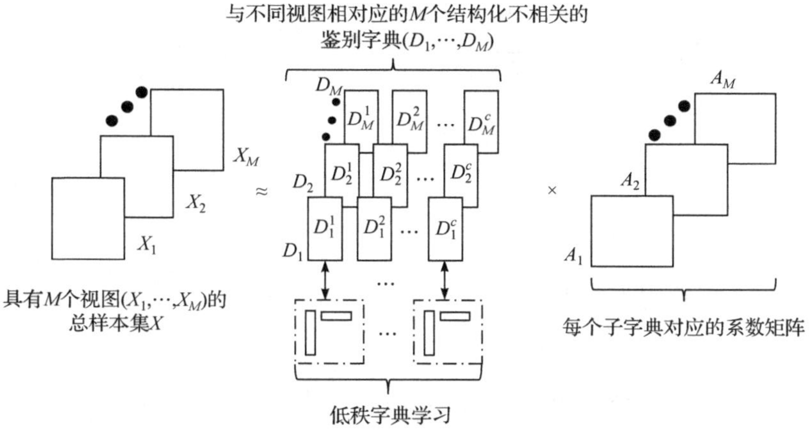

图 4.1　MLDL 模型

4.3.2　MLDL 目标函数优化

目标函数(4-17)中的变量可以通过迭代过程交替优化得到，在每次迭代中使用如下优化策略。

(1) 更新第 $k\left(k=1,2,\cdots,M\right)$ 个视图的变量时，其他视图变量固定不变。

(2) 对于第 k 个视图，编码系数矩阵 A_k 和字典 D_k 交替优化。

1. 更新编码系数矩阵 A_k

假设字典 D_k 固定，编码系数矩阵可写为 $A_k=\left[A_k^1,A_k^2,\cdots,A_k^c\right]$。可以采用逐类更新的方式来优化 A_k。当计算 A_k^i 时，其他系数矩阵 $A_k^j\left(j\neq i\right)$ 固定。此时，目标函数(4-17)可简化为

$$J\left(A_k^i\right)=\underset{\left(A_k^i\right)}{\arg\min}\left\{\left\|X_k^i-D_kA_k^i\right\|_F^2+\left\|X_k^i-D_k^iA_k^{ii}\right\|_F^2+\sum_{\substack{j=1\\j\neq i}}^{c}\left\|D_k^jA_k^{ij}\right\|_F^2+\lambda\left\|A_k^i\right\|_1\right\}\tag{4-18}$$

目标函数(4-18)是一个稀疏编码问题，可使用迭代投影方法(Iterative Projection Method，IPM)来求解。

2. 更新字典 D_k

得到更新后的系数矩阵 A_k 后，可逐类更新子字典 D_k^i。更新 D_k^i 时，其他类的

子字典 $D_k^j\left(j \neq i\right)$ 固定不变。更新子字典 D_k^i 时，同时更新样本集 X_k^i 在 D_k^i 上的编码系数，即 A_k^{ii}。此时，目标函数(4-17)可简化为

$$J\left(D_k^i\right)=\underset{D_k^i,A_k^{ii}}{\arg\min}\left\|X_k^i-D_k^iA_k^{ii}-\sum_{\substack{j=1\\j\neq i}}^{c}D_k^jA_k^{ij}\right\|_F^2+\left\|X_k^i-D_k^iA_k^{ii}\right\|_F^2+\sum_{\substack{j=1\\j\neq i}}^{c}\left\|D_k^jA_k^{ij}\right\|_F^2+\alpha\left\|D_k^i\right\|_*$$
$$\text{s.t.}\quad \sum_{\substack{l=1\\l\neq k}}^{M}\left\|D_k^{i\mathrm{T}}D_l\right\|_F^2 \tag{4-19}$$

公式(4-19)可重写为如下形式：

$$J\left(D_k^i\right)=\underset{D_k^i,A_k^{ii}}{\arg\min}\left\|X_k^i-D_k^iA_k^{ii}-\sum_{\substack{j=1\\j\neq i}}^{c}D_k^jA_k^{ij}\right\|_F^2+\left\|X_k^i-D_k^iA_k^{ii}\right\|_F^2$$
$$+\sum_{\substack{j=1\\j\neq i}}^{c}\left\|D_k^jA_k^{ij}\right\|_F^2+\alpha\left\|D_k^i\right\|_*+\beta\sum_{\substack{l=1\\l\neq k}}^{M}\left\|D_k^{i\mathrm{T}}D_l\right\|_F^2 \tag{4-20}$$

其中，β 是可调参数。假设 $q\left(D_k^i\right)=\left\|X_k^i-D_k^iA_k^{ii}-\sum_{\substack{j=1\\j\neq i}}^{c}D_k^jA_k^{ij}\right\|_F^2+\sum_{\substack{j=1\\j\neq i}}^{c}\left\|D_k^jA_k^{ij}\right\|_F^2+\beta\sum_{\substack{l=1\\l\neq k}}^{M}\left\|D_k^{i\mathrm{T}}D_l\right\|_F^2$，则公式(4-20)可转换为

$$\min_{D_k^i,E_k^i,A_k^{ii}}\left\|A_k^{ii}\right\|_1+\alpha\left\|D_k^i\right\|_*+\eta\left\|E_k^i\right\|_{2,1}+\mu q\left(D_k^i\right)$$
$$\text{s.t.}\quad X_k^i=D_k^iA_k^{ii}+E_k^i \tag{4-21}$$

其中，E_k^i 是与样本集 X_k^i 对应的误差矩阵，η 和 μ 是可调参数，$\|\cdot\|_{2,1}$ 是 $l_{2,1}$ 范数，通常用于度量样本特定的噪声。

目标函数(4-21)可通过求解如下本质上相同的问题得到解决。

$$\min_{D_k^i,E_k^i,A_k^{ii}}\|Z\|_1+\alpha\|G\|_*+\eta\left\|E_k^i\right\|_{2,1}+\mu q\left(D_k^i\right)$$
$$\text{s.t.}\quad X_k^i=D_k^iA_k^{ii}+E_k^i,D_k^i=G,A_k^{ii}=Z \tag{4-22}$$

其中，Z 和 G 是两个松弛变量。该问题可用不精确增广拉格朗日算法来解决。公式(4-22)的增广拉格朗日函数是：

$$\begin{aligned}
&\min_{D_k^i,E_k^i,A_k^{ii}} \|Z\|_1 + \alpha\|G\|_* + \eta\left\|E_k^i\right\|_{2,1} + \mu q\left(D_k^i\right) + \operatorname{tr}\left[T_1^{\mathrm{T}}\left(X_k^i - D_k^i A_k^{ii} - E_k^i\right)\right] \\
&\quad + \operatorname{tr}\left[T_2^{\mathrm{T}}\left(D_k^i - G\right)\right] + \operatorname{tr}\left[T_3^{\mathrm{T}}\left(A_k^{ii} - Z\right)\right] \\
&\quad + \frac{\delta}{2}\left(\left\|X_k^i - D_k^i A_k^{ii} - E_k^i\right\|_F^2 + \left\|D_k^i - G\right\|_F^2 + \left\|A_k^{ii} - Z\right\|_F^2\right)
\end{aligned} \tag{4-23}$$

其中，$\operatorname{tr}(\cdot)$表示矩阵的迹，T_1，T_2和T_3是拉格朗日乘子，$\delta(\delta>0)$是一个平衡因子。问题(4-23)的具体求解过程参见算法 4.1。

算法 4.1：使用不精确增广拉格朗日算法求解问题(4-23)

输入： 子字典D_k^i和其他视图字典D_l ($l \neq k$)，样本集X_k，参数α，η和μ。

输出： D_k^i，E_k^i和A_k^{ii}。

初始化： $G=0$，$E_k^i=0$，$T_1=0$，$T_2=0$，$T_3=0$，$\delta=10^{-6}$，$\max_\delta=10^{30}$，$\varepsilon=10^{-8}$，$\vartheta=1.1$。

当没有达到收敛条件时，执行如下循环：

1. 固定其他变量，更新Z，$Z=\arg\min\limits_{z}\left(\frac{1}{\delta}\|Z\|_1+\frac{1}{2}\left\|Z-\left(A_k^{ii}+\frac{T_3}{\delta}\right)\right\|_F^2\right)$。

2. 固定其他变量，更新A_k^{ii}，$A_k^{ii}=\left(D_k^{i\mathrm{T}}D_k^i+I\right)^{-1}\left[D_k^{i\mathrm{T}}\left(X_k^i-E_k^i\right)+Z+\frac{D_k^{i\mathrm{T}}T_1-T_3}{\delta}\right]$，其中，$I$是单位矩阵。

3. 固定其他变量，更新G，$G=\arg\min\limits_{G}\left(\frac{\alpha}{\delta}\|G\|_*+\frac{1}{2}\left\|G-\left(D_k^i+\frac{T_2}{\delta}\right)\right\|_F^2\right)$，归一化$G$中每个列向量。

4. 固定其他变量，通过下式更新D_k^i：

$$\left(\frac{2\mu\beta M}{\delta}\sum_{\substack{l=1\\l\neq k}}^{M}D_l D_l^{\mathrm{T}}\right)D_k^i + D_k^i\left(\frac{2\mu A_k^{ii}A_k^{ii\mathrm{T}}}{\delta}+A_k^{ii}A_k^{ii\mathrm{T}}+I\right)$$

$$=\frac{2\mu}{\delta}\left(X_k^i A_k^{ii\mathrm{T}}-\sum_{\substack{j=1\\j\neq i}}^{c}D_k^i A_k^{ij}A_k^{ii\mathrm{T}}\right)+X_k^i A_k^{ii\mathrm{T}}-E_k^i A_k^{ii\mathrm{T}}+G+\frac{T_1 A_k^{ii\mathrm{T}}-T_2}{\delta}$$

该问题本质上是如下数学问题：$HY+YQ=V$，其中，$Y=D_k^i$，$V=$

$\frac{2\mu}{\delta}\left(X_k^i A_k^{ii\mathrm{T}} - \sum_{\substack{j=1\\j\neq i}}^{c} D_k^j A_k^{ij} A_k^{ii\mathrm{T}}\right) + X_k^i A_k^{ii\mathrm{T}} - E_k^i A_k^{ii\mathrm{T}} + G + \frac{T_1 A_k^{ii\mathrm{T}} - T_2}{\delta}, H = \frac{2\mu\beta}{\delta}\sum_{\substack{l=1\\l\neq k}}^{M} D_l D_l^{\mathrm{T}}$，

$Q = \frac{2\mu A_k^{ii} A_k^{ii\mathrm{T}}}{\delta} + A_k^{ii} A_k^{ii\mathrm{T}} + I$。$H$ 和 Q 是方阵。归一化 D_k^i 中每个列向量。

5. 固定其他变量，更新 $E_k^i, E_k^i = \arg\min_{E_k^i}\left(\frac{\eta}{\delta}\left\|E_k^i\right\|_{2,1} + \frac{1}{2}\left\|E_k^i - \left(X_k^i - D_k^i A_k^{ii} + \frac{T_1}{\delta}\right)\right\|_F^2\right)$。

6. 更新 T_1, T_2 和 T_3，$T_1 = T_1 + \delta\left(X_k^i - D_k^i A_k^{ii} - E_k^i\right)$，$T_2 = T_2 + \delta\left(D_k^i - G\right)$，$T_3 = T_3 + \delta\left(A_k^{ii} - Z\right)$。

7. 更新 δ，$\delta = \min\left(\vartheta\delta, \max_{\delta}\right)$。

8. 满足 $\left\|D_k^i - G\right\|_{\infty} < \varepsilon$，$\left\|X_k^i - D_k^i A_k^{ii} - E_k^i\right\|_{\infty} < \varepsilon$，$\left\|A_k^{ii} - Z\right\|_{\infty} < \varepsilon$ 时，结束迭代计算。

结束循环。

MLDL 的具体算法实现步骤如下。

步骤 1： 初始化字典 $\{D_1, D_2, \cdots, D_M\}$。初始化每个字典 $D_k\,(k = 1,2,\cdots,M)$ 中的原子为 2 范数归一化的随机向量。

步骤 2： 从 $k = 1 \sim M$，执行循环。

步骤 2.1： 更新稀疏编码系数 A_k。固定总字典 D_k，根据公式(4.18)，使用 IPM 算法逐类求解 A_k^i。

步骤 2.2： 更新字典 D_k。固定系数矩阵 A_k，根据公式(4.23)，使用算法 4.1 逐类求解 D_k^i。

结束循环。

步骤 3： 迭代学习。重复步骤 2 直至相邻两次迭代的目标函数值较小或者达到迭代的最大次数。

步骤 4： 输出 $\{A_1, A_2, \cdots, A_M\}$ 和 $\{D_1, D_2, \cdots, D_M\}$。

4.3.3 MLDL 的分类机制

MLDL 的分类机制依赖于多个视图数据的字典学习结果，通过稀疏表示将数据样本映射到字典空间，并基于其在该空间中的位置进行分类[13]。这种机制不仅能有效捕捉数据的潜在特征，还能通过低秩约束和稀疏性保持表示的简洁性和高效性。多视图信息的融合进一步增强了分类的准确性和鲁棒性，使得 MLDL 在处理多模态数据时，能够充分利用不同视图间的互补信息，优化分类性能。

对于给定的测试样本 $z=\{z_1,z_2,\cdots,z_M\}$，用学习得到的字典 $D_k\left(k=1:M\right)$ 来表示 Z_k，表示系数可以通过下式获得。

$$\left(\hat{\rho}_1,\cdots,\hat{\rho}_M\right)=\underset{\rho_1,\cdots,\rho_M}{\arg\min}\left\{\sum_{k=1}^{M}\left(\left\|Z_k-D_k\rho_k\right\|_2^2+\gamma\left\|\rho_k\right\|_2^2\right)\right\} \tag{4-24}$$

其中，$\rho_k\left(k=1,\cdots,M\right)$ 是 Z_k 在 D_k 上的编码系数，γ 是一个正的常数。公式(4-24)中的变量可通过交替优化的策略来更新，即当更新第 $k\left(k=1,\cdots,M\right)$ 个视图的变量时，固定其他视图的编码系数。

更新 ρ_k 时，公式(4-24)可简化为

$$\left(\hat{\rho}_k\right)=\underset{\rho_k}{\arg\min}\left(\left\|z_k-D_k\rho_k\right\|_2^2+\gamma\left\|\rho_k\right\|_2^2\right) \tag{4-25}$$

公式(4-25)中的变量可以得到如下解析解。

$$\hat{\rho}_k=\left(D_k^{\mathrm{T}}D_k+\gamma\cdot I\right)^{-1}D_k^{\mathrm{T}}z_k \tag{4-26}$$

一旦获得编码系数 $\{\hat{\rho}_1,\cdots,\hat{\rho}_M\}$，可通过如下策略实现分类。对于给定的测试样本 z_k，第 i 类字典对其编码误差为

$$e_i=\sum_{k=1}^{M}\frac{\left\|z_k-D_k^i\hat{\rho}_k^i\right\|_2}{\left\|\hat{\rho}_k^i\right\|_2} \tag{4-27}$$

其中，$\hat{\rho}_k^i$ 是与子字典 D_k^i 相对应的系数向量。

可通过如下过程给测试样本打上类别标记。

$$\mathrm{identity}\left(z\right)=\arg\min_i\left\{e_i\right\} \tag{4-28}$$

上述为 MLDL 所设计的分类策略，也可用于其他的多视图字典学习方法。MLDL 的具体算法实现步骤如下。

步骤 1： 基于给定的 M 个视图的训练数据 $X_k\left(k=1,\cdots,M\right)$，根据 4.3.2 节的训练过程学习 M 个视图的字典 $\{D_1,D_2,\cdots,D_M\}$。

步骤 2： 基于获得的多视图字典 $\{D_1,D_2,\cdots,D_M\}$，根据公式(4-26)求解字典对测试样本 $z=\{z_1,z_2,\cdots,z_M\}$ 的联合表示系数 $\{\hat{\rho}_1,\cdots,\hat{\rho}_M\}$。

步骤 3： 根据公式(4-27)，计算每类字典原子对测试样本的表示误差。

步骤 4： 根据公式(4-28)，将最小表示误差对应的类别赋给测试样本。

综上，MLDL 的分类机制通过综合多视图信息、引入低秩约束和结构化学习等策略，提高了分类的准确性和鲁棒性[14]。上述策略不仅帮助模型捕捉到多模态数据中的潜在关联，还能减少冗余信息的干扰，从而优化数据的表示和最终的分类结果。

4.4　多视图低秩共享结构化字典学习

多视图低秩共享结构化字典学习(MLS²DL)通过构建协同表征学习框架，实现跨视图信息的深度挖掘与融合。以视图共享结构化字典捕获多源数据的全局一致性特征，结合视图特定结构化字典提取各模态的局部互补信息，形成双字典联合表征机制。针对多视图数据噪声干扰问题，MLS²DL 引入低秩结构化正则项约束两类字典的原子空间，抑制高维特征中的冗余噪声；同时，设计低秩结构化不相关项，通过正交化投影消除共享特征与特异特征间的子空间冗余。而基于联合表征的分类机制进一步优化权重分配策略，实现视图共享字典与视图特定字典的线性组合适配，进一步提升跨视图数据的判别性建模能力。

4.4.1　MLS²DL 模型

在 MLS²DL 模型中，重点关注从多视图数据中提取共享信息和特定信息，以提高学习任务的性能。下面详细介绍该模型中的四个关键组成部分。

1. 多视图结构化字典重构误差项

假设 $X_s=\left[X_s^1,\cdots,X_s^i,\cdots,X_s^c\right](s=1,\cdots,M)$ 是来自 M 个视图的训练样本，X_s^i 表示 X_s 中第 i 类的样本子集，c 是训练样本的类别数。$D_0=\left[D_0^1,\cdots,D_0^i,\cdots,D_0^c\right]$ 是可以为所有视图的共享信息建模的视图共享字典，$D_s=\left[D_s^1,\cdots,D_s^i,\cdots,D_s^c\right]$ 是与第 $s(s=1,2,\cdots,M)$ 个视图对应的视图特定字典，其中，D_k^i 表示在 $D_k(k=0,s)$ 中与第 i 类对应的类特定子字典。假设 $A_{sk}=\left[A_{sk}^1,\cdots,A_{sk}^i,\cdots,A_{sk}^c\right]$ 是 $X_s(s=1,\cdots,M)$ 在 $D_k(k=0,1,2,\cdots,M)$ 上的编码系数矩阵，$A_{sk}^i=\left[\left(A_{sk}^{i1}\right)^{\mathrm{T}},\cdots,\left(A_{sk}^{ij}\right)^{\mathrm{T}},\cdots,\left(A_{sk}^{ic}\right)^{\mathrm{T}}\right]^{\mathrm{T}}$ 是 X_s^i 在 D_k 上的编码系数矩阵，其中，A_{sk}^{ij} 表示 X_s^i 在 D_k^j 上的编码系数矩阵。

对于第 $s^{th}(s=1,\cdots,M)$ 个视图，X_s 应该由视图特定字典 D_s 和视图共享字典 D_0 很好地联合表示，因此，应该最小化 $\|X_s-D_sA_{ss}-D_0A_{s0}\|_F^2$ 的值。此外，由于子字典 $D_s^i(k=0,1,2,\cdots,M)$ 和第 i 类有关，X_s^i 应该由 D_s^i 和 D_0^i 很好地表示，而非 D_s^j 和 $D_0^j(j\neq i)$，因此，$\left\|X_s^i-D_s^iA_{ss}^{ii}-D_0^iA_{s0}^{ii}\right\|_F^2$ 和 $\sum_{\substack{j=1\\j\neq i}}^{c}\left\|D_s^jA_{ss}^{ij}+D_0^jA_{s0}^{ij}\right\|_F^2$ 也应该被最小化。所以，多视图结构化字典重构误差项可以定义如下：

$$RE(D,A)=\sum_{s=1}^{M}\left\{\left\|X_s-D_sA_{ss}-D_0A_{s0}\right\|_F^2+\sum_{i=1}^{c}\left(\left\|X_s^i-D_s^iA_{ss}^{ii}-D_0^iA_{s0}^{ii}\right\|_F^2+\sum_{\substack{j=1\\j\neq i}}^{c}\left\|D_s^jA_{ss}^{ij}+D_0^jA_{s0}^{ij}\right\|_F^2\right)\right\} \tag{4-29}$$

其中，$D=\left[D_0,D_1,D_2,\cdots,D_M\right]$，$A=\begin{bmatrix}A_{10} & A_{20} & \cdots & A_{M0}\\ A_{11} & \mathbf{0} & \cdots & \mathbf{0}\\ \mathbf{0} & A_{22} & \cdots & \mathbf{0}\\ \vdots & \vdots & \vdots & \vdots\\ \mathbf{0} & \mathbf{0} & \cdots & A_{MM}\end{bmatrix}$，$\mathbf{0}$ 表示零矩阵。目标(4-29)应该被最小化。类特定字典与类别标记相关联，从而获得的重构误差是鉴别的，这可使得学到的多个字典具有良好的鉴别能力。

2. 低秩结构化正则项

对于字典 $D_k=\left[D_k^1,\cdots,D_k^i,\cdots,D_k^c\right](k=0,1,2,\cdots,M)$，为了获得最紧凑的字典基来表示第 i 类样本，在子字典 D_k^i 上加入低秩正则 $L\left(D_k^i\right)=\left\|D_k^i\right\|_*$。因此，低秩结构化正则项可以定义如下。

$$LR(D)=\sum_{k=0}^{M}\sum_{i=1}^{c}L\left(D_k^i\right)=\sum_{k=0}^{M}\sum_{i=1}^{c}\left\|D_k^i\right\|_* \tag{4-30}$$

该项也应该被最小化。

3. 低秩结构化不相关项

除了字典的鉴别重构能力和低秩特性，还要求视图特定字典之间是不相关的，并且视图特定字典和视图共享字典之间也是不相关的，从而有效地减少多视图之间的冗余信息。低秩结构化不相关项定义为：

$$SI(D)=\sum_{k=0}^{M}\sum_{\substack{t=0\\t\neq k}}^{M}\left\|D_k^{\mathrm{T}}D_t\right\|_F^2 \tag{4-31}$$

$SI(D)$ 的值应该被最小化。不相关的引入会使得不同视图对应的字典，以及视图共享字典间尽可能独立，从而有效地减少字典间的冗余。

4. 总体目标函数

考虑到多视图结构化字典重构误差项、低秩结构化正则项，以及低秩结构化不相关项，可将 MLS^{2}DL 的目标函数定义为：

$$\min_{D,A} RE(D,A)+\lambda\sum_{s=1}^{M}\left\|A_s\right\|_1+\alpha LR(D)+\beta SI(D) \tag{4-32}$$

其中，$A_s=\left[(A_{s0})^{\mathrm{T}},\underbrace{\mathbf{0}^{\mathrm{T}},\cdots,\mathbf{0}^{\mathrm{T}}}_{s-1},(A_{ss})^{\mathrm{T}},\underbrace{\mathbf{0}^{\mathrm{T}},\cdots,\mathbf{0}^{\mathrm{T}}}_{M-s}\right]^{\mathrm{T}}$ 是编码系数矩阵 A 的子矩阵，λ，α 和 β 是控制四个子目标项的参数，图 4.2 给出了 MLS^{2}DL 的总体思想图。第 k 个视图的样本矩阵 X_k，由第 k 个视图的视图特定字典 D_k 和视图共享字典 D_0 联合表示，系数矩阵是 $[A_{kk};A_{k0}]$。视图特定字典和视图共享字典相互不相关，每一个类特定子字典(图 4.2 中椭圆圈标出)都是低秩的。

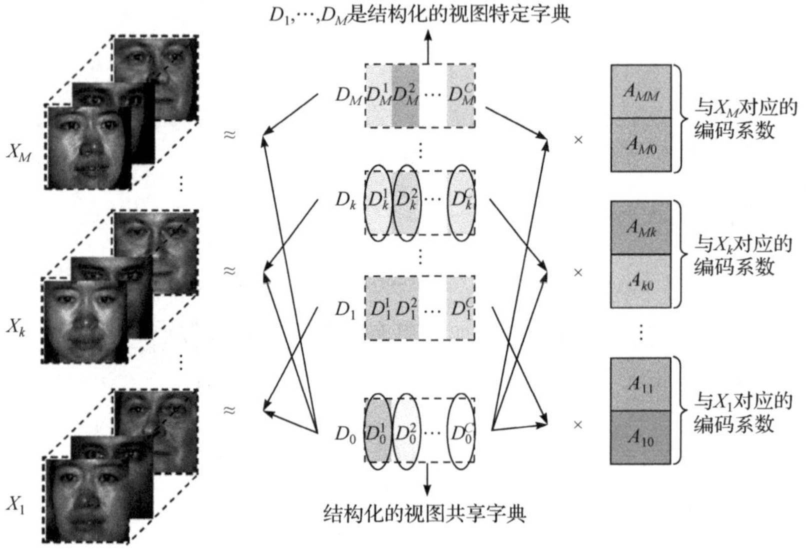

图 4.2　MLS^{2}DL 的总体思想图

4.4.2　MLS^{2}DL 目标函数优化

虽然无法在理论上保证目标函数(4-32)对于编码系数矩阵集 $A_s(s=1,\cdots,M)$、视图特定字典集 $D_s(s=1,\cdots,M)$、视图共享字典 D_0 是联合凸的，但是当其中两个变量固定时，目标函数对另外一个变量是凸的。本节采用交替优化的策略来更新这些变量。

(1) 更新第 s 个视图对应的变量时，固定视图共享字典 D_0 以及其他视图变量。

(2) 对于第 s 个视图，交替更新 X_s 和 D_s。

(3) 更新视图共享字典 D_0 时，其他变量固定。

1. 更新编码系数矩阵 A_s

对于第 $s(s=1,2,\cdots,M)$ 个视图，字典 D_s 固定，$A_s=\Big[(A_{s0})^{\mathrm{T}},\underbrace{\mathbf{0}^{\mathrm{T}},\cdots,\mathbf{0}^{\mathrm{T}}}_{s-1},(A_{ss})^{\mathrm{T}},$

$\left.\underbrace{\mathbf{0}^{\mathrm{T}},\cdots,\mathbf{0}^{\mathrm{T}}}_{M-s}\right]^{\mathrm{T}}$，其中，$A_{sk}=\left[A_{sk}^{1},A_{sk}^{2},\cdots,A_{sk}^{c}\right](k=0,s)$表示$X_s$在$D_k$上的编码系数矩阵，$A_{sk}^{i}(i=1,2,\cdots,c)$表示$X_s^i$在$D_k$上的编码系数矩阵。$A_{s0}^{i}$和$A_{ss}^{i}(i=1,2,\cdots,c)$采用逐类计算的方式来更新。计算$A_{s0}^{i}$和$A_{ss}^{i}$时，所有$A_{s0}^{j}$和$A_{ss}^{j}(j\neq i)$均固定。因此，目标函数(4-32)可以简化为

$$\min_{A_{s0}^{i},A_{ss}^{i}}\left\|X_s^i-\left[D_0,D_s\right]\left[\left(A_{s0}^{i}\right)^{\mathrm{T}},\left(A_{ss}^{i}\right)^{\mathrm{T}}\right]^{\mathrm{T}}\right\|_F^2+\left\|X_s^i-\left[D_0^i,D_s^i\right]\left[\left(A_{s0}^{ii}\right)^{\mathrm{T}},\left(A_{ss}^{ii}\right)^{\mathrm{T}}\right]^{\mathrm{T}}\right\|_F^2$$
$$+\sum_{j=1,j\neq i}^{c}\left\|\left[D_0^j,D_s^j\right]\left[\left(A_{s0}^{ij}\right)^{\mathrm{T}},\left(A_{ss}^{ij}\right)^{\mathrm{T}}\right]^{\mathrm{T}}\right\|_F^2+\lambda\left\|\left[\left(A_{s0}^{i}\right)^{\mathrm{T}},\left(A_{ss}^{i}\right)^{\mathrm{T}}\right]^{\mathrm{T}}\right\|_1 \tag{4-33}$$

公式(4-33)是一个系数编码问题，可使用迭代投影方法来解决。

2. 更新视图特定字典D_s^i

对于第$s(s=1,2,\cdots,M)$个视图，在更新A_s^i后，可逐类更新$D_s^i(i=1,2,\cdots,c)$。更新D_s^i时，所有$D_s^j(j\neq i)$固定。为了很好地表示X_s^i，在更新D_s^i时，对于编码X_s^i的相应的系数矩阵A_{ss}^{ii}也应该更新。因此，目标函数(4-32)可简化为

$$\min_{D_s^i,A_{ss}^{ii}}\left\|\left(X_s-D_0A_{s0}-\sum_{p=1}^{c}\sum_{\substack{q=1\\q\neq i}}^{c}D_s^qA_{ss}^{pq}\right)-\sum_{p=1}^{c}D_s^iA_{ss}^{pi}\right\|_F^2+\left\|\left(X_s^i-D_0^iA_{s0}^{ii}\right)-D_s^iA_{ss}^{ii}\right\|_F^2$$
$$+\alpha\left\|D_s^i\right\|_*+\beta\sum_{\substack{t=0\\t\neq s}}^{M}\left\|D_t^{i\mathrm{T}}D_t\right\|_F^2 \tag{4-34}$$

假设$q\left(D_s^i\right)=\left\|\left(X_s-D_0A_{s0}-\sum_{p=1}^{c}\sum_{\substack{q=1\\q\neq i}}^{c}D_s^qA_{ss}^{pq}\right)-\sum_{p=1}^{c}D_s^iA_{ss}^{pi}\right\|_F^2+\beta\sum_{\substack{t=0\\t\neq s}}^{M}\left\|D_s^{i\mathrm{T}}D_t\right\|_F^2$，公式(4-34)可转化为

$$\min_{D_s^i,E_{ss}^{ii},A_{ss}^{ii}}\left\|A_{ss}^{ii}\right\|_1+\alpha\left\|D_s^i\right\|_*+\eta_1\left\|E_{ss}^{ii}\right\|_{2,1}+\mu_1q\left(D_s^i\right)$$
$$\text{s.t.}\quad X_s^i-D_0^iA_{s0}^{ii}=D_s^iA_{ss}^{ii}+E_{ss}^{ii} \tag{4-35}$$

其中，E_{ss}^{ii}是用字典D_0^i和D_s^i表示X_s^i的误差矩阵，η_1和μ_1是可调参数，$\|\cdot\|_{2,1}$是$l_{2,1}$范数。

公式(4-35)可通过求解如下问题来解决。

$$\begin{aligned}&\min_{D_s^i,E_{ss}^{ii},A_{ss}^{ii}}\left\|Z_1\right\|_1+\alpha\left\|G_1\right\|_*+\eta_1\left\|E_{ss}^{ii}\right\|_{2,1}+\mu_1 q\left(D_s^i\right)\\&\text{s.t.}\quad X_s^i-D_0^iA_{s0}^{ii}=D_s^iA_{ss}^{ii}+E_{ss}^{ii},D_S^i=G_1,A_{ss}^{ii}=Z_1\end{aligned}\tag{4-36}$$

其中，Z_1 和 G_1 是两个松弛变量。本质上，公式(4-35)和公式(4-36)等价。公式(4-36)也可使用不精确增广拉格朗日算法来解决。

3. 更新视图共享字典 D_0

更新所有视图特定变量后，逐类更新 $D_0^i\left(i=1,2,\cdots,c\right)$。更新 D_0^i 时，所有 $D_0^j\left(j\neq i\right)$ 固定，同时更新 $\left[X_1^i,X_2^i,\cdots,X_M^i\right]$ 在 D_0^i 上的编码系数矩阵，即 $A_{S0}^{ii}=\left[A_{10}^{ii},A_{20}^{ii},\cdots,A_{M0}^{ii}\right]$。目标函数(4-32)可简化为

$$\begin{aligned}&\min_{D_0^i}\sum_{s=1}^{M}\left\|\left(X_s-D_sA_{ss}-\sum_{p=1}^{c}\sum_{\substack{q=1\\q\neq i}}^{c}D_0^qA_{s0}^{pq}\right)-\sum_{p=1}^{c}D_0^iA_{s0}^{pi}\right\|_F^2+\sum_{s=1}^{M}\left\|\left(X_s^i-D_s^iA_{ss}^{ii}\right)-D_0^iA_{s0}^{ii}\right\|_F^2\\&\quad+\alpha\left\|D_0^i\right\|_*+\beta\sum_{t=1}^{M}\left\|D_0^{i\mathrm{T}}D_t\right\|_F^2\end{aligned}\tag{4-37}$$

设 $q\left(D_0^i\right)=\sum_{s=1}^{M}\left\|\left(X_s-D_sA_{ss}-\sum_{p=1}^{c}\sum_{\substack{q=1\\q\neq i}}^{c}D_0^qA_{s0}^{pq}\right)-\sum_{p=1}^{c}D_0^iA_{s0}^{pi}\right\|_F^2+\beta\sum_{t=1}^{M}\left\|D_0^{i\mathrm{T}}D_t\right\|_F^2$，公式(4-37)可转化为

$$\begin{aligned}&\min_{D_0^i,E_{S0}^{ii},A_{S0}^{ii}}\left\|A_{S0}^{ii}\right\|_1+\alpha\left\|D_0^i\right\|_*+\eta_2\left\|E_{S0}^{ii}\right\|_{2,1}+\mu_2 q\left(D_0^i\right)\\&\text{s.t.}\quad\left[\left(X_1^i-D_1^iA_{11}^{ii}\right),\left(X_2^i-D_2^iA_{22}^{ii}\right),\cdots,\left(X_M^i-D_M^iA_{MM}^{ii}\right)\right]=D_0^iA_{S0}^{ii}+E_{S0}^{ii}\end{aligned}\tag{4-38}$$

其中，E_{s0}^{ii} 是用字典 D_0^i 和 D_s^i 表示 X_s^i 的误差矩阵，$s=1,2,\cdots,M$，η_2 和 μ_2 是可调参数。目标函数(4-38)可通过求解如下等价问题解决。

$$\begin{aligned}&\min_{D_0^i,E_{s0}^{ii},A_{s0}^{ii}}\left\|Z_2\right\|_1+\alpha\left\|G_2\right\|_*+\eta_2\left\|E_{s0}^{ii}\right\|_{2,1}+\mu_2 q\left(D_0^i\right)\\&\text{s.t.}\quad\left[\left(X_1^i-D_1^iA_{11}^{ii}\right),\left(X_2^i-D_2^iA_{22}^{ii}\right),\cdots,\left(X_M^i-D_M^iA_{MM}^{ii}\right)\right]=D_0^iA_{S0}^{ii}+E_{S0}^{ii},D_0^i=G_2,A_{S0}^{ii}=Z_2\end{aligned}\tag{4-39}$$

其中，Z_2 和 G_2 是两个松弛变量。公式(4-39)可使用不精确增广拉格朗日算法来解决。

MLS²DL 的具体算法优化过程如下。

步骤 1：初始化字典 $D=\left[D_0,D_1,D_2,\cdots,D_M\right]$。将每个字典 $D_k\,(k=0,1,2,\cdots,M)$ 中的原子初始化为 2 范数归一化的随机向量。

步骤 2：从 $s=1\sim M$，执行循环。

步骤 2.1：更新稀疏编码系数 A_s。固定字典 D_s，根据公式(4-33)，使用 IPM 算法逐类求解 A_s^i。

步骤 2.2：更新视图特定字典 D_s。固定系数矩阵 A_s，根据公式(4-36)，使用增广拉格朗日算法逐类求解 D_s^i。

结束循环。

步骤 3：更新视图共享字典 D_0。固定其他变量，根据公式(4-39)，使用增广拉格朗日算法逐类求解 D_0^i。

步骤 4：迭代学习。重复步骤 2 和步骤 3 直至相邻两次迭代的目标函数值较小或者达到迭代的最大次数。

步骤 5：输出 D 和 A。

4.4.3　MLS²DL 的分类机制

和 4.3 节提出的 MLDL 方法类似，本节为 MLS²DL 设计一个低秩结构化联合表示分类机制。对于给定的测试样本 $y=\{y_1,y_2,\cdots,y_M\}$，以及学到的字典 $D_0,D_1,D_2,\cdots,D_M$，可用 $\left[D_0,D_1\right]$ 来表示 y_s，$s=1,2,\cdots,M$。表示系数可以通过下式获得。

$$\min_{\rho_1,\cdots,\rho_M}\sum_{s=1}^{M}\left(\left\|y_s-\left[D_0,D_s\right]\rho_s\right\|_2^2+\gamma\left\|\rho_s\right\|_2^2\right) \tag{4-40}$$

其中，$\rho_s\left(s=1,2,\cdots,M\right)$ 是 y_s 在 $\left[D_0,D_s\right]$ 上的编码系数，γ 是一个正的常数。公式(4-40)中变量可通过交替优化的策略来更新，即当更新第 s 个视图的变量时，固定其他视图的编码系数。

更新 ρ_s 时，公式(4-40)可简化为

$$\min_{\rho_s}\left\|y_s-\left[D_0,D_s\right]\rho_s\right\|_2^2+\gamma\left\|\rho_s\right\|_2^2 \tag{4-41}$$

公式(4-41)中的变量可以得到如下解析解。

$$\widehat{\rho_{\mathrm{s}}}=\left(\left[\left(D_0\right)^{\mathrm{T}},\left(D_s\right)^{\mathrm{T}}\right]^{\mathrm{T}}\left[D_0,D_s\right]+\gamma\cdot I\right)^{-1}\left[\left(D_0\right)^{\mathrm{T}},\left(D_s\right)^{\mathrm{T}}\right]^{\mathrm{T}}y_s \tag{4-42}$$

一旦获得编码系数 $\hat{\rho}=\left[\widehat{\rho_1},\dots,\widehat{\rho_M}\right]$，可通过如下策略实现分类。对于给定的测试样本 y，第 i 类字典对其编码误差为

$$e_i = \sum_{s=1}^{M} \frac{\left\| y_s - \left[D_0^i, D_s^i \right] \hat{\rho}_s^i \right\|_2}{\left\| \hat{\rho}_s^i \right\|_2} \tag{4-43}$$

其中，$\hat{\rho}_s^i$ 是 y_s 在 $\left[D_0^i, D_s^i \right]$ 上的编码系数向量。

可通过如下过程给测试样本打上类别标记。

$$\text{identity}(y) = \arg\min_i \{e_i\} \tag{4-44}$$

MLS²DL 的具体算法实现步骤如下。

步骤 1： 基于给定的 M 个视图的训练数据 $X_s (s = 1,\cdots,M)$，根据 4.4.2 节的训练过程学习 M 个视图特定的字典 $\{D_1, D_2, \cdots, D_M\}$ 和一个视图共享字典 D_0。

步骤 2： 基于获得的多视图字典 $\{D_0, D_1, D_2, \cdots, D_M\}$，根据公式(4-42)求解字典对测试样本 $y = \{y_1, y_2, \cdots, y_M\}$ 的联合表示系数 $\hat{\rho} = [\hat{\rho}_1, \cdots, \hat{\rho}_M]$。

步骤 3： 根据公式(4-43)，计算每类字典原子对测试样本的表示误差。

步骤 4： 根据公式(4-44)，将最小表示误差对应的类别赋给测试样本。

4.5　实验验证与有效性评估

在 Multi-PIE、AR、COIL-20 和 MNIST 四个多模态数据集上构建实验评估体系，从分类效果评估、方法关键组成部分有效性验证、运行时间对比，以及参数敏感性分析四个维度，对提出的多视图字典学习方法(UMD²L、MLDL 和 MLS²DL)进行跨场景适用性评估。实验设计重点考察多视图低秩约束对噪声抑制的效能、结构化不相关字典在特征解耦中的作用机制，以及联合表示学习框架在跨视图特征融合中的计算优势。通过对比基准方法与消融实验，验证所提方法在保持视图特异性的同时，增强共享语义表达的创新能力，为多视图字典学习的理论完备性和工程实用性提供量化支撑。

4.5.1　数据集介绍

采用第 3 章介绍的四个数据集，即 Multi-PIE 人脸数据集、AR 人脸数据集、COIL-20 物体数据集和 MNIST 手写体数字数据集，以评估提出的多视图字典学习方法 UMD²L 的性能。因为提出的 MLDL 和 MLS²DL 方法主要关注存在噪声的多视图学习问题，为了评估其性能，在这四个数据集的图像中加入不同比例的噪声。

对于 Multi-PIE 数据集，在分辨率 64×64 像素的图像中随机选择一定比例的像素，将像素值替换为 255。接着使用 PCA 变换将样本维数降至 100。训练样本和测试样本的选择和第 3 章完全相同，即每类选择 8 个样本(每个样本含 5 种姿态)用于构建训练集，剩余样本用于构建测试集，进行 20 次随机实验并计算平均结果。图 4.3 展示了 10%像素为噪声点的示例图像。

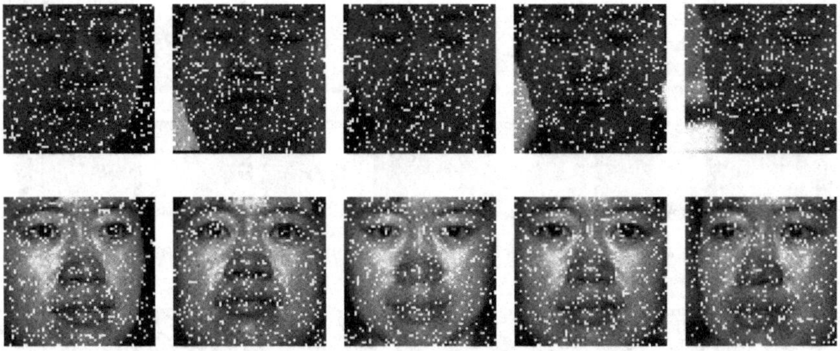

图 4.3　Multi-PIE 数据集上 10%像素为噪声点的示例图像

对于 AR 人脸数据集，在分辨率 60×60 像素人脸图像的任意位置放置不相关的块图像。接着提取 Gabor 变换特征、KL 变换特征以及 LBP 变换特征，构建多特征集。和 Multi-PIE 数据集一样，也使用 PCA 变换将样本维数降至 100 维。此外，每类随机选择 8 张图像用于构建训练集，剩余图像用于构建测试集，进行 20 次随机运行实验并计算平均结果。图 4.4 展示了 20%像素为块噪声的示例图像。

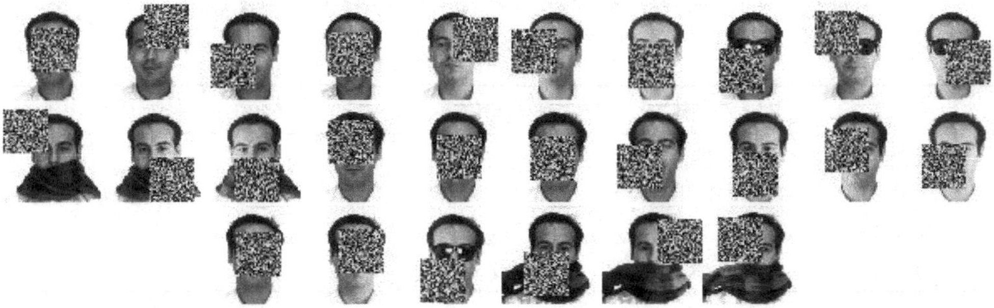

图 4.4　AR 数据集上 20%像素为块噪声的示例图像

对于 COIL-20 物体数据集和 MNIST 数据集，分别在分辨率 64×64 像素图像以及分辨率 28×28 像素图像中随机选择一定比例的像素，将像素值替换为 255。再提取 Gabor 变换特征、KL 变换特征以及 LBP 变换特征，构建多特征集，并使用 PCA 变换将样本维数降至 100 维。对于 COIL-20 数据集，每类随机选择 36 张图像用于构建训练集，剩余图像用于构建测试集；对于 MNIST 数据集，每类随机选择 40 张图像用于构建训练集，剩余图像用于构建测试集。在这两个数据集上，都进行 20 次随机实验并计算平均结果。图 4.5 和图 4.6 分别展示了 COIL-20 数据集上 30%像素为噪声点的示例图像，以及 MNIST 数据集上 40%像素为噪声点的示例图像。所采用四个数据集的具体信息见表 4.1。

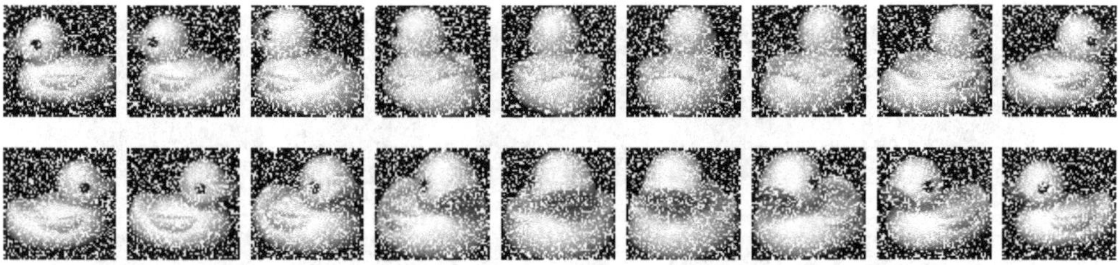

图 4.5　COIL-20 数据集上 30%像素为噪声点的示例图像

图 4.6　MNIST 数据集上 40%像素为噪声点的示例图像

表 4.1　四个数据集的具体信息

数据集	类别数	每类训练样本数	每类测试样本数	视图数
Multi-PIE	68	8	16	5
AR	119	8	18	3
COIL-20	20	36	36	3
MNIST	10	40	60	3

4.5.2　对比方法及实验设置

为了验证所提出的多视图字典学习方法 UMD^{2}L、MLDL 和 MLS^{2}DL 的有效性，选择两类方法进行对比。

(1) 多视图子空间学习方法，包括 MCCA 和 MvDA，以及第 3 章提出的 GRDSL 和 ULSMDA。

(2) 多视图字典学习方法，包括 SMBR[15]，MSRC[16]和 MSDL[17]。

实验中，UMD^{2}L 的可调参数(字典学习阶段 λ 和分类阶段 γ)通过在训练数据集上使用五重交叉验证技术得到。具体地，这两个参数在四个数据集上分别设置为 $\lambda = 0.005$ 和 $\gamma = 0.001$。在 UMD^{2}L 中，每个视图的字典原子个数设置为训练样本的个数。对于 MLDL，其参数(字典学习阶段中的 λ、α、β、η 和 μ，分类阶段中的γ)也是通过在训练数据集上使用五重交叉验证技术得到。实验中发现，在四个数据集上调节参数α和μ对结果影响不大，因此，将这两个参数设置为$\alpha=1$和$\mu=1$。其他参数在四个数据集上分别设置为$\lambda=0.005$，$\beta=0.05$，$\eta=0.01$和$\gamma=0.005$。在 MLDL 中，每个视图的字典原子数量也设置为训练样本个数。对于 MLS^2DL，其参数(字典学习阶段中的λ、α、β、η_1、η_2、μ_1和μ_2，分类阶段中的γ)也是通过在训练数据集上使用五重交叉验证技术得到。实验中发现，在四个数据集上调节参数α、μ_1和μ_2对结果影响不大，因此，将这三个参数设置为$\alpha=1$，$\mu_1=1$和$\mu_2=1$。其他参数在四个数据集上分别设置为$\lambda=0.01$，$\beta=0.05$，$\eta_1=0.01$，$\eta_2=0.015$和$\gamma=0.005$。在 MLS^2DL 中，视图特定字典以及视图共享字典中的原子个数均设置为训练样本的个数。

4.5.3　分类效果评估

表 4.2 给出 UMD^2L 方法与对比方法在四个数据集的平均分类准确率，其中，加粗的数字表示最好的结果。可以看出，在四个数据集上，UMD^2L 可以获得比多视图子空间学习方法 MCCA 和 MvDA，以及已有多视图字典学习方法 SMBR、MSRC 和 MSDL 更好的分类准确率。除了 GRDSL 和 ULSMDA 方法，在分类准确率方面，UMD^2L 在 Multi-PIE 数据集上至少提升了 1.57%(=95.85%–94.28%)；在 AR 数据集上至少提升了 1.73%(=96.37%–94.64%)；在 COIL-20 数据集上至少提升了 11.18% (=97.74%–96.56%)；在 MNIST 数据集上至少提升了 0.92%(=90.44%–89.52%)。相较于多视图字典学习方法 SMBR、MSRC 和 MSDL，UMD^2L 性能提升主要的原因在于，UMD^2L 从多个视图数据中联合学习多个结构化的字典，字典原子与类别标记相对应，使得字典具有较强的鉴别能力；UMD^2L 明确设计了多视图字典不相关约束，有效减少了字典间的冗余信息，增强了多视图互补信息的利用。相较于本书提出的多视图子空间学习方法 GRDSL 和 ULSMDA，UMD^2L 也表现出更佳的分类效果，体现了使用字典学习技术的优越性。

表 4.2　UMD^2L 与对比方法在四个数据集上的平均分类准确率(均值±标准差，%)

方法	Multi-PIE	AR	COL-20	MNIST
MCCA	94.06±1.09	93.61±1.23	95.64±0.62	86.76±1.58
MvDA	94.28±0.92	94.19±1.31	95.33±0.64	87.42±1.02
GRDSL	94.64±0.83	94.41±1.04	96.21±0.38	88.34±0.97
ULSMDA	95.51±0.83	95.75±1.24	96.97±0.66	90.02±1.20
SMBR	91.57±1.22	91.83±1.24	92.85±1.66	82.30±1.29
MSRC	93.02±1.31	94.64±1.83	96.56±1.21	89.52±1.16
MSDL	92.85±0.84	93.29±1.51	96.33±0.71	88.24±0.96
UMD^2L	**95.85±1.02**	**96.37±1.36**	**97.74±0.83**	**90.44±0.84**

表 4.3～表 4.6 分别给出了 MLDL 和 MLS²DL 方法与对比方法(包含提出的 UMD²L 方法)在 Multi-PIE、AR、COIL-20 和 MNIST 四个数据集上不同噪声比例情况下的平均分类准确率，其中，加粗的数字表示相对于对比方法更好的结果。由表 4.3 可知，在 Multi-PIE 数据集上，在不同噪声比例情况下，MLDL 始终可以获得比对比方法更好的分类效果，且 MLS²DL 总能取得比 MLDL 更好的结果。当图像中无噪声时(噪声比例 0%)，MLDL 至少提升分类准确率 0.06%(=95.91% –95.85%)。性能提升的原因在于，MLDL 在每个子字典(与某个类别对应的类特定子字典)上加入了低秩正则项，考虑了样本的类内相关性，得到了更加紧凑的字典，而这对于鉴别字典的学习是有利的。当图像中噪声比率较高时，如当样本中存在 40%噪声时，对比方法的分类准确率均有较大幅度的下降，此时 MLDL 至少提升分类准确率 20.47%(=68.19%–47.72%)。MLDL 能够获得大幅度性能提升的主要原因是其设计了多视图字典低秩正则项，要求子字典 D_k^i 是纯粹的，从而可以有效分离训练样本 X_k^i 中的噪声 E_k^i。当图像中无噪声时(噪声比例 0%)，MLS²DL 相对 MLDL 有 0.35%(=96.26%–95.91%)的性能提升；当样本中存在 40%噪声时，MLS²DL 相对 MLDL 有 2.02%(=70.21%–68.19%)的性能提升，视图间共享信息的有效挖掘和使用是 MLS²DL 取得比 MLDL 更优性能的原因。

表 4.3　比较方法在 Multi-PIE 数据集上不同噪声比例情况下的平均分类准确率(均值±标准差，%)

噪声比例	MCCA	MvDA	GRDSL	ULSMDA	SMBR	MSRC	MSDL	UMD²L	MLDL	MLS²DL
0%	94.06 ±1.09	94.28 ±0.92	94.64 ±0.83	95.51 ±0.83	91.57 ±1.22	93.02 ±1.31	92.85 ±0.84	95.85 ±1.02	**95.91 ±1.05**	**96.26 ±0.97**
10%	87.86 ±1.63	91.12 ±1.85	89.34 ±1.22	88.46 ±1.18	86.81 ±1.75	77.25 ±2.02	88.21 ±1.78	91.17 ±1.93	**94.53 ±1.60**	**94.77 ±1.45**
20%	76.34 ±2.41	79.77 ±2.06	79.32 ±1.67	78.27 ±1.48	81.38 ±2.84	47.20 ±3.41	82.93 ±2.05	85.53 ±2.31	**91.17 ±1.84**	**91.43 ±1.62**
30%	62.76 ±2.63	60.20 ±2.18	65.07 ±1.98	64.79 ±1.73	65.89 ±2.72	35.59 ±2.53	66.07 ±2.69	69.78 ±2.16	**82.69 ±2.10**	**83.56 ±1.80**
40%	45.01 ±2.81	40.22 ±2.30	45.79 ±2.31	45.68 ±2.26	42.69 ±3.67	28.17 ±3.11	45.20 ±2.99	47.72 ±2.81	**68.19 ±2.44**	**70.21 ±2.02**

见表 4.4～表 4.6，在 AR、COIL-20 和 MNIST 数据集上，在不同噪声比例情况下，MLDL 也可以获得相对于对比方法更好的分类效果。具体地，在 AR 数据集上，当图像中无噪声时，MLDL 至少提升分类准确率 0.05%(=96.42%–96.37%)；当噪声比例为 40%时，对比方法的分类准确率均有较大幅度的下降，此时 MLDL 至少提升分类准确率 11.17%(=49.28%–38.11%)。在 COIL-20 数据集上，当图像中

无噪声时，MLDL 至少提升分类准确率 0.22%(=97.96%–97.74%)；当噪声比例为 40%时，MLDL 至少提升分类准确率 6.13%(=85.66%–73.53%)。在 MNIST 数据集上，当图像中无噪声时，MLDL 至少提升分类准确率 1.18%(=91.62%–90.44%)；当噪声比例为 40%时，MLDL 至少提升分类准确率 10.43%(=55.63%–45.20%)。

在这三个数据集上，MLS^2DL 也均可以获得比 MLDL 更好的分类结果。尤其是图像中噪声比例较高时，如噪声比例为 40%，MLS^2DL 可以获得比 MLDL 显著更优的分类准确率。具体地，在 AR 数据集上，MLS^2DL 可以获得 2.91%(=52.19%–49.28%)的分类准确率提升；在 COIL-20 数据集上，MLS^2DL 可以获得 0.82%(=86.48%–85.66%)的分类准确率提升；在 MNIST 数据集上，MLS^2DL 可以获得 1.76% (=57.39%–55.63%)的分类准确率提升。

表 4.4　比较方法在 AR 数据集上不同噪声比例情况下的平均分类准确率(均值±标准差，%)

噪声比例	MCCA	MvDA	GRDSL	ULSMDA	SMBR	MSRC	MSDL	UMD^2L	MLDL	MLS^2DL
0%	93.61 ±1.23	94.19 ±1.31	94.41 ±1.04	95.75 ±1.24	91.83 ±1.24	94.64 ±1.83	93.29 ±1.51	96.37 ±1.36	**96.42 ±1.15**	**96.65 ±1.12**
10%	83.74 ±1.72	84.76 ±1.31	83.94 ±1.35	84.21 ±1.48	82.59 ±1.80	79.12 ±2.47	82.62 ±1.73	81.04 ±1.38	**87.59 ±1.57**	**87.84 ±1.43**
20%	63.26 ±2.64	66.51 ±2.42	66.75 ±2.28	66.91 ±2.33	69.32 ±2.48	47.91 ±3.45	70.05 ±2.37	70.49 ±2.28	**75.65 ±2.19**	**76.31 ±1.86**
30%	51.94 ±3.22	54.25 ±2.46	54.36 ±2.39	53.97 ±2.57	52.61 ±3.18	39.10 ±3.83	53.77 ±2.42	54.62 ±2.40	**63.69 ±2.53**	**65.09 ±2.10**
40%	35.05 ±3.17	36.88 ±2.87	36.61 ±2.83	36.94 ±2.85	36.71 ±3.32	30.62 ±3.70	37.48 ±3.00	38.11 ±3.20	**49.28 ±2.75**	**52.19 ±2.56**

表 4.5　比较方法在 COIL-20 数据集上不同噪声比例情况下的平均分类准确率(均值±标准差，%)

噪声比例	MCCA	MvDA	GRDSL	ULSMDA	SMBR	MSRC	MSDL	UMD^2L	MLDL	MLS^2DL
0%	95.64 ±0.62	95.33 ±0.64	96.21 ±0.38	96.97 ±0.66	92.85 ±1.66	96.56 ±1.21	96.33 ±0.71	97.74 ±0.83	**97.96 ±0.73**	**98.07 ±0.70**
10%	93.72 ±1.19	94.36 ±0.81	94.17 ±0.77	94.50 ±0.82	91.46 ±2.14	89.54 ±1.32	93.66 ±0.95	95.67 ±0.87	**97.04 ±0.80**	**97.32 ±0.74**
20%	89.05 ±1.59	91.02 ±1.47	90.61 ±1.29	90.86 ±1.40	88.15 ±2.42	79.90 ±1.92	90.54 ±1.38	90.70 ±1.22	**95.31 ±0.84**	**95.79 ±0.82**
30%	82.27 ±1.62	84.88 ±1.89	85.14 ±1.59	85.02 ±1.61	84.17 ±2.96	76.59 ±1.88	86.08 ±1.73	86.36 ±1.54	**90.41 ±1.15**	**90.97 ±1.08**
40%	75.44 ±2.03	79.53 ±2.27	78.83 ±1.89	78.86 ±2.02	75.85 ±3.38	64.95 ±2.14	78.20 ±2.42	79.43 ±2.15	**85.66 ±1.60**	**86.48 ±1.36**

表 4.6 比较方法在 MNIST 数据集上不同噪声比例情况下的平均分类准确率(均值±标准差，%)

噪声比例	MCCA	MyDA	GRDSL	ULSMDA	SMBR	MSRC	MSDL	UMD^{2}L	MLDL	MLS^{2}DL
0%	86.76 ±1.58	87.42 ±1.02	88.34 ±0.97	90.02 ±1.20	82.30 ±1.29	89.52 ±1.16	88.24 ±0.96	90.44 ±0.84	**91.62 ±0.67**	**91.89 ±0.63**
10%	70.51 ±1.73	71.15 ±1.28	73.67 ±1.18	73.29 ±1.27	64.26 ±1.45	72.68 ±1.32	71.36 ±1.36	73.43 ±1.15	**80.53 ±0.83**	**80.95 ±0.76**
20%	63.85 ±2.03	65.11 ±1.65	68.33 ±1.49	67.99 ±1.58	55.38 ±1.94	59.84 ±1.82	68.37 ±1.60	70.52 ±1.39	**74.09 ±1.05**	**74.73 ±0.89**
30%	44.17 ±2.21	47.19 ±1.82	56.33 ±1.76	54.85 ±1.81	37.94 ±2.25	42.81 ±2.17	49.64 ±1.77	55.49 ±1.69	**62.14 ±1.43**	**63.81 ±1.05**
40%	26.82 ±2.52	36.67 ±2.06	45.17 ±1.98	44.40 ±2.06	28.51 ±2.51	40.48 ±2.33	45.20 ±2.03	44.46 ±1.90	**55.63 ±1.62**	**57.39 ±1.46**

4.5.4 UMD^{2}L、MLDL、MLS^{2}DL 关键组成部分评估

本节先探讨 UMD^{2}L 设计中不相关性约束的有效性，图 4.7(a)～(d)展示了在四个数据集上，多视图字典学习方法 SMBR、MSRC、MSDL 和 UMD^{2}L 所学得的字典在各视图间相关性系数的平均值。SMBR 采用原始训练样本作为字典，MSRC 从每个视图中挑选具有鉴别力的样本，并鼓励不同视图对应字典的多样性，MSDL 则为每个视图独立学习字典。相比之下，UMD^{2}L 能够有效减少不同视图对应字典的相关性。此外，本节还对比了 UMD^{2}L 和未包含不相关性约束的版本(UMD^2L_{noUC})，以进一步分析该约束的作用，在四个数据集上的平均分类准确率见表 4.7。从表中可以看出，设计的不相关性约束能够提升多视图字典学习的分类准确率。这些结果验证了为多视图字典学习设计的不相关性约束的有效性。

表 4.7 UMD^2L_{noUC} 和 UMD^{2}L 在四个数据集上的平均分类准确率(%)

数据集	UMD^2L_{noUC}	UMD^{2}L
Multi-PIE	94.66	**95.85**
AR	94.82	**96.37**
COIL-20	96.61	**97.74**
MNIST	89.07	**90.44**

多视图字典的低秩正则项和结构化不相关约束是 MLDL 方法的核心要素，本节通过实验验证这两项的有效性。图 4.8 展示了在图像中存在 20%噪声的情况下，子字典的秩随迭代次数增加的变化情况。从图中可以看出，在四个数据集上，随着迭代的进行，子字典的秩均有所下降，在 MNIST 和 COIL-20 数据集上表现得尤为明显。此外，本节还对比了 MLDL 和未使用多视图字典低秩正则项的版本

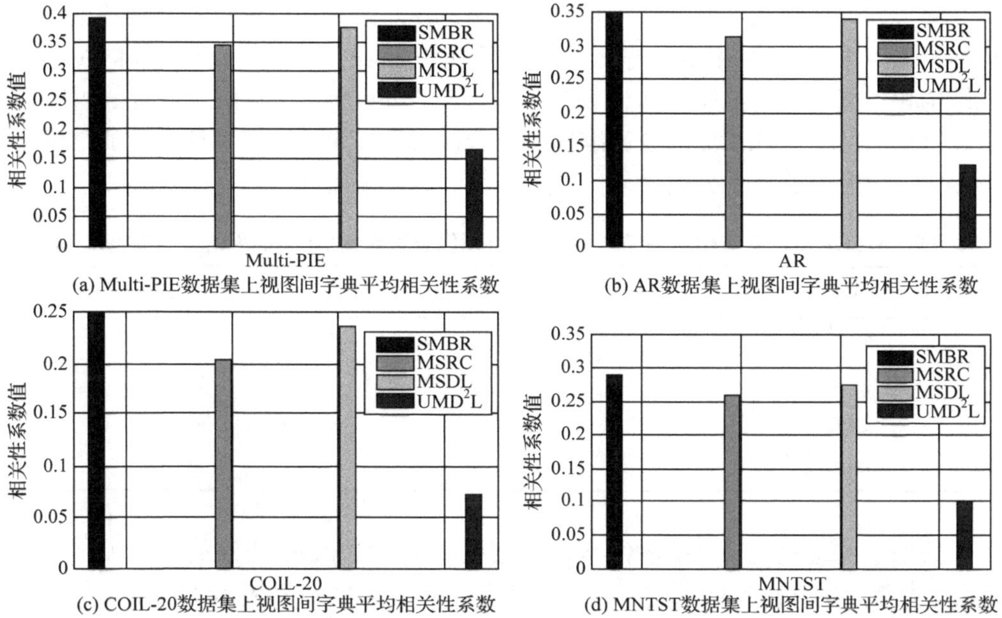

(a) Multi-PIE数据集上视图间字典平均相关性系数　(b) AR数据集上视图间字典平均相关性系数

(c) COIL-20数据集上视图间字典平均相关性系数　(d) MNTST数据集上视图间字典平均相关性系数

图 4.7　在 Multi-PIE、AR、COIL-20 和 MNIST 数据集上四个多视图字典学习方法学得的字典的平均视图间相关性系数

($MLDL_{noLR}$)，以进一步分析低秩正则项的作用。表 4.8 列出了在四个数据集上图像含 20%噪声像素点情况下的分类准确率。分析表中结果，可以发现设计的低秩正则项显著提升了分类准确率，从而验证了多视图字典低秩正则项的有效性。

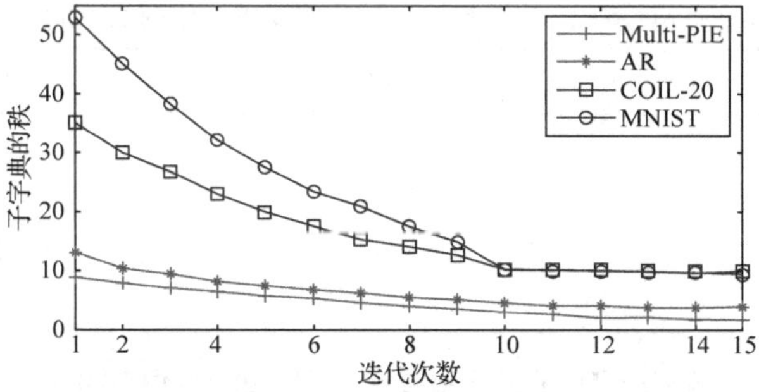

图 4.8　当图像存在 20%噪声像素点时，MLDL 学得的子字典的秩随迭代次数增加的变化情况

表 4.8　$MLDL_{noLR}$ 和 MLDL 在四个数据集上(图像噪声比例 20%)的平均分类准确率(%)

数据集	$MLDL_{noLR}$	MLDL
Multi-PIE	85.56	**91.17**
AR	70.50	**75.65**
COIL-20	90.78	**95.31**
MNIST	70.48	**74.09**

除了评估多视图字典低秩正则项的作用，还对设计的结构化不相关约束进行评估，仍然采用对比 MLDL 有无结构化不相关约束的两个版本的方法(将 MLDL 无结构化不相关约束的版本称为 $\mathrm{MLDL_{noUC}}$)。表 4.9 展示了在图像含有 20%噪声时，$\mathrm{MLDL_{noUC}}$ 和 MLDL 的分类准确率。分析表中结果，可以发现设计的结构化不相关约束也能够提升分类效果。

表 4.9　$\mathrm{MLDL_{noUC}}$ 和 MLDL 在四个数据集上(图像噪声比例 20%)的平均分类准确率(%)

数据集	$\mathrm{MLDL_{noUC}}$	MLDL
Multi-PIE	89.42	**91.17**
AR	73.97	**75.65**
COIL-20	94.79	**95.31**
MNIST	72.86	**74.09**

低秩结构化正则项和低秩结构化不相关项是 $\mathrm{MLS^2DL}$ 方法的两个关键组成部分，本节分别评估这两项的有效性。表 4.10 和表 4.11 分别展示了在四个数据集上，当图像存在 20%噪声时，$\mathrm{MLS^2DL}$ 使用/不使用低秩结构化正则项，以及 $\mathrm{MLS^2DL}$ 使用/不使用低秩结构化不相关项的分类结果(分别称不使用低秩结构化正则项和不使用低秩结构化不相关项的版本为 $\mathrm{MLS^2DL_{noLR}}$ 和 $\mathrm{MLS^2DL_{noUC}}$)。从表中结果可以看出，使用设计的低秩结构化正则项和低秩结构化不相关项后，$\mathrm{MLS^2DL}$ 均能提升分类准确率。

表 4.10　$\mathrm{MLS^2DL_{noLR}}$ 和 $\mathrm{MLS^2DL}$ 在四个数据集上(图像噪声比例 20%)的平均分类准确率(%)

数据集	$\mathrm{MLS^2DL_{noLR}}$	$\mathrm{MLS^2DL}$
Multi-PIE	85.99	**91.43**
AR	71.62	**76.31**
COIL-20	91.37	**95.79**
MNIST	71.30	**74.73**

表 4.11　$\mathrm{MLS^2DL_{noUC}}$ 和 $\mathrm{MLS^2DL}$ 在四个数据集上(图像噪声比例 20%)的平均分类准确率(%)

数据集	$\mathrm{MLS^2DL_{noUC}}$	$\mathrm{MLS^2DL}$
Multi-PIE	89.75	**91.43**
AR	74.69	**76.31**
COIL-20	95.31	**95.79**
MNIST	73.58	**74.73**

4.5.5 运行时间评估

本节评估 UMD^2L、MLDL、MLS^2DL 及对比方法在四个数据集上的运行时间。关于测试时间，需计算完整测试样本集的总执行时间。实验中使用的计算机配置是 Intel Core2 E7500 双核 CPU(2.93GHz)、内存 4GB。UMD^2L 与相关多视图子空间学习方法，以及多视图字典学习方法的运行时间见表 4.12。SMBR 使用原始训练样本集作为字典，可视为一个分类器。从表中可以看出，大多数多视图字典学习方法需要消耗比多视图子空间学习方法更多的运行时间。UMD^2L 基于字典学习技术，采用基于多视图的稀疏表示分类机制，需要更长的训练时间和测试时间。因此，在计算效率方面，UMD^2L 方法还有待提高。

表 4.12　UMD^2L 与对比方法在四个数据集上的运行时间(单位：s)

方法	Multi-PIE		AR		COIL-20		MNIST	
	训练	测试	训练	测试	训练	测试	训练	测试
MCCA	0.57	0.08	0.43	0.21	0.23	0.08	0.18	0.04
MvDA	3.77	0.54	1.09	1.13	1.00	0.50	0.66	0.32
GRDSL	8.43	0.19	5.33	0.32	4.89	0.10	3.62	0.04
ULSMDA	5.73	0.53	3.17	0.73	2.78	0.36	0.99	0.14
SMBR	—	—	648.75	671.18	—	409.31	—	234.38
MSRC	264.06	4.13	190.81	12.23	143.19	0.69	57.77	0.39
MSDL	10.69	6.16	9.79	9.07	3.45	3.17	2.22	1.53
UMD^2L	2006.36	558.79	1472.06	621.20	1187.63	260.88	248.26	208.83

表 4.13 给出了 MLDL、MLS^2DL 和相关多视图子空间学习方法，以及多视图字典学习方法在四个数据集(图像样本含 20%噪声)上的运行时间。MLDL 方法设计了结构化不相关约束，并在字典上引入了低秩正则项，因此，在训练阶段的时间消耗与 UMD^2L 相当。然而，在测试阶段，由于采用基于联合表示分类思想的分类机制，MLDL 在所有四个数据集上显著减少了测试时间。而 MLS^2DL 需要专门学习视图共享字典，其训练时间相比 MLDL 更长。尽管 MLS^2DL 同样使用基于联合表示分类思想的分类机制，但因联合使用视图特定字典和视图共享字典来表示测试样本的特定视图数据，所以测试时间较 UMD^2L 少，但略多于 MLDL。

表 4.13　比较方法在四个数据集(图像噪声比例 20%)上的运行时间(单位：s)

方法	Multi-PIE		AR		COIL-20		MNIST	
	训练	测试	训练	测试	训练	测试	训练	测试
MCCA	0.56	0.08	0.44	0.20	0.24	0.08	0.20	0.04
MvDA	3.79	0.52	1.08	1.15	1.01	0.52	1.15	0.68

续表

方法	Multi-PIE		AR		COIL-20		MNIST	
	训练	测试	训练	测试	训练	测试	训练	测试
GRDSL	8.46	0.18	5.32	0.32	4.87	0.18	3.61	0.75
ULSMDA	5.74	0.53	3.19	0.75	2.81	0.75	3.19	0.75
SMBR	—	—	643.35	682.32	—	682.32	—	682.32
MSRC	267.54	4.15	185.99	12.18	151.26	12.18	56.35	12.18
MSDL	10.65	6.19	9.81	9.06	3.44	3.19	2.25	1.53
UMD^{2}L	1972.95	550.77	1485.28	629.33	1163.50	254.37	235.91	213.02
MLDL	1563.74	132.53	804.39	161.32	804.39	68.33	207.25	44.62
MLS^{2}DL	1694.35	185.41	1031.52	248.76	680.33	82.61	226.82	59.36

4.5.6 参数敏感性评估

本节研究 UMD^{2}L 方法中的参数(鉴别保真项与系数稀疏项之间的平衡因子,即公式(4-4)中的λ和分类阶段公式(4-11)中的γ)，MLDL 方法中的参数(公式(4-17)中的λ、公式(4-20)中的β、公式(4-21)中的η和分类阶段公式(4-24)中的γ)，以及 MLS^{2}DL 方法中的参数(公式(4-33)中的λ、公式(4-34)中的β、公式(4-36)中的η_1、公式(4-39)中的η_2和分类阶段公式(4-40)中的γ)对分类性能的影响。以 Multi-PIE 数据集为例，UMD^{2}L 方法中参数λ和γ变化对分类准确率的影响趋势如图 4.9 所示。在分析λ对分类准确率的影响时，以步长 0.001 在区间[0.001,0.01]内进行考察；对于γ，则考察其取值为 0.0001，以及在区间[0.001,0.01]内(步长为 0.001)的影响。在考察 UMD^{2}L 方法中这些参数的影响时，λ变化，γ固定为 0.001；γ变化，λ固定为 0.005。

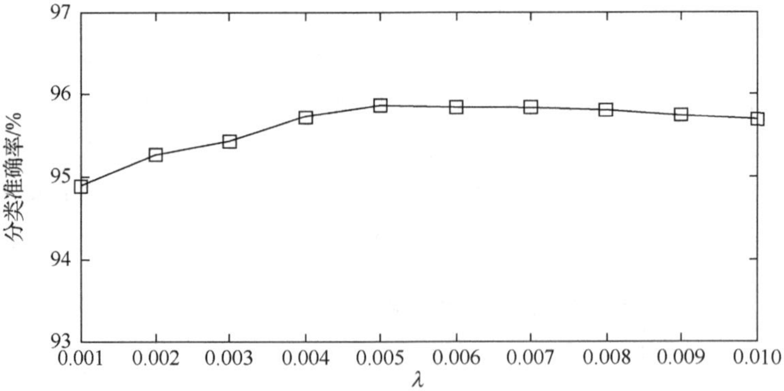

(a)

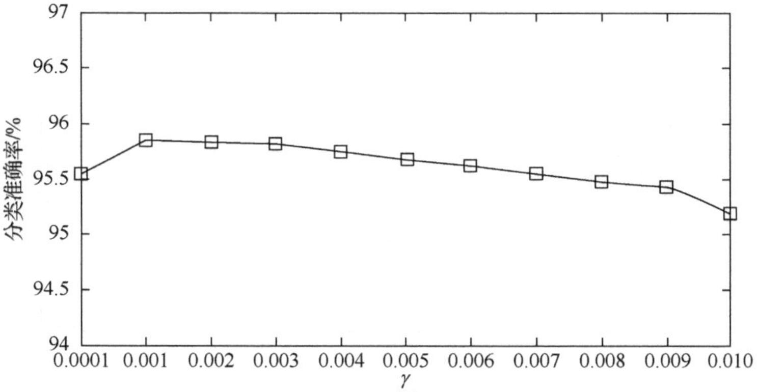

(b)

图 4.9　在 Multi-PIE 数据集上，随着参数 λ 或 γ 变化 UMD²L 分类准确率的变化情况

由图 4.9 可知，当 λ 在区间[0.005，0.008]，γ 在区间[0.001，0.004]时，UMD²L 的分类准确率表现较为稳定。为了简化参数选择，在 Multi-PIE 数据集上，将 UMD²L 的这两个参数固定为 $\lambda = 0.005$ 和 $\gamma = 0.001$。在其他三个数据集上也观察到了类似的现象。

同样以 Multi-PIE 数据集为例，MLDL 方法随着参数 λ、β、η 或 γ 变化的分类准确率变化情况(图像中噪声比例为 20%)如图 4.10 所示。对于 λ，步长为 0.001，在区间[0.001，0.01]内考察；对于 β，步长为 0.01，在区间[0.01，0.1]内考察；对于 η，步长为 0.001，在区间[0.001，0.015]内考察；对于 γ，步长为 0.001，在区间[0.001，0.01]内考察。在考察 MLDL 方法中这些参数的影响时，λ 变化，β、η 和 γ 固定为 $\beta = 0.05$、$\eta = 0.01$、$\gamma = 0.005$；β 变化，λ、η 和 γ 固定为 $\lambda = 0.005$、$\eta = 0.01$、$\gamma = 0.005$；η 变化，λ、β 和 γ 固定为 $\lambda = 0.005$、$\beta = 0.05$、$\gamma = 0.005$；γ 变化，λ、β 和 η 固定为 $\lambda = 0.005$、$\beta = 0.05$、$\eta = 0.01$。

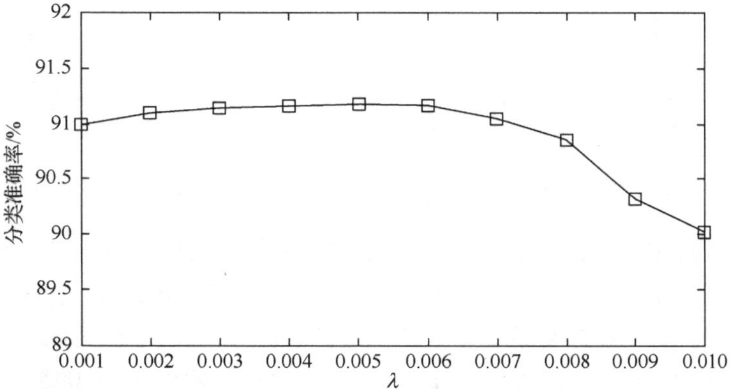

(a)

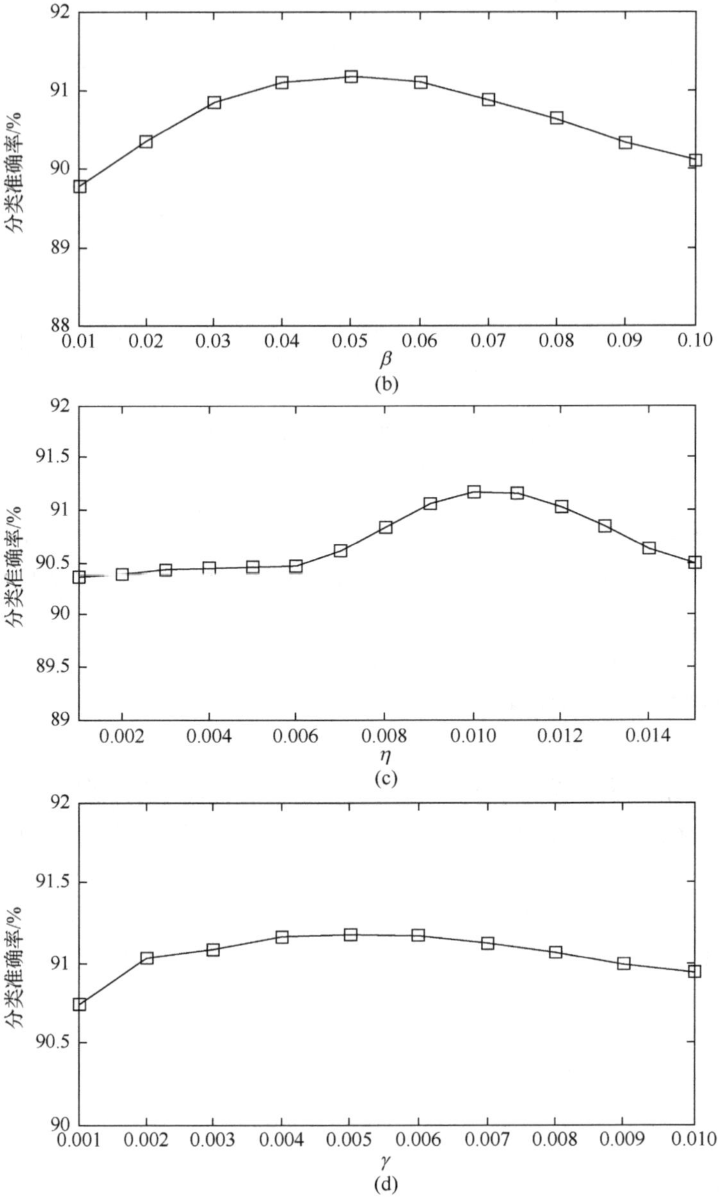

图 4.10　在 Multi-PIE 数据集上，随着参数 λ、β、η 或 γ 变化 MLDL 分类准确率的变化情况

图 4.10(a)、(b)、(c)和(d)显示了 MLDL 在参数调整时的表现，当 λ 在区间[0.005，0.007]，β 在区间[0.04，0.06]，η 在区间[0.01，0.011]，γ 在区间[0.004，0.006]时，MLDL 的分类准确率能保持稳定状态(分类准确率保持相对恒定水平)。在 Multi-PIE 数据集上，将 MLDL 的四个参数分别设置为 $\lambda = 0.005$ 、$\beta = 0.05$ 、

$\eta = 0.01$ 和 $\gamma = 0.005$ 后，分类准确率达到稳定状态。在其他三个数据集上也观察到了类似的现象，因此，采用相同的参数设置策略使其达到稳定状态。

图 4.11(a)、(b)、(c)、(d)、(e)分别展示了 ML S^2 DL 随着参数 λ、β、η_1、η_2 或 γ 变化的分类准确率变化情况(图像中噪声比例为 20%)。关于参数 λ，主要以步长 0.001 考察其在区间[0.001, 0.015]对分类准确率的影响；关于参数 β，主要以步长 0.01 考察其在区间[0.01, 0.1]对分类准确率的影响；关于参数 η_1，主要以步长 0.001 考察其在区间[0.001, 0.015]对分类准确率的影响；关于参数 η_2，主要以步长 0.001 考察其在区间[0.001, 0.02]对分类准确率的影响；关于参数 γ，主要以步长 0.001 考察其在区间[0.001, 0.01]对分类准确率的影响。在考察 ML S^2 DL 中变量的影响时，λ 变化，β、η_1、η_2 和 γ 分别固定在 $\beta = 0.05$、$\eta_1 = 0.01$、$\eta_2 = 0.015$ 和 $\gamma = 0.005$；β 变化，λ、η_1、η_2 和 γ 分别固定在 $\lambda = 0.01$、$\eta_1 = 0.01$、$\eta_2 = 0.015$ 和 $\gamma = 0.005$；η_1 变化，λ、β、η_2 和 γ 分别固定在 $\lambda = 0.01$、$\beta = 0.05$、$\eta_2 = 0.015$ 和 $\gamma = 0.005$；η_2 变化，λ、β、η_1 和 γ 分别固定在 $\lambda = 0.01$、$\beta = 0.05$、$\eta_1 = 0.01$

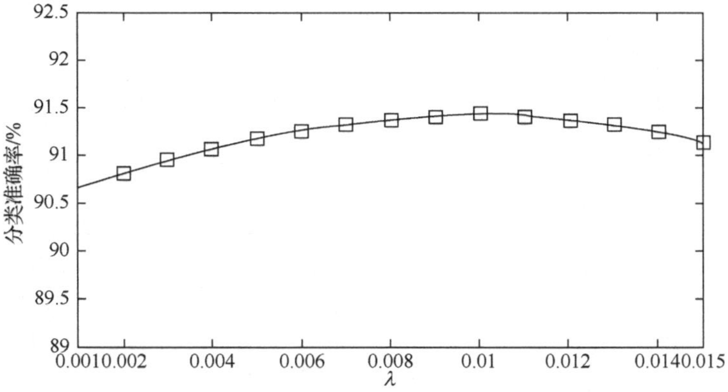

(a)

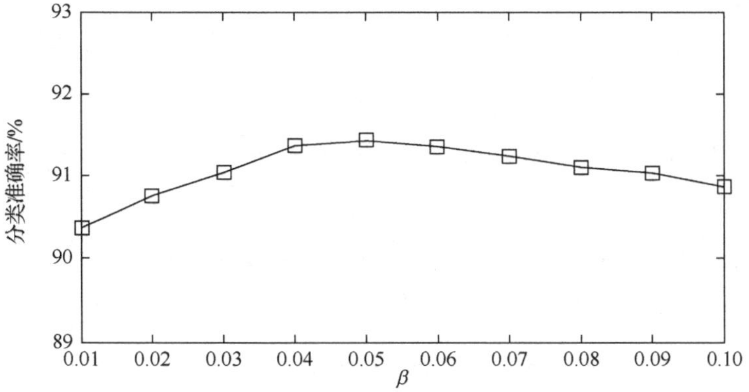

(b)

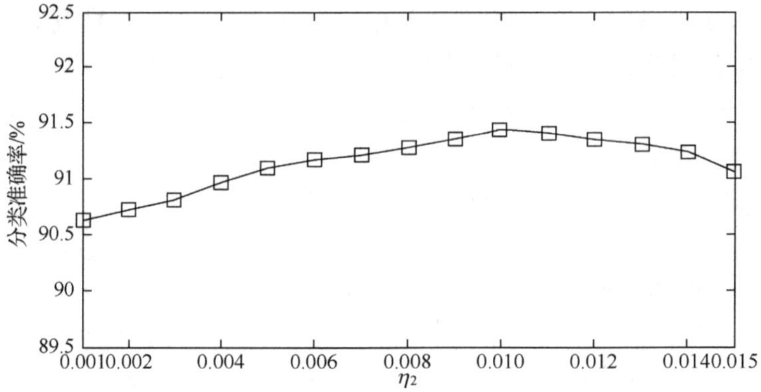

(c)

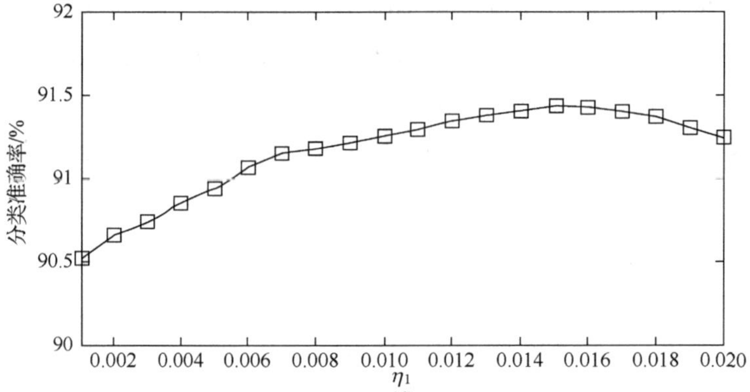

(d)

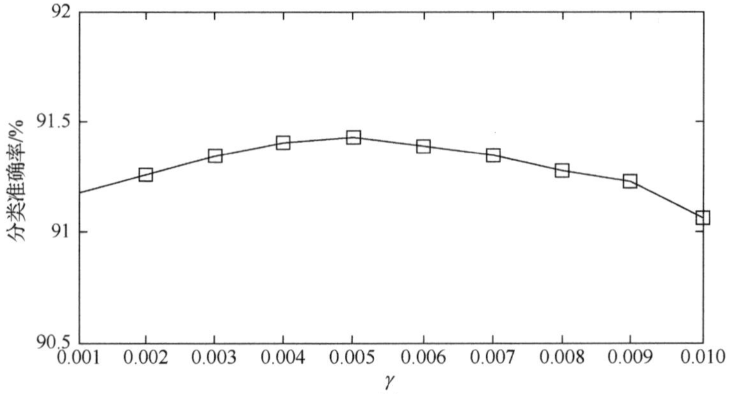

(e)

图 4.11　在 Multi-PIE 数据集上，随着参数 λ、β、η_1、η_2 或 γ 变化 MLS^{2}DL 分类准确率的变化情况

和 $\gamma = 0.005$；γ 变化，λ、β、η_1 和 η_2 分别固定在 $\lambda = 0.01$、$\beta = 0.05$、$\eta_1 = 0.01$ 和 $\eta_2 = 0.015$。

由图 4.11(a)、(b)、(c)、(d)和(e)可知，当 λ 在区间[0.008，0.012]，β 在区间

[0.04, 0.06]，η_1 在区间[0.01, 0.011]，η_2 在区间[0.015, 0.016]，以及 γ 在区间[0.004, 0.006]时，MLS^2DL 方法的表现也能达到稳定状态。因此，在 Multi-PIE 数据集上，将 MLS^2DL 的 5 个参数分别设置为 $\lambda = 0.01$、$\beta = 0.05$、$\eta_1 = 0.01$、$\eta_2 = 0.015$ 和 $\gamma = 0.005$。在其他三个数据集上，同样采用这一参数设置策略。

4.6 本章小结

字典学习技术因其在分类识别中的优异表现，已成为当前机器学习领域的重要研究方向之一。在多视图环境下，如何增强字典的总体鉴别能力，减少字典间的冗余，有效地从噪声污染的多视图数据中进行字典的学习，有效地挖掘和使用视图间共享信息，成为学者们关注的关键问题。为了解决这些挑战，本章提出三种创新的多视图字典学习方法，分别是不相关多视图鉴别字典学习(UMD^2L)、多视图低秩字典学习(MLDL)，以及多视图低秩共享结构化字典学习(MLS^2DL)。

UMD^2L 方法通过设计不相关约束，力求减少不同视图间字典的冗余信息，使得字典原子能够与类别标记更加紧密地对应。此方法在多个视图间进行联合学习，从而提取出具备强辨识能力的字典，能够有效应对噪声干扰。通过引入低秩正则项，MLDL 方法进一步解决了字典学习中常见的噪声问题。MLDL 还设计了结构化的不相关约束，用于减少不同视图字典间的冗余。为了有效挖掘多视图的共享信息，MLS^2DL 在 MLDL 的基础上引入对视图共享字典的学习，并要求视图特定字典以及视图共享字典均是低秩的，且多个视图特定字典间以及视图特定字典与视图共享字典间是不相关的。MLS^2DL 通过低秩正则项和结构化不相关约束的结合，不仅能够处理多视图数据中噪声影响的问题，还能充分挖掘和使用多视图鉴别信息。

本章在四个数据集上对提出的三个方法的有效性进行了验证。实验表明，UMD^2L 能够获得优于现有多视图字典学习方法的分类性能，特别是在无噪声数据集上表现尤为突出。相较之下，MLDL 在包含噪声污染的数据集上表现尤其优异。而 MLS^2DL 则能够取得比 MLDL 相对更优的分类结果，展现出更强的分类能力。此外，实验结果还表明 UMD^2L 方法中的不相关约束设计，以及 MLDL 方法中的低秩正则项和结构化不相关约束均对分类效果产生了积极影响。尤其是 MLS^2DL 方法，其对低秩正则项和低秩结构化不相关约束的改进，使得分类效果得到进一步提升，在计算时间上也具备优势。整体上，MLDL 和 MLS^2DL 均在分类准确率和计算效率方面取得了良好的平衡。

参 考 文 献

[1] Xin Z, Shouzhi L, Bo L, et al. Subgraph feature extraction based on multi-view dictionary learning

for graph classification[J]. Knowledge-Based Systems, 2021, 214: 106716.
[2] 李宏博. 基于深度卷积字典学习的图像去噪方法研究[D]. 南京: 南京邮电大学, 2022. DOI: 10. 27251/d. cnki. gnjdc. 2022. 000918.
[3] Kong S, Wang D. A dictionary learning approach for classification: Separating the particularity and the commonality[C]//Proceedings of the 12th European Conference on Computer Vision, Florence. Springer , 2012: 186-199.
[4] Gao S, Tsang I W H, Ma Y. Learning category-specific dictionary and shared dictionary for fine-grained image categorization[J]. IEEE Transactions on Image Processing, 2013, 23(2): 623-634.
[5] 田泽. 面向图像识别的鉴别性字典学习算法研究[D]. 南京: 南京师范大学, 2019. DOI: 10. 27245/d. cnki. gnjsu. 2019. 000436.
[6] Rosasco L, Verri A, Santoro M, et al. Iterative projection methods for structured sparsity regularization[R]. MIT-CSAIL-TR-2009-050, CBCL-282,Cambridge: Massachusetts Institute of Technology, 2009.
[7] Yang M, Zhang L, Yang J, Zhang D. Metaface learning for sparse representation based face recognition[C]//Proceedings of the 2010 IEEE International Conference on Image Processing. 2010: 1601-1604.
[8] 李红阳. 视频行为识别关键技术研究[D]. 武汉: 武汉大学, 2019.
[9] Wright J, Yang A Y, Ganesh A, et al. Robust face recognition via sparse representation[J]. IEEE Transactions on Pattern Analysis and Machine Intelligence, 2009, 31(2): 210-227.
[10] 陈哲. 基于稀疏表示的图像分类和聚类算法研究[D]. 无锡: 江南大学, 2022. DOI: 10. 27169/d. cnki. gwqgu. 2022. 000021.
[11] Rong Y, Xiong S, Gao Y. Low-rank double dictionary learning from corrupted data for robust image classification [J]. Pattern Recognition, 2017, 72: 419-432.
[12] Li X, You C. Multi-View low-rank sparse subspace clustering based on adaptive dictionary learning[C]//Proceedings of the 2022 International Conference on Electronic Information Engineering, Big Data and Computer Technology(EIBDCT 2022), Sanya. SPIE, 2022, 12256: 95-102.
[13] Huafeng D, Junyan S, Guohua Z. Robust multi-frequency band joint dictionary learning with low-rank representation[J]. Journal of Intelligent & Fuzzy Systems, 2024, 46(4): 8075-8088.
[14] Jiayi Y, Chunhua Y, Yonggang L, et al. A spectrum denoising method based on low-rank recovery dictionary learning with its application to chemical oxygen demand detection [J]. Chemometrics and Intelligent Laboratory Systems, 2023: 240.
[15] Shekhar S, Patel V M, Nasrabadi N M, et al. Joint sparse representation for robust multimodal biometrics recognition[J]. IEEE Transactions on Pattern Analysis and Machine Intelligence, 2014, 36(1):113-126.
[16] Shi Y, Gao Y, Yang Y, et al. Multimodal sparse representation-based classification for lung needle biopsy images[J]. IEEE Transactions on Biomedical Engineering, 2013, 60(10): 2675-2685.
[17] Gangeh M J, Fewzee P, Ghodsi A, et al. Multiview supervised dictionary learning in speech emotion recognition[J]. IEEE/ACM Transactions on Audio, Speech, and Language Processing, 2014, 22(6): 1056-1068.

第 5 章　基于半监督鉴别分析的多视图特征学习方法

机器学习的本质在于通过对有限观测数据的分析，揭示数据背后的潜在规律与模式。在传统机器学习范式下，模型的训练过程主要依赖于已标注样本集，通过监督学习的方式构建输入与输出之间的映射关系。在实际应用中，常常面临大量未标注数据和少量标注数据的挑战。如何有效地结合有限的标注数据与丰富的未标注数据，构建出具有良好泛化能力的模型，是半监督学习研究的重点之一。

为应对这一挑战，半监督多视图子空间学习应运而生，成为当前多视图学习领域的一个重要研究方向。然而，现有的半监督多视图子空间学习方法仍然存在一些不足，主要体现在以下两个方面。

(1) 现有方法未能充分挖掘视图内和视图间的有用鉴别信息，尤其是视图间的鉴别信息未能得到充分利用。

(2) 多视图数据中存在一定程度的信息冗余，往往会对分类性能产生负面影响，而现有的半监督多视图子空间学习方法未能有效解决多视图冗余问题。

为了解决已有半监督多视图子空间学习技术中存在的两个不足之处，提升半监督多视图子空间学习方法的性能，本章提出一个不相关半监督视图内和视图间流形鉴别学习方法(Uncorrelated Semi-supervised Intra-view and Inter-view Manifold Discriminant Learning，USI^{2}MD)，多视图学习方法框架如图 5.1 所示。

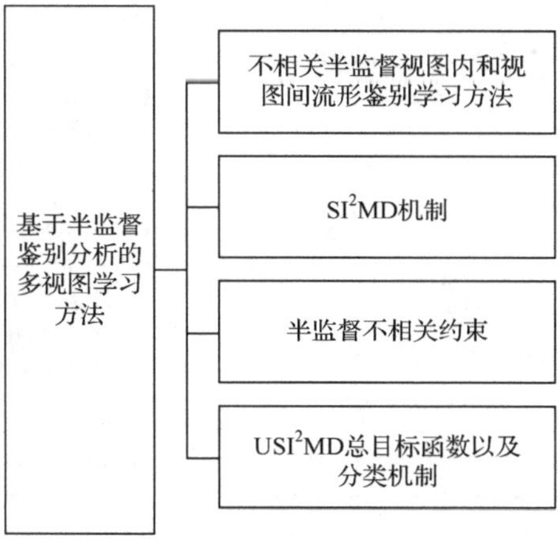

图 5.1　基于半监督鉴别分析的多视图特征学习方法框架

5.1 半监督鉴别分析定义及本章研究内容

半监督鉴别分析(Semi-Supervised Discriminant Analysis，SSDA)[1]是一种融合监督学习和无监督学习优势的降维与分类技术，其核心目标是充分利用少量标注数据与大量未标注数据，以构建更具判别性的特征空间，从而提高分类性能。SSDA 通过无标注数据发掘数据的内在流形结构[2]，同时结合标注数据中明确的类别信息，协同增强模型的鉴别能力。该方法通常借助流形正则化来捕捉数据在高维空间中的低维流形结构，确保在投影过程中保持样本间的局部几何关系，进而提升模型的分类效果。此外，SSDA 通过将监督判别损失与无监督正则化项相结合，使得模型在标注数据稀缺的环境下也能保持良好的性能。这种方法已广泛应用于计算机视觉、自然语言处理、生物信息学等领域，尤其适用于标注数据获取困难或成本较高的场景，在提高分类精度和降低对大规模标注数据依赖方面表现出色。常见鉴别分析分类特性对比见表 5.1。

表 5.1 鉴别分析分类特性对比

特性	有监督判别分析(Supervised DA)	半监督判别分析(Semi-Supervised DA)
所需数据	仅标注数据(通常需要大量)	少量标注数据+大量未标注数据
核心目标	寻找最佳投影方向以最大化类间可分性，最小化类内聚类性，直接用于分类与降维	在标签匮乏情况下，结合标注数据判别信息与未标注数据内在结构(如流形)，提升模型泛化能力和判别性能
代表算法	线性判别分析(Linear discriminant analysis，LDA)、二次判别分析(Quadratic Discriminant Analysis, QDA)	基于图的半监督学习、基于最大间隔(Margin Maximization)或低密度分离的方法
主要优点	(1) 直接优化分类性能，得到的投影空间判别力强 (2) 模型相对简单，易于解释 (3) 计算效率高	(1) 有效利用未标注数据，降低对大规模标注数据的依赖 (2) 在标注数据稀缺时，性能显著优于单纯有监督方法 (3) 能够捕捉数据更深层次的结构信息
主要缺点	(1) 严重依赖标注数据，若标签不足易过拟合 (2) 对数据分布假设敏感(如 LDA 假设高斯分布) (3) 对噪声和异常值敏感 (4) 在处理非线性可分数据时效果受限	(1) 模型复杂度增加，理论和实现均更复杂 (2) 对流形假设等无监督成分的合理性敏感 (3) 引入的无监督信息可能包含噪声或偏差，影响最终性能 (4) 调参相对复杂
典型应用	图像识别、语音识别、生物统计分类、信用评分等需要明确分类边界的场景	小样本学习、高维度数据(如基因组学)、文本分类、计算机视觉中标签获取困难的场景

半监督学习样本分类示意如图 5.2 所示，其中，圆形数据表示大量无标记信

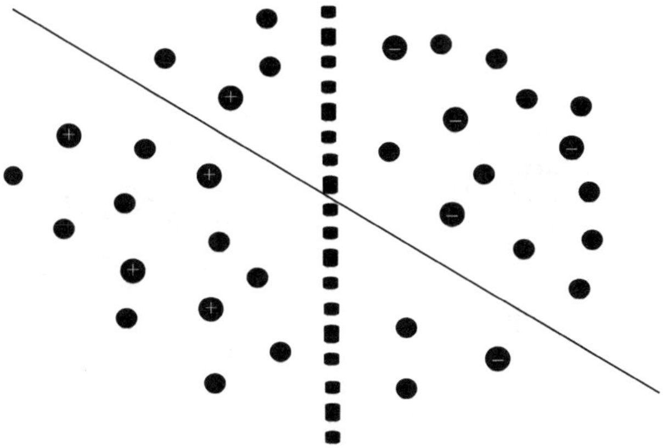

图 5.2　半监督学习样本分类示意图

息，“+”和“–”符号表示不同类别的标记信息。半监督学习是在大量无标记样本和相对较少的有标记样本的情况下，构建一个有效的模型。

本章将深入探讨基于半监督视图内和视图间流形鉴别学习(SI^{2}MD)框架的特征学习机制，并进一步介绍其扩展方法——不相关半监督视图内和视图间流形鉴别学习(USI^{2}MD)。具体而言，将详细分析如何在半监督多视图学习框架中有效引入不相关性约束，包括参数选择和目标函数优化等对模型训练过程的影响。为了验证所提方法的有效性，将在四个公开数据集上进行系统性实验，并深入探索如何在不同数据集上实现最佳性能。

5.2　不相关半监督视图内和视图间流形鉴别学习

不相关半监督视图内和视图间流形鉴别学习方法(USI^{2}MD)的核心在于通过引入不相关性约束，有效地结合视图内和视图间的流形结构，提升半监督学习的判别能力[3]。主要包含以下几个关键部分。

(1) 通过引入流形鉴别学习技术，提出半监督视图内和视图间流形鉴别学习(SI^{2}MD)的特征学习机制，旨在挖掘多视图数据中的鉴别信息。如图 5.3 所示，在视图内，关注同一视图内标记样本的鉴别特征；而在视图间，则关注不同视图间标记样本的关联性。此外，利用无标记样本的局部近邻结构，能够更好地捕捉数据的内在流形结构。

(2) 为了降低不同特征之间不利的多视图关联性，设计一个半监督不相关约束，确保在学习过程中不同视图的特征子空间之间保持一定的独立性，从而提高特征表示的判别能力。

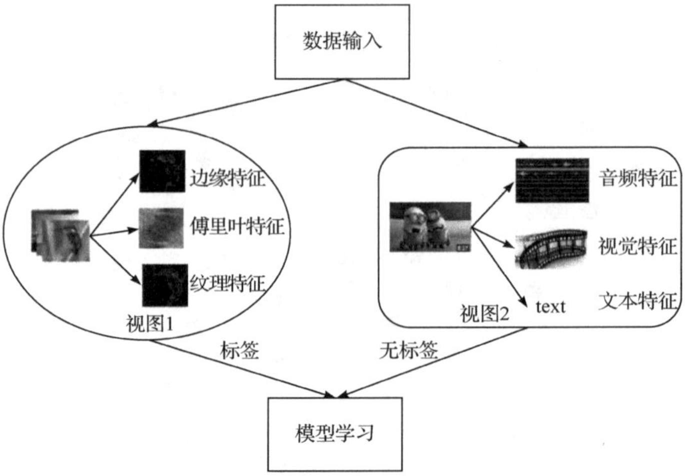

图 5.3　半监督视图内和视图间学习模型

(3) 将 SI²MD 机制与半监督不相关约束相结合，形成不相关半监督视图内和视图间流形鉴别学习方法(USI²MD)。该方法不仅能够有效地从多视图数据中提取出具有判别性的特征，而且还能够在保持特征间不相关性的同时，增强模型的泛化能力。

5.2.1　SI²MD 机制

假设 $X_1,X_2,\cdots,X_M$ 是来自 M 个视图的训练数据，其中，每个视图数据集 $X_i\left(i=1,2,\cdots,M\right)$ 包含来自 c 类的样本(第 j 类中含 n_i^j 个样本，样本标记为 L_j；$X_1,X_2,\cdots,X_M$ 中有标记数据来自相同的 c 个类)，以及 n_i^{c+1} 个无标记样本。在每个视图中，将无标记样本记为第 $c+1$ 类，并将 L_{c+1} 作为无标记样本的类别标记。假设每个视图的数据 $X_i\left(i=1,2,\cdots,M\right)$ 均已均值归一化，即 X_i 中所有样本的均值向量是零向量，$X_1,X_2,\cdots,X_M$ 中的样本均为 m 维向量。X_i 中样本的总数为 $n_i=\sum\limits_{j=1}^{c+1}n_i^j$，所有视图数据的样本总数为 $n=\sum\limits_{i=1}^{M}n_i$。

图理论是模式识别和机器学习领域中常用的概念，“图”刻画数据点之间的关系。本节使用一个本质图 G 来表示同类样本以及每个局部近邻内部样本的视图内和视图间的距离关系。某个样本的局部近邻指由该样本的一些最近邻样本构成的集合。此外，使用一个罚图 $\bar{G}$ 来表示异类样本以及不同局部近邻间样本的视图内和视图间的距离关系。本质图 G 和罚图 $\bar{G}$ 的具体定义如下。

定义 5.1(本质图 G)　对于两个训练样本 $x_s^p\in X_s$ 和 $x_t^q\in X_t$，其类别标记分别是 L_j 和 L_k。

(1) 如果 $j=k$ 并且 $k\neq c+1$，则在 x_s^p 和 x_t^q 之间加入实边。

(2) 如果 $j=c+1$ 或者 $k=c+1$，并且 x_s^p 是 x_t^q 的 K 近邻样本或者相反，$K=M\times\max\left(n_1^1,n_1^2,\cdots,n_M^{c-1},n_M^c\right)$，则在 x_s^p 和 x_t^q 之间加入虚边。

定义 5.2(罚图 $\bar{G}$)　对于两个训练样本 $x_s^p\in X_s$ 和 $x_t^q\in X_t$，其类别标记分别是 L_j 和 L_k。

(1) 如果 $j\neq k$，$j\neq c+1$ 并且 $k\neq c+1$，则在 x_s^p 和 x_t^q 之间加入实边。

(2) 如果 $j=c+1$ 或者 $k=c+1$，并且 x_s^p 不是 x_t^q 的 K 近邻样本或者相反，则在 x_s^p 和 x_t^q 之间加入虚边。

假设 $W\in\mathbb{R}^{n\times n}$ 是 G 的关联矩阵，其元素 w_{st}^{pq} (即 x_s^p 和 x_t^q 之间的边的权重)定义为，若 x_s^p 和 x_t^q 之间存在实边，$w_{st}^{pq}=1$；若 x_s^p 和 x_t^q 之间存在虚边，$w_{st}^{pq}=\exp\left(-\|x_s^p-x_t^q\|^2/r\right)$；否则 $w_{st}^{pq}=0$，r 是可调的高斯核参数。

对于罚图 $\bar{G}$，其关联矩阵 $\bar{W}\in\mathbb{R}^{n\times n}$ 的元素 $\bar{w}_{st}^{pq}$ 表示 x_s^p 和 x_t^q 之间边的权重，使用与 W 相同的方式定义。因此，SI^{2}MD 机制的目标函数可定义如下。

$$\max_{v_1,v_2,\cdots,v_M}\sum_{s=1}^{M}\sum_{p=1}^{n_s}\sum_{t=1}^{M}\sum_{q=1}^{n_t}\left\|v_s^{\mathrm{T}}x_s^p-v_t^{\mathrm{T}}x_t^q\right\|_2^2\bar{w}_{st}^{pq}-\beta\sum_{s=1}^{M}\sum_{p=1}^{n_s}\sum_{t=1}^{M}\sum_{q=1}^{n_t}\left\|v_s^{\mathrm{T}}x_s^p-v_t^{\mathrm{T}}x_t^q\right\|_2^2 w_{st}^{pq}\tag{5-1}$$

其中，β 是一个非负系数，$v_1,v_2,\cdots,v_M$ 表示与 $X_1,X_2,\cdots,X_M$ 一一对应的投影向量。

公式(5-1)充分利用了有标记样本的视图内和视图间的鉴别信息，以及无标记样本的局部近邻结构。目标函数(5-1)的第一项可以使来自不同类的样本，以及不同局部近邻的无标记样本相互分开；第二项使得类内有标记样本，以及局部近邻内的无标记样本相互聚集。第二项也体现了视图间的一致性，因为当 $p=q$ (对应于同一个样本)且 $s\neq t$ (不同视图)时，x_s^p 和 x_t^q 属于同一物体的两个视图，此时，两样本间加入了实边；在投影空间中，这两个样本的距离被最小化。

假设 $D\in\mathbb{R}^{n\times n}$ 和 $\bar{D}\in\mathbb{R}^{n\times n}$ 是两个对角矩阵，其元素分别定义为 $d_{ss}^{pp}=\sum_{t=1}^{M}\sum_{q=1}^{n_t}w_{st}^{pq}$ 和 $\bar{d}_{ss}^{pp}=\sum_{t=1}^{M}\sum_{q=1}^{n_t}\bar{w}_{st}^{pq}$，$L_w=D-\bar{W}$，$L_b=\bar{D}-\bar{W}$。可以分别将 L_w 和 L_b 划分成 M^2 个小矩阵 $L_{wst}\in\mathbb{R}^{n_s\times n_t}\left(s,t=1,2,\cdots,M\right)$ 和 $L_{bst}\in\mathbb{R}^{n_s\times n_t}\left(s,t=1,2,\cdots,M\right)$，从而，$L_w=\begin{bmatrix}L_{w11}&L_{w12}&\cdots&L_{w1M}\\L_{w21}&L_{w22}&\cdots&L_{w2M}\\\vdots&\vdots&\cdots&\vdots\\L_{wM1}&L_{wM2}&\cdots&L_{wMM}\end{bmatrix}$，$L_b=\begin{bmatrix}L_{b11}&L_{b12}&\cdots&L_{b1M}\\L_{b21}&L_{b22}&\cdots&L_{b2M}\\\vdots&\vdots&\cdots&\vdots\\L_{bM1}&L_{bM2}&\cdots&L_{bMM}\end{bmatrix}$。因此，目标函数

(5-1)可写成

$$\max_{v} v^{\mathrm{T}}(Q-\beta P)v \tag{5-2}$$

其中，β 是平衡因子，$v=\begin{bmatrix} v_1 \\ \vdots \\ v_M \end{bmatrix}$，$Q=\begin{bmatrix} X_1L_{b11}X_1^{\mathrm{T}} & X_1L_{b12}X_2^{\mathrm{T}} & \cdots & X_1L_{b1M}X_M^{\mathrm{T}} \\ X_2L_{b21}X_1^{\mathrm{T}} & X_2L_{b22}X_2^{\mathrm{T}} & \cdots & X_2L_{b2M}X_M^{\mathrm{T}} \\ \vdots & \vdots & \cdots & \vdots \\ X_ML_{bM1}X_1^{\mathrm{T}} & X_ML_{bM2}X_2^{\mathrm{T}} & \cdots & X_ML_{bMM}X_M^{\mathrm{T}} \end{bmatrix}$，

$P=\begin{bmatrix} X_1L_{w11}X_1^{\mathrm{T}} & X_1L_{w12}X_2^{\mathrm{T}} & \cdots & X_1L_{w1M}X_M^{\mathrm{T}} \\ X_2L_{w21}X_1^{\mathrm{T}} & X_2L_{w22}X_2^{\mathrm{T}} & \cdots & X_2L_{w2M}X_M^{\mathrm{T}} \\ \vdots & \vdots & \cdots & \vdots \\ X_ML_{wM1}X_1^{\mathrm{T}} & X_ML_{wM2}X_2^{\mathrm{T}} & \cdots & X_ML_{wMM}X_M^{\mathrm{T}} \end{bmatrix}$。

5.2.2 半监督不相关约束

多视图数据中往往存在冗余信息，为了减少不利的样本间的多视图特征相关性，即从不具有相同类别标记的样本中提取特征的多视图相关性，设计了半监督不相关约束。在此，所谓不具有相同类别标记的两个样本主要指以下三种情况：

(1) 两个异类样本。

(2) 两个无标记样本。

(3) 一个有标记样本和一个无标记样本。

定义 5.3(视图间惩罚相关性图 $\hat{G}$) 对于两个训练样本 $x_s^p \in X_s$ 和 $x_t^q \in X_t\,(s \neq t)$，其类别标记分别是 L_j 和 L_k。

(1) 如果 $j \neq k$，$j \neq c+1$ 并且 $k \neq c+1$，则在 x_s^p 和 x_t^q 之间加入实边。

(2) 如果 $j = c+1$ 或者 $k = c+1$，则在 x_s^p 和 x_t^q 之间加入实边。

假设 $\hat{W} \in \mathbb{R}^{n\times n}$ 是 $\hat{G}$ 的关联矩阵，其元素 $\hat{w}_{st}^{pq}$ (即 x_s^p 和 x_t^q 之间边的权重)定义为，若 x_s^p 和 x_t^q 之间存在实边，则 $\hat{w}_{st}^{pq}=1$；否则 $\hat{w}_{st}^{pq}=0$。则半监督多视图相关性可定义如下。

$$\mathrm{Corr}=\frac{\sum_{s=1}^{M}\sum_{p=1}^{n_s}\sum_{t=1}^{M}\sum_{q=1}^{n_t} v_s^{\mathrm{T}} x_s^p \hat{w}_{st}^{pq} x_t^{q\mathrm{T}} v_t}{\sqrt{\sum_{s=1}^{M}\sum_{p=1}^{n_s} v_s^{\mathrm{T}} x_s^p x_s^{p\mathrm{T}} v_s}\sqrt{\sum_{t=1}^{M}\sum_{q=1}^{n_t} v_t^{\mathrm{T}} x_t^q x_t^{q\mathrm{T}} v_t}}=\frac{v^{\mathrm{T}}Q'v}{v^{\mathrm{T}}P'v} \tag{5-3}$$

其中，$Q' = \begin{bmatrix} X_1\hat{W}_{11}X_1^{\mathrm{T}} & X_1\hat{W}_{12}X_2^{\mathrm{T}} & \cdots & X_1\hat{W}_{1M}X_M^{\mathrm{T}} \\ X_2\hat{W}_{21}X_1^{\mathrm{T}} & X_2\hat{W}_{22}X_2^{\mathrm{T}} & \cdots & X_2\hat{W}_{2M}X_M^{\mathrm{T}} \\ \vdots & \vdots & \cdots & \vdots \\ X_M\hat{W}_{M1}X_1^{\mathrm{T}} & X_M\hat{W}_{M2}X_2^{\mathrm{T}} & \cdots & X_M\hat{W}_{MM}X_M^{\mathrm{T}} \end{bmatrix}$，$P' = \begin{bmatrix} X_1X_1^{\mathrm{T}} & 0 & \cdots & 0 \\ 0 & X_2X_2^{\mathrm{T}} & \cdots & 0 \\ \vdots & \vdots & \cdots & \vdots \\ 0 & 0 & \cdots & X_MX_M^{\mathrm{T}} \end{bmatrix}$，$\hat{W}_{st}\left(s,t=1,2,\cdots,M\right)$是一个$n_s \times n_t$的矩阵，其满足$\hat{W} = \begin{bmatrix} \hat{W}_{11} & \hat{W}_{12} & \cdots & \hat{W}_{1M} \\ \hat{W}_{21} & \hat{W}_{22} & \cdots & \hat{W}_{2M} \\ \vdots & \vdots & \cdots & \vdots \\ \hat{W}_{M1} & \hat{W}_{M2} & \cdots & \hat{W}_{MM} \end{bmatrix}$。

公式(5-3)表达了无标记样本，以及多类有标记样本之间不利的多视图相关性，为了减少该相关性，可使$\mathrm{Corr}=0$，等价于

$$v^{\mathrm{T}}Q'v = 0 \tag{5-4}$$

因此，本章使用$v^{\mathrm{T}}Q'v = 0$作为半监督不相关约束。

5.2.3 USI²MD 总目标函数及分类机制

通过结合 SI²MD 机制以及半监督不相关约束，给出 USI²MD 方法的总目标函数。

$$\begin{aligned} &\max_{v} v^{\mathrm{T}}\left(Q-\beta P\right)v \\ &\text{s.t.}\quad v^{\mathrm{T}}Q'v = 0 \end{aligned} \tag{5-5}$$

该问题的解可通过求解如下特征值问题得到。

$$\left(Q-\beta P\right)v = \lambda Q'v \tag{5-6}$$

得到$Q'^{-1}\left(Q-\beta P\right)$的$d$个最大特征值对应的特征向量$v^k\left(k=1,2,\cdots,d;d<m\right)$后，可以从$v^k$中进一步得到$v_1^k,v_2^k,\cdots,v_M^k$。假设$V_s=\left[v_s^1,v_s^2,\cdots,v_s^d\right]$，$y_1,y_2,\cdots,y_M$表示测试样本的$M$个视图，其中，$s=1,2,\cdots,M$，可以分别得到训练样本集$Z_s^X$和测试样本$Z_s^Y$的投影特征$Z_s^X=V_s^{\mathrm{T}}X_s$和$Z_s^Y=V_s^{\mathrm{T}}y_s$。紧接着，可以得到如下多视图的融合特征。

$$Z^X=\left[Z_1^{X\mathrm{T}},Z_2^{X\mathrm{T}},\cdots,Z_M^{X\mathrm{T}}\right]^{\mathrm{T}} \text{和} Z^Y=\left[Z_1^{Y\mathrm{T}},Z_2^{Y\mathrm{T}},\cdots,Z_M^{Y\mathrm{T}}\right]^{\mathrm{T}} \tag{5-7}$$

最后，可使用基于余弦距离的最近邻分类器来对Z^Y进行分类。

USI^{2}MD 的具体算法实现步骤如下。

步骤 1： 构造本质图 G 和罚图 $\bar{G}$ ，计算公式(5-2)中的 Q 和 P 矩阵。

步骤 2： 构造视图间惩罚相关性图 $\hat{G}$ ，计算公式(5-3)中的 Q'矩阵。

步骤 3： 求解特征问题(5-6)，得到特征向量，从而获得每个视图对应的投影变换 V_s 。

步骤 4： 计算训练样本集和测试样本每个视图投影后的特征，即 $Z_s^X = V_s^{\mathrm{T}} X_s$ 和 $Z_s^Y = V_s^{\mathrm{T}} Y_s$ 。

步骤 5： 使用融合策略(5-7)得到训练集和测试样本不同视图融合后的特征 $Z^X = \left[Z_1^{X\mathrm{T}}, Z_2^{X\mathrm{T}}, \cdots, Z_M^{X\mathrm{T}} \right]^{\mathrm{T}}$ 和 $Z^Y = \left[Z_1^{Y\mathrm{T}}, Z_2^{Y\mathrm{T}}, \cdots, Z_M^{Y\mathrm{T}} \right]^{\mathrm{T}}$ 。

步骤 6： 使用基于余弦距离的最邻分类器分类 Z^Y 。

5.3 实验验证与有效性评估

基于 Multi-PIE、AR、COIL-20 和 MNIST 四个多模态基准数据集，从分类效果、方法关键组成部分有效性、运行时间，以及参数敏感性四个维度，对提出的不相关半监督视图内和视图间流形鉴别学习方法 USI^{2}MD 进行验证。实验重点剖析视图内流形保持与跨视图一致性约束的协同作用机制，揭示半监督正则化项在噪声抑制与未标记样本利用中的平衡效应，同时量化分析结构化不相关约束对特征解耦的计算增益。通过与无监督/半监督多视图子空间学习方法的对比实验，验证该方法在有限标注条件下增强视图特异性与共享语义表达的优势。

5.3.1 对比方法及实验设置

采用第 3 章介绍的四个数据集，即 Multi-PIE 人脸数据集[4]、AR 人脸数据集[5]、COIL-20 物体数据集[6]和 MNIST 手写体数字数据集[7]来评估提出的半监督多视图鉴别分析方法 USI^{2}MD 的性能。选择两类方法用于对比。

(1) 代表性的半监督多视图子空间学习方法，包括 MVSSDR[8]，SSGCA[9]和 SULF[10]。

(2) 无监督多视图子空间学习方法 MCCA[11]。

在实验中，随机选择每类的一半样本用于构建训练集，剩余样本用于构建测试集。在这种设置下，四个数据集的具体信息见表 5.2。为了构造半监督学习场景，再从训练样本中进一步随机选择一定比例(比如 10%)的样本作为有标记样本，将其余训练样本作为无标记样本。由于 MCCA 是无监督学习方法，将其所有有标记训练样本作为无标记训练样本使用。

表 5.2　四个数据集的具体信息

数据集	类别数	每类样本总数	每类训练样本数	每类测试样本数	样本维数	视图数
Multi-PIE	68	24	12	12	100	5
AR	119	26	13	13	100	3
COIL-20	20	72	36	36	100	3
MNIST	10	100	50	50	100	3

实验中，对于 USI²MD，将关联矩阵 W 和 $\bar{W}$ 定义中涉及的热核参数 r 固定地设置为 σ_0^2，其中，σ_0^2 表示训练样本集的方差。此外，可调参数(公式(5-2)中的平衡因子 β 和特征个数 d)通过在训练数据集上使用五重交叉验证技术得到。实验中发现，在四个数据集上调节参数 β 对结果影响不大，因此，将该参数设置为 $\beta=1$。对于参数 d，其具体设置为，在 Multi-PIE 数据集，$d=150$；在 AR 数据集，$d=100$；在 COIL-20 数据集，$d=50$；在 MNIST 数据集，$d=50$。

5.3.2　分类效果评估

将有标记训练样本占总训练样本的比例从 10%提升至 90%(步长为 10%)，从而评估 USI²MD 方法的分类效果。图 5.4～图 5.7 给出了 USI²MD 以及对比方法在

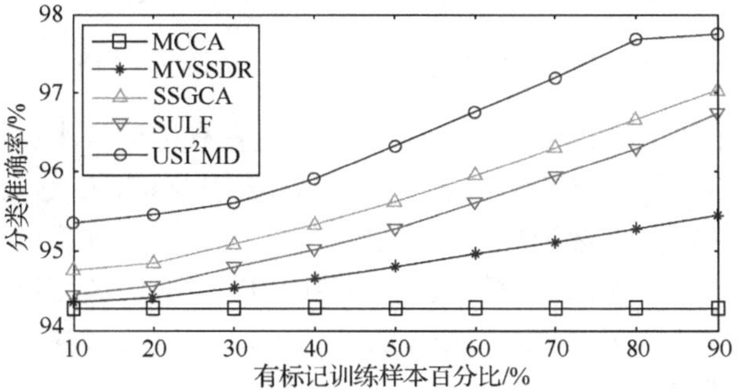

图 5.4　Multi-PIE 数据集上不同有标记训练样本比例情况下的平均分类准确率

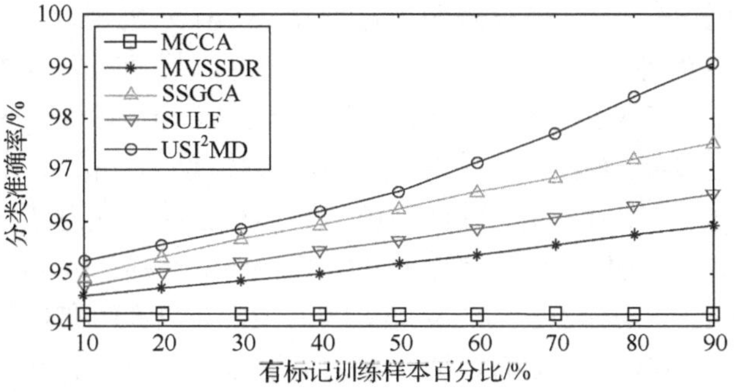

图 5.5　AR 数据集上不同有标记训练样本比例情况下的平均分类准确率

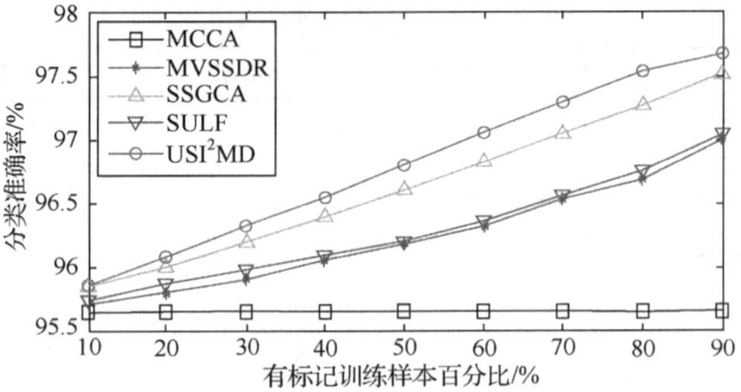

图 5.6　COIL-20 数据集上不同有标记训练样本比例情况下的平均分类准确率

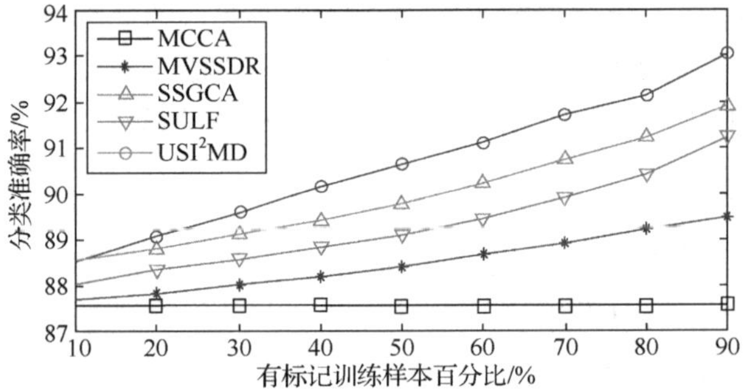

图 5.7　MNIST 数据集上不同有标记训练样本比例情况下的平均分类准确率

四个数据集上的平均分类准确率。由图可知，随着有标记样本比例的增加，比较方法(除了 MCCA)的分类准确率均会逐渐提高。因为 MCCA 是无监督学习方法，使用所有有标记样本和无标记样本作为训练样本，其分类准确率不随着有标记样本比例的变化而变化。在四个数据集上，USI^{2}MD 均可以获得比代表性半监督多视图子空间学习方法 MVSSDR，SSGCA 和 SULF，以及多视图子空间学习方法 MCCA 更优的分类效果。

从图中能看出，随着有标记样本比例的增加，USI^{2}MD 较对比方法的分类准确率提升也有所增加。该结果也表明通过使用 SI^{2}MD 机制以及半监督不相关约束，USI^{2}MD 可以更加充分地使用样本的标记信息以帮助提升分类准确率。

表 5.3 给出了图 5.4～图 5.7 中五种方法(MCCA、MVSSDR、SSGCA、SULF、USI^{2}MD)的平均分类准确率(不同有标记样本比例结果的均值)。由表 5.3 可知，USI^{2}MD 的平均分类准确率在 Multi-PIE 数据集上至少提升了 0.71%(=96.45%−95.74%)，在 AR 数据集上至少提升了 0.61%(=96.85%−96.24%)，在 COIL-20 数据集上至少提升了 0.16% (=96.79%−96.63%)，在 MNIST 数据集上至少提升了 0.69%(=90.66%−89.97%)。MCCA 是一种无监督基准方法，因未能充分利用训练样本中的有用信息，其分类准确率显著低于半监督多视图子空间学习方法低。

MVSSDR 学习多视图共享的一致性模式，在视图内考虑样本间的连接约束；SSGCA 考虑视图内样本的鉴别，并利用视图间样本的相关性；SULF 使用有标记样本的标记信息，以及多视图样本的相关性信息。这三个半监督多视图子空间学习方法均没有充分挖掘视图内和视图间有利的鉴别信息，特别是视图间的鉴别信息。此外，这三个方法也都没有考虑多视图冗余信息的消除。因此，在四个数据集上，USI^{2}MD 的分类准确率较这些方法均有较大幅度的提升。

表 5.3　在四个数据集上比较方法的平均分类准确率(%)

数据集	MCCA	MVSSDR	SSGCA	SULF	USI^{2}MD
Multi-PIE	94.27	94.83	95.74	95.40	**96.45**
AR	94.22	95.20	96.24	95.64	**96.85**
COLL-20	95.64	96.24	96.63	96.29	**96.79**
MNIST	87.56	88.49	89.97	89.32	**90.66**

5.3.3　USI^{2}MD 关键组成部分评估

半监督不相关约束是 USI^{2}MD 的重要组成部分，本节专门设计实验以验证该约束的有效性。通过比较 SI^{2}MD 机制(即 USI^{2}MD 的无约束版本)、USI^{2}MD、MVSSDR、SSGCA 和 SULF 的分类效果来评估半监督不相关约束所起的作用。

表 5.4 列出了这五个方法在四个数据集上的平均分类准确率(不同有标记样本比例结果的均值)。从表中数据可以看到，USI^{2}MD 方法在所有数据集上都表现出最高的准确率，特别是在 AR 和 Multi-PIE 数据集上，其优势更为明显。SSGCA、SULF 和 SI^{2}MD 三种方法的表现比较接近，它们在不同数据集上的排名略有不同，但整体性能相当。SI^{2}MD 的结果要比 USI^{2}MD 低，但是高于 MVSSDR、SSGCA 和 SULF。该结果表明设计的半监督不相关约束是有效的，可以提升分类准确率。事实上，半监督不相关约束要求不具有相同类别标记样本的相关性最小，可以起到减少不利的多视图相关性、增强鉴别能力的作用。

表 5.4　在四个数据集上 MVSSDR、SSGCA、SULF、SI^{2}MD 以及 USI^{2}MD 的平均分类准确率(%)

方法	Multi-PIE	AR	COIL-20	MNIST
MVSSDR	94.83	95.20	96.24	88.49
SSGCA	95.74	96.24	96.63	89.97
SULF	95.40	95.64	96.29	89.32
SI^{2}MD	96.08	96.32	96.65	90.19
USI^{2}MD	96.45	96.85	96.79	90.66

5.3.4　运行时间评估

本节对 USI^{2}MD 方法及对比方法在四个数据集上的运行时间进行评估。测试时间为完成整个测试样本集所需的时长。实验所采用的计算机配置为 Intel Core2 E7500 双核 CPU(主频 2.93GHz)，内存 4GB。

表 5.5 以有标记训练样本占总训练样本 20%的情况为例，给出 USI^{2}MD、MVSSDR、SSGCA、SULF、SI^{2}MD 在四个数据集上的运行时间。从表中数据可以看出，不同方法的训练时间和测试时间在不同数据集上存在显著差异。MCCA 方法的训练时间和测试时间普遍较短，而 MVSSDR 和 SSGCA 的训练时间较长但测试时间相对较短，SULF 和 USI^{2}MD 的性能介于上述三者之间。对于 Multi-PIE 数据集，所有方法的训练时间都相对较长，其中，MVSSDR 和 SSGCA 的训练时间最长；而对于 AR、COIL-20 和 MNIST 数据集，各方法的训练时间则有所缩短，尤其是 MNIST 数据集的训练时间最短。

表 5.5　USI^{2}MD 与对比方法在四个数据集(有标记样本占总训练样本 20%)上的运行时间(单位：s)

方法	Multi-PIE		AR		COLL-20		MNIST	
	训练	测试	训练	测试	训练	测试	训练	测试
MCCA	0.73	0.07	0.54	0.18	0.23	0.08	0.19	0.04
MVSSDR	43.26	0.46	41.53	0.63	16.47	0.33	6.54	0.14
SSGCA	35.38	0.50	29.44	0.60	10.49	0.32	4.17	0.12
SULF	19.23	0.47	16.10	0.62	5.86	0.33	2.41	0.11
USI^{2}MD	39.89	0.48	35.54	0.61	12.11	0.35	5.08	0.12

5.3.5　参数敏感性评估

本节验证 USI^{2}MD 方法中的参数(特征个数 d)对分类性能的影响。以 Multi-PIE 数据集为例，图 5.8 展示了有标记样本占总训练样本 20%时，USI^{2}MD 随着参数 d 变化的分类准确率变化情况。关于参数 d，主要以步长为 100 观察其在区间[50，400]内对分类准确率的影响。

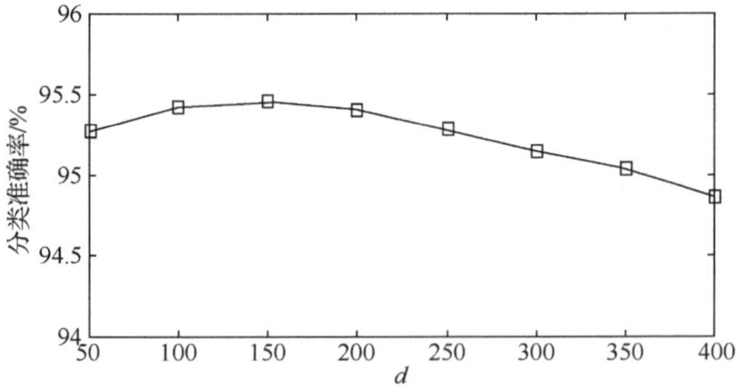

图 5.8　在 Multi-PIE 数据集上随着参数 d 变化 USI^{2}MD 分类准确率的变化情况

由图 5.8 可知，当 d 在区间[100，200]时，USI^{2}MD 分类准确率变化相对稳定。在 Multi-PIE 数据集上，将 USI^{2}MD 的特征个数设置为 $d=150$。同理，在另外三个数据集上，也使用相同的策略进行参数设置。

5.4 本章小结

本章提出一种半监督多视图鉴别分析方法，即不相关半监督视图内与视图间流形鉴别学习(USI²MD)。首先创新性地构建了一个半监督多视图鉴别特征学习框架，即半监督视图内与视图间流形鉴别学习(SI²MD)。SI²MD 能够有效利用未标记样本的局部邻域结构信息，并充分挖掘标记样本在视图内和视图间的鉴别信息，从而在多视图数据中提取出关键特征。为了进一步提升学习效率，USI²MD 为 SI²MD 引入一种半监督不相关约束，旨在消除不同类别标记样本间的多视图特征相关性，减少不必要的冗余。

本章通过 Multi-PIE、AR、COIL-20 和 MNIST 四个基准数据集的系统性实验，验证了所提方法的有效性。在不同有标记样本比例情况下，USI²MD 均可以获得比已有的代表性的半监督多视图子空间学习方法更好的分类结果。实验进一步证实，引入的半监督不相关约束通过消除冗余特征关联，进一步提升了 SI²MD 的分类效果，显著强化了模型鉴别能力。

参考文献

[1] 陈才扣, 喻以明. 半监督邻近鉴别分析[C]//Proceedings of 2011 International Conference on Intelligent Computation and Industrial Application, 扬州. Intelligent Information Technology Application Association, 2011: 448-451.

[2] 刘建伟, 刘媛, 罗雄麟. 半监督学习方法[J]. 计算机学报, 2015, 38(8): 1592-1617.

[3] 吴飞. 多视图特征学习方法研究[D]. 南京: 南京邮电大学, 2016.

[4] 江涛. 基于 GAN 人脸矫正的多视角表情识别方法[J]. 软件, 2023, 44(10): 33-36.

[5] Martinez A, Benavente R. The AR face database[EB/OL]. [2025-05-06]. http://www. researchgate. net/publication /243651904_The_AR_face_database # read.

[6] Murase H, Nayar S K. Visual learning and recognition of 3-D objects from appearance[J]. International Journal of Computer Vision, 1995, 14(1): 5-24.

[7] Lecun Y, Bottou L, Bengio Y, et al. Gradient-based learning applied to document recognition[J]. Proceedings of the IEEE, 1998, 86(11): 2278-2324.

[8] Hou C, Zhang C, Wu Y, et al. Multiple view semi-supervised dimensionality reduction[J]. Pattern Recognition, 2010, 43(3): 720-730.

[9] Chen X H, Chen S C, Xue H, et al. A unified dimensionality reduction framework for semi-paired and semi-supervised multi-view data[J]. Pattern Recognition, 2012, 45(5): 2005-2018.

[10] Jiang Y, Liu J, Li Z, et al. Semi-supervised unified latent factor learning with multi-view data[J]. Machine Vision and Applications, 2014, 25(7): 1635-1645.

[11] Li Y O, Adali T, Wang W, et al. Joint blind source separation by multiset canonical correlation analysis[J]. IEEE Transactions on Signal Processing, 2009, 57(10): 3918-3929.

第Ⅲ部分

多视图深度表示学习的应用与研究

第 6 章　基于谱内识别与谱间相关分析深度网络的多光谱人脸识别方法

多光谱人脸识别(Multispectral Face Recognition, MSFR)领域的研究起步于 Pan 等研究人员的奠基性工作[1]，构建了一组包含 700 ~ 1000nm 近红外光谱范围内的 31 个特征波段的多光谱图像数据库，涵盖 200 名受试者的 1400 张图像。通过实施人工特征点提取方法，该研究团队初步验证了 MSFR 的技术可行性。然而，该方法表现出对特定训练数据库的强依赖性，其泛化性能在不同数据集之间受限。此后，随着多光谱成像技术与机器学习理论的持续演进与深度融合，MSFR 领域的研究取得实质性进展。2019 年，Chen 与 Sun[2]提出一种基于层次聚类的新型识别算法，该算法在识别精度方面取得显著的性能提升，并在一定程度上缓解了先前方法的数据库特异性问题。这一成果标志着 MSFR 领域在鲁棒性识别算法研究方面的重要进展。

近年来，光谱人脸识别的方法主要分为三种类型，分别为光谱信息融合方法、特征学习方法和波段选择方法。传统光谱波段选择方法采用分阶段处理范式，即将特征学习与波段选择视为相互独立的、串行执行的计算步骤。此外，多光谱图像在不同光谱通道间通常表现出高度相关性，由此引入显著的信息冗余。因此，如何有效挖掘光谱间的判别性信息并抑制冗余数据，成为提升多光谱人脸识别(MSFR)性能的关键研究问题。为应对上述挑战，以及现有 MSFR 方法在处理复杂光谱数据时存在的局限性，本章提出基于谱内与谱间相关分析深度网络(Intraspectrum Discrimination and Interspectrum Correlation Analysis Deep Network，IDICN)的方法，构建统一的深度学习框架，通过端到端的模型训练实现特征表示学习与波段选择的协同优化，达到更好的识别效果，目前多光谱人脸识别技术模型分类如图 6.1 所示。

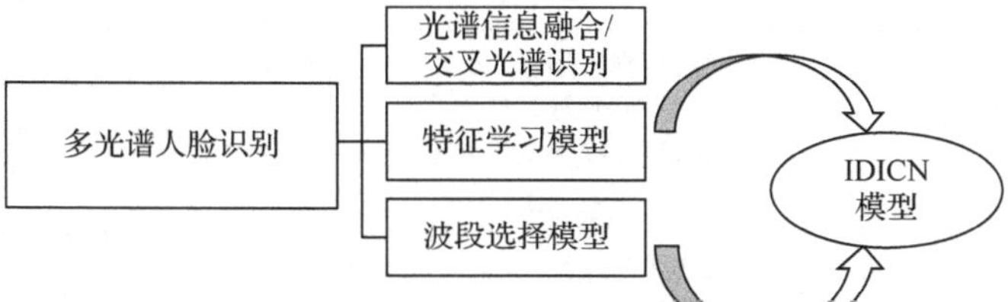

图 6.1　多光谱人脸识别技术模型分类

6.1 多光谱深度学习研究基础及本章研究内容

光谱图像是由多个窄带、连续光谱波段收集信息形成的图像数据。其与传统 RGB 彩色图像的概念存在显著区别：传统 RGB 彩色图像通常仅捕获红(R)、绿(G)、蓝(B)三个宽光谱通道的反射数据，而光谱图像则通过数十至数百个离散或连续的窄光谱波段，获取更为丰富的入射光信息，每个波段对应特定的波长范围，从而捕获详细的光谱特征。光谱图像能够有效克服传统 RGB 图像在处理“同色异谱”(metamerism)现象时的局限性，在植被调查、地质勘探、环境保护、异常检测和目标追踪等遥感领域有着广泛应用。

深度学习范式，特别是卷积神经网络(CNN)结构，已成为遥感图像分析领域的研究前沿，一系列创新的CNN架构显著推动了高光谱图像(Hyperspectral Image，HSI)解析技术的发展[3,4]。Chen 等[5]设计了一种基于 CNN 的正则化深度特征提取方法，引入 L2 正则化等策略用于高光谱图像的光谱特征、空间特征和光谱-空间特征融合提取。Li 等[6]提出一种基于深度卷积神经网络(DCNN)的像素对特征(Pixel-Pair Feature，PPF)学习算法，即 DCNN-PPF，通过 DCNN 学习像素级别的特征表示。在分类阶段，CNN-PPF 模块对构建的相邻像素对进行分析与分类，结合多数投票策略以确定测试像素的类别标签。Maggiori 等[7]设计了端到端全卷积架构，通过卷积-反卷积操作链生成像素级的分类图，并采用两步训练策略实现对卫星图像的像素分类。相较于现有的 CNN 高光谱解析方法聚焦像素级特征解译，本章提出的 IDICN 方法创新性地构建了图像级全局语义特征学习范式，利用整个图像的上下文信息，以实现图像整体的类别标签分配，详细比较见表 6.1。

本章将对所提出的 IDICN 多光谱人脸识别方法进行详细阐述。此外，还将采用三个公开且具有代表性的数据集对 IDICN 方法的性能进行实证评估，以验证其有效性与鲁棒性，并探讨通过参数优化策略，在不同数据集上实现模型的最佳性能表现。

表 6.1　多光谱深度学习方法比较

方法	优点	缺点
Chen 等提出的 CNN 正则化方法	通过正则化(如 L2 正则化)有效提取光谱和空间特征，能够在减少过拟合的同时提高模型的泛化能力	依赖于卷积神经网络，需要大量计算资源，且训练过程时间较长
Li 等提出的 DCNN-PPF 算法	学习像素对特征，通过联合分类结果提高分类准确性，并采用投票策略优化标签预测，能有效处理局部像素变化	聚焦于像素对分类，不能很好地处理全局图像级别的识别任务

续表

方法	优点	缺点
Maggiori 等设计的全卷积架构	通过全卷积和反卷积操作进行逐像素分类，设计简单高效，采用两步训练策略使模型能够更好地学习图像特征	仍然集中于逐像素分类，无法处理复杂的图像级别任务，在大规模数据集训练的效率上仍然存在局限
本章提出的 IDICN 方法	专注于图像级识别，能够有效利用图像高级信息进行分类；具备快速收敛性和短运行时间，在大规模数据集上表现良好，适用于多光谱人脸识别任务	方法创新性较强，但依赖于数据集的多样性和高质量特征提取，对于非常复杂的光谱或空间信息的处理可能有局限，参数调整较为复杂

6.2　基于谱内识别与谱间相关分析的深度识别网络

多光谱成像突破了传统 RGB 系统的光谱局限，通过捕获宽谱段辐射信息构建多维生物特征表征。本节提出基于谱内识别与谱间相关分析的深度识别网络(IDICN)，将连续光谱划分为多个窄带光谱子集，构建光谱敏感型多分支卷积架构。每个子网络配备自适应谱段优选模块，通过动态权重筛选判别性光谱特征，同时建立谱内 Fisher 判别约束与谱间相关性正则化联合优化机制。该框架通过同步提升谱内类间可分性和抑制谱间冗余相关性，实现跨光谱特征的高效融合，最终形成端到端的多光谱语义理解体系。

6.2.1　IDICN 模型

假设 $X=\left[X_1,\cdots,X_M\right]$ 表示 M 光谱的人脸图像集，$X_k=\left[x_1^k,\cdots,x_N^k\right]\in\mathbb{R}^{d_x\times N}$ 为第 k 个光谱的样本集，$\{l_1,\cdots,l_N\}$ 为 X_k 中样本对应的标签集。对于多个光谱的输入图像，通过谱域 DCNN 可以获得对应特征，但是当光谱数量较大时，它消耗的计算成本较大。针对 CMU[7]多光谱人脸数据集的特征提取问题，该数据集包含 450～1090nm 范围内 65 个波段的光谱图像，若直接为每个光谱训练专用 DCNN 网络，需构建包含 65 个独立网络的庞大系统，这将导致高昂的计算成本。此外，深度学习模型通常需要海量训练样本，而该数据集中每个光谱下每位受试者的图像样本数量有限。基于相邻光谱波段具有特征相似性的特点，提出光谱分组策略，将连续光谱划分为若干子集(如 400～450nm 波段)。每个子集包含光谱数目相近的相邻波段，并将同一子集内的多光谱图像作为 DCNN 的输入。通过这种光谱集束化处理方法，可以为每个光谱子集训练专用 DCNN 网络，从而有效提取对应波段图像的特征表示。

假设将光谱划分为 H 个光谱集，则对于第 H 个光谱集中的第 k 个光谱的任意样本表示为 x_i^k，其在专属于该光谱集的 DCNN 网络内，第二层全连接层(Fc7)中

的特征表示为 $z_i^k = w_h(x_i^k;\xi_k) \in \mathbb{R}^{d_z}$ ，其中，ξ_k 表示第 h 个谱集 DCNN 的全部网络参数，包括第 r 层的权重矩阵 O_r^h 和偏置向量 b_r^h，$r=(1,\cdots,R)$ 。在 DCNN 中 $R=7$ ，通过迁移在 ImageNet 数据集上训练 CaffeNet[8]获得的预训练参数，对各光谱子集 DCNN 进行初始化。

考虑到多个光谱之间存在较大的相关性，同时为了在测试过程中实现更高的计算效率，设计一个光谱池层来选择鉴别能力强的光谱，用于后续的网络训练。如 Uzair M[9]所述，使用少量判别光谱可以获得与使用所有光谱相似的识别结果。根据 Fisher 准则[10]，在谱集中计算每个光谱的 Fisher 分数。

$$F(Z_k) = \frac{\operatorname{tr}\left(G_B^k\right)}{\operatorname{tr}\left(G_W^k\right)} \tag{6-1}$$

其中，$\operatorname{tr}(\cdot)$ 是矩阵的迹，G_B^k 和 G_W^k 分别表示在特征样本 $Z_k=\left[z_1^k,\cdots,z_N^k\right]$ 上计算的类间散布矩阵和类内散布矩阵的第 k 个光谱。具体来说，

$$G_B^k = \frac{1}{N}\sum_{c=1}^{C} N_c\left(m_c^k - m^k\right)\left(m_c^k - m^k\right)^{\mathrm{T}} \tag{6-2}$$

$$G_W^k = \frac{1}{N}\sum_{c=1}^{C}\sum_{i=1}^{N_c}\left(z_{ci}^k - m_c^k\right)\left(z_{ci}^k - m_c^k\right)^{\mathrm{T}} \tag{6-3}$$

其中，C 表示类别数量，N_c 表示每个光谱中第 C 类的样本数量，Z_{ci}^k 是第 k 个谱中第 C 类的第 i 个特征样本，$m_c^k=(1/Nc)\sum_{i=1}^{N_c} z_{ci}^k$ 是第 k 个谱中 C 类样本的平均值，$m^k=(1/N)\sum_{i=1}^{N} z_i^k$ 是第 k 个光谱中所有特征样本的平均值。对不同光谱的 Fisher 分数进行排序，并选择 Fisher 分数最大的 Q 光谱，在训练阶段选择的光谱将用于识别。

所选光谱的特征将在全连接层中进行进一步的变换，使得最终的全连接层(Fc8，输出层)中的特征表示将最小化谱内识别和谱间相关分析的目标，这将在接下来的章节中详细阐述。最后，将所选光谱对应的样本的学习特征输入到简单且广泛使用的最近邻分类器中进行识别，IDICN 网络架构如图 6.2 所示。

IDICN 网络以全光谱二维图像为输入，其处理流程分为两个阶段。首先，针对各光谱子集并行训练专用 DCNN(含 5 个卷积层 Conv1～Conv5 及全连接层 Fc6、Fc7)，提取各子集在 Fc7 层的特征向量；其次，通过光谱池化层对多路 DCNN 输出的 Fc7 特征进行选择性融合。该池化层采用判别性评估机制筛选高鉴别力光谱子集，并利用全连接输出层(Fc8)对选定光谱特征进行非线性映射。最终的特征表示需满足双重优化约束，即通过谱内识别约束降低类内样本差异，同时借助谱间相关性分析消除跨光谱冗余信息。

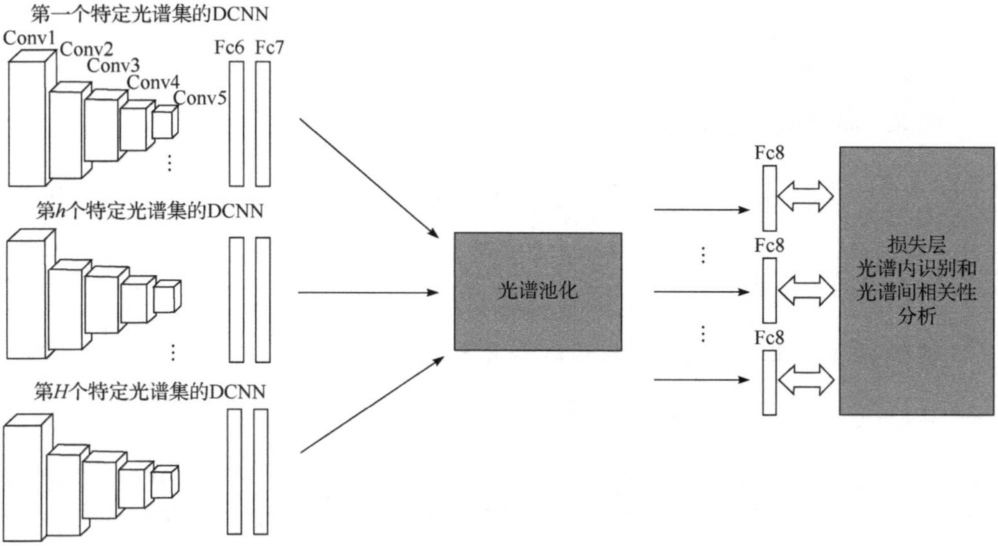

图 6.2　IDICN 网络架构

6.2.2　谱内识别分析

假设 $Y_q=\left[y_1^q,\cdots,y_N^q\right]\in\mathbb{R}^{d_y\times N}$ 是所选定 Q 光谱中第 q 个光谱对应的顶层(输出层 Fc8)的特征表示，所选的第 q 个谱对应所有谱的第 k 个谱，即 $Y_q=f_q\left(Z_k;\theta_q\right)$，其中，$\theta_q$ 是包含权重矩阵参数 O^q 和偏置向量参数 b^q 的参数向量。为了确保 Y_q 具有识别能力，应最小化以下 Fisher 损失。

$$\sum_{q=1}^{Q}\mathrm{Disc}\left(Y_q\right)=\sum_{q=1}^{Q}\left(\mathrm{tr}\left(S_W^q\right)-\mathrm{tr}\left(S_B^q\right)\right) \tag{6-4}$$

其中，S_W^q 和 S_B^q 分别是在 Y_q 上计算的谱内类内散布矩阵和谱内类间散布矩阵。类内散布矩阵可以进一步表示为

$$S_W^q=\frac{1}{N}Y_q\left(I-\sum_{c=1}^{C}\frac{1}{N_c}e_ce_c^{\mathrm{T}}\right)Y_q^{\mathrm{T}}=\frac{1}{N}Y_qA_qY_q^{\mathrm{T}} \tag{6-5}$$

而总散点矩阵可以定义为

$$S_K^q=\frac{1}{N}Y_q\left(I-\frac{1}{N}ee^{\mathrm{T}}\right)Y_q^{\mathrm{T}}=\frac{1}{N}Y_qB_qY_q^{\mathrm{T}} \tag{6-6}$$

则类间散点矩阵可表示为

$$S_B^q=S_K^q-S_W^q=\frac{1}{N}Y_q\left(B_q-A_q\right)Y_q^{\mathrm{T}}=\frac{1}{N}Y_qH_qY_q^{\mathrm{T}} \tag{6-7}$$

其中，I 是单位矩阵，$e \in \mathbb{R}^N$ 是所有元素为 1 的向量，如果第 i 个样本来自第 c 类，则 $e_c \in \mathbb{R}^N$ 是 $e_c(i)=1$ 的向量。

因此，最终的目标函数为

$$\sum_{q=1}^{Q} \operatorname{tr}\left(\frac{1}{N} Y_q\left(A_q - H_q\right) Y_q^{\mathrm{T}}\right) \tag{6-8}$$

6.2.3 谱间相关分析

数据矩阵 $\varPsi$ 和 $\varPhi$ 的总相关性可以定义为 L 的迹范数。

$$\operatorname{Corr}(\varPsi, \varPhi) = \| L \|_{\mathrm{tr}} = \operatorname{tr}\left(L^{\mathrm{T}} L\right)^{1/2} \tag{6-9}$$

其中，$L = \sum_{uu}^{-1/2} \sum_{uv} \sum_{vv}^{-1/2}$，在这里，$\sum_{uu}$、$\sum_{vv}$ 和 $\sum_{uv}$ 由中心数据矩阵 $\bar{\varPsi}$、$\bar{\varPhi}$ 表示，分别是 $\varPsi$ 的协方差，$\varPhi$ 的协方差，以及 $\varPsi$ 和 $\varPhi$ 之间的交叉协方差。

假设 $\bar{Y}_q = Y_q - (1/N) Y_q e e^{\mathrm{T}} = [\bar{y}_1^{\mathrm{q}}, \cdots, \bar{y}_1^{\mathrm{q}}]$ 和 $\bar{Y}_g$ 分别表示第 q 个和第 g 个中心数据矩阵光谱，为了利用多光谱之间的有效相关性，将光谱间的类内交叉协方差定义为

$$\sum_{qg}^{W} = \frac{1}{C} \sum_{c=1}^{C} \sum_{qcgc} = \frac{1}{C} \sum_{c=1}^{C} \frac{1}{N_c - 1} \bar{Y}_{qc} \bar{Y}_{gc}^{\mathrm{T}} \tag{6-10}$$

其中，$\bar{Y}_{qc}$ 是 $\bar{Y}_q$ 中的特征样本子集，包含来自第 c 类的特征样本。

考虑谱间总交叉协方差为 $\sum_{qg}^{P} = \left[1/(N-1)\right] \bar{Y}_q \bar{Y}_g^{\mathrm{T}}$，则谱间类间交叉协方差可定义为

$$\sum_{qg}^{B} = \sum_{qg}^{P} - \sum_{qg}^{W} = \frac{1}{N-1} \bar{Y}_q \bar{Y}_g^{\mathrm{T}} - \frac{1}{C} \sum_{c=1}^{C} \frac{1}{N_c - 1} \bar{Y}_{qc} \bar{Y}_{qc}^{\mathrm{T}} \tag{6-11}$$

$\sum_{qg}^{W}$ 可重新表述为

$$\begin{aligned} \sum_{qg}^{W} &= \frac{1}{C} \sum_{c=1}^{C} \frac{1}{N_c - 1} \bar{Y}_{qc} \bar{Y}_{gc}^{\mathrm{T}} \\ &= \frac{1}{C} \bar{Y}_q \begin{bmatrix} \frac{1}{N_1 - 1} & & \\ & \ddots & \\ & & \frac{1}{N_C - 1} \end{bmatrix} \bar{Y}_g^{\mathrm{T}} \\ &= \frac{1}{C} \bar{Y}_q E \bar{Y}_g^{\mathrm{T}} \end{aligned} \tag{6-12}$$

然后，

$$\begin{aligned}\sum_{qg}^{B} &= \sum_{qg}^{P} - \sum_{qg}^{W} \\ &= \frac{1}{N-1}\overline{Y}_q\overline{Y}_g^{\mathrm{T}} - \frac{1}{C}\overline{Y}_q E \overline{Y}_g^{\mathrm{T}} \\ &= \overline{Y}_q\left(\frac{1}{N-1}I - \frac{1}{C}E\right)\overline{Y}_g^{\mathrm{T}}\end{aligned} \tag{6-13}$$

为了充分利用有利的跨光谱相关性(即谱间类内相关性)，减少不同光谱间的不利冗余，应该最小化以下多光谱鉴别相关性。

$$\begin{aligned}&\frac{1}{Q(Q-1)}\sum_{q=1}^{Q}\sum_{\substack{g=1\\g\neq q}}^{Q}\mathrm{DCorr}\left(Y_q,Y_g\right) \\ &= \frac{1}{Q(Q-1)}\sum_{q=1}^{Q}\sum_{\substack{g=1\\g\neq q}}^{Q}\left\|L^{qg}\right\|_{\mathrm{tr}} \\ &= \frac{1}{Q(Q-1)}\sum_{q=1}^{Q}\sum_{\substack{g\neq q\\g=1}}^{Q}\mathrm{tr}\left(L^{qg\mathrm{T}}L^{qg}\right)^{\frac{1}{2}}\end{aligned} \tag{6-14}$$

其中，$L^{qg} = \sum_{qq}^{-1/2}\left(\sum_{qg}^{B} - \sum_{qg}^{W}\right)\sum_{gg}^{-1/2}, \sum_{qq} = \left(1/[N-1]\right)\overline{Y}_q\overline{Y}_q^{\mathrm{T}} + \gamma I$，$\gamma$ 为正的正则化参数。

6.2.4　目标函数优化与求解

结合公式(6-8)中的谱内识别分析目标和公式(6-14)中的谱间相关分析目标，可以得到 IDICN 方法的统一目标函数为

$$\arg\min_{\left(\substack{\varsigma_1,\cdots,\varsigma_h,\cdots,\varsigma_H\\ \theta_1,\cdots,\theta_q,\cdots,\theta_Q}\right)} J \tag{6-15}$$

$$J = \frac{1}{2}\sum_{q=1}^{Q}\mathrm{Disc}\left(Y_q\right) + \frac{\alpha}{2Q(Q-1)}\sum_{q=1}^{Q}\sum_{\substack{g=1\\g\neq q}}^{Q}\mathrm{DCorr}\left(Y_q,Y_g\right) \tag{6-16}$$

其中，α 是平衡上述两项的平衡因子。

和大多数现有的深度学习工作一样，采用梯度下降算法来优化设计的深度网络。在梯度下降的基础上，IDICN 遵循链式法则进行优化，即前馈并计算式(6-16)中统一目标的损失，然后将损失反向传播到每一层，从而更新整个网络。首先，计算损失 J 相对于 Y_q 的梯度。根据 Ng 所述[11]，假设 L 的奇异值分解为 $L = UDV^{\mathrm{T}}$，则

$$\frac{\partial\mathrm{Corr}(\Psi,\Phi)}{\partial\Psi} = \frac{\partial\mathrm{tr}\left(L^{\mathrm{T}}L\right)^{1/2}}{\partial\Psi} = \frac{1}{p-1}\left(2\nabla_{uu}\overline{\Psi} + \nabla_{uv}\overline{\Phi}\right) \tag{6-17}$$

其中，$\nabla uu=-(1/2)\sum_{uu}^{-1/2}UDU^{\mathrm{T}}\sum_{uu}^{-1/2}$，$\nabla uv=\sum_{uu}^{-1/2}UV^{\mathrm{T}}\sum_{vv}^{-1/2}$，$p$ 为矩阵 $\varPsi$ 和 $\varPhi$ 的列数。因此，

$$\frac{\partial J}{\partial Y_q}=\frac{1}{N}Y_q\left(\mathcal{A}_q-\mathcal{H}_q\right)+\frac{\alpha}{Q(Q-1)}\left(\frac{1}{N-1}\sum_{\substack{g=1\\g\neq q}}^{Q}\left(2\nabla_{qq}\bar{Y}_q+\nabla_{qg}\bar{Y}_g\right)\right) \tag{6-18}$$

其中，$\nabla qq=-(1/2)\sum_{qq}^{-1/2}U^{qg}U^{qg}\left(U^{qg}\right)^{\mathrm{T}}\sum_{qq}^{-1/2}$，$\nabla qg=\sum_{qq}^{-1/2}U^{qg}\left(V^{qg}\right)^{\mathrm{T}}\sum_{gg}^{-1/2}$，$U^{qg}$、$D^{qg}$ 和 V^{qg} 是根据奇异值分解法将 L^{qg} 分解获得的矩阵，即 $L^{qg}=U^{qg}D^{qg}\left(V^{qg}\right)^{\mathrm{T}}$。

假设 $\vartheta=\left[\varsigma_1,\ldots,\varsigma_H,\theta_1,\ldots,\theta_Q\right]$ 是整个 IDICN 网络的参数。在第 $(t+1)$ 次迭代时，使用有限内存 BFGS 算法[12]对这些参数进行全批量优化更新，梯度计算如下。

$$\Delta\vartheta^t=\left[\Delta\varsigma_1^t,\cdots,\Delta\varsigma_H^t,\Delta\theta_1^t,\cdots,\Delta\theta_Q^t\right]$$

$$\Delta\theta_q^t=\frac{\partial J}{\partial Y_q}\cdot\frac{\partial Y_q}{\partial\theta_q},q=1,\cdots,Q$$

$$\Delta\varsigma_h^t=\frac{\partial J}{\partial Y_q}\cdot\frac{\partial Y_q}{\partial Z_k}\cdot\frac{\partial Z_k}{\partial\varsigma_h},h=1,\cdots,H \tag{6-19}$$

6.3　实验设置与结果分析

为系统评估多光谱人脸识别算法的性能表现，基于多视图学习理论框架，针对多光谱数据特性展开对比实验设计，选用具有代表性的 HK PolyU[13]、CMU[14]和 UWA[15]三个数据库，并构建三类对比算法体系。

(1) 多光谱特征融合方法组，包含基于鲁棒深度局部特征(RDLF)[16]、二维双向主成分分析(2-D2PCA)[13]、光谱纹理嵌入(STE)[17]、波段融合偏最小二乘(bandfusion+PLS)[15]和多层光谱字典学习(MLSDL)[18]等五种前沿方法。

(2) 多视图深度网络(MvDN)[19]方法组。

(3) 传统单模态方法组，涵盖基于局部二值模式(LBP)[20]和时频加权正则化主成分分析(TWR+PCAII)[21]两种经典算法。

由于传统方法组需要将多光谱图像降维至灰度空间，为此本节采用 CIE 2006 标准色度系统[22]进行光谱响应建模，通过色匹配函数实现多光谱到 RGB 空间的精确转换，继而生成符合算法输入的灰度图像。

针对多源异构数据集的实验设置，采用分层随机划分策略以保障数据分布的均衡性与模型泛化的有效性。

HK PolyU 数据集：基于受试者独立原则(Subject-independent)，对每位参与者的多模态数据进行留出法(Hold-out)划分，随机抽取两个非重叠子集作为训练样本集，剩余样本纳入测试集。

CMU 数据集：采用单样本留一法(Leave-one-out)设计，通过蒙特卡洛模拟对每位受试者的多视图数据进行 20 次独立重复实验，每次实验随机选取单一样本用于构建训练集，其余样本用于构建测试集。

UWA 数据集：根据样本规模异质性特点，采用比例分层抽样(Stratified Proportional Sampling)，从 70 名受试者中随机选取 70 个样本作为训练集，其余 50 个样本用于构建测试集。

上述划分策略的详细参数配置见表 6.2。为提升实验结果的统计显著性，所有对比方法均执行 20 次交叉验证(Cross-validation)，并以均值±标准差的形式呈现性能指标。在数据预处理阶段，为兼容 ImageNet 预训练模型的输入规范，采用双线性插值算法(Bilinear Interpolation)将原始光谱图像统一重采样至 227×227 像素分辨率，并进行通道均值归一化(Channel-wise Mean Normalization)处理，以消除光照变异影响。

表 6.2　三种数据集的详细参数配置

数据集	受试者数量	光谱数量	光谱范围	总数据量	训练集大小	测试集大小
HK PolyU	25	33(使用 24 个)	400～720nm	113	50 个数据	63 个数据
CMU	48	65	450～1090nm	147	48 个数据	99 个数据
UWA	70	33	400～720nm	120	70 个数据	50 个数据

本方法涉及 5 个关键参数，光谱集划分基数(H)、顶层特征维度(d_y)、光谱选择数量(Q)、正则化系数(γ)及平衡因子(α)。针对不同数据集的异构特性，采用差异化的参数优化策略，HK PolyU 数据集通过双重交叉验证确定 $H=3$，$\gamma=10^{-2}$，$\alpha=10^{-3}$；CMU 数据集通过五重交叉验证设定 $H=6$，$\gamma=10^{-3}$，$\alpha=10^{-2}$；UWA 数据集经三重交叉验证得到 $H=4$，$\gamma=10^{-3}$，$\alpha=10^{-3}$。参数 d_y 在[50,500]区间以 50 为步长进行网格搜索，最终各数据集统一设定 $Q=5$，具体光谱波段选择详见表 6.3。

表 6.3　三个数据集上选定的光谱波段

数据集	光谱范围	选定的光谱波段子集
HK PolyU	460～690nm	{490,540,550,580,630}nm
CMU	450～1090nm	{570,640,720,930,1010}nm
UWA	400～720nm	{530,540,610,630,690}nm

在网络架构探索方面，采用 50 层残差网络 ResNet-50 替代浅层 CaffeNet 以验证深度特征提取能力，实验表明，深层网络通过多视图协同优化可实现与浅层网络相当的分类性能，这与多视图卷积神经网络(MVCNN)中层次化特征融合的机理一致。进一步地，尝试将 IDICN 框架应用于 LBP 特征空间时发现性能显著下降，其原因在于手工设计特征与多视图自监督学习的动态表征存在兼容性差异，导致视图间互补性不足。

6.3.1 HK PolyU 多光谱数据集上的实验结果

HK PolyU 数据集包含来自 48 名受试者在 400～720nm 光谱范围内采集的 33 波段高光谱图像，采用液晶可调谐滤光片(Liquid Crystal Tunable Filter，LCTF)与卤素灯光源系统实现多光谱成像，其 10nm 步长的精细光谱分辨率显著提升了多视图特征的表征能力。受试群体中前 25 人提供 4～7 组动态外观数据(如发型与皮肤状态变化)，构成 113 组实验样本，其余 23 人提供静态基准数据。在 bandfusion+PLS 与 2-D^{2}PCA 方法框架下，前 6 波段(400～450nm)与末 3 波段(690～720nm)因受环境光散射效应影响产生高噪声，该现象与多光谱成像中瑞利散射的波长依赖性规律相符，故依据 2-D^{2}PCA 的协方差稳定性准则予以去除。图 6.3 展示了 HK PolyU 数据集中一位受试者的 12 个光谱波段的人脸图像示例，为多视图特征融合提供了具有判别性的光谱信息。

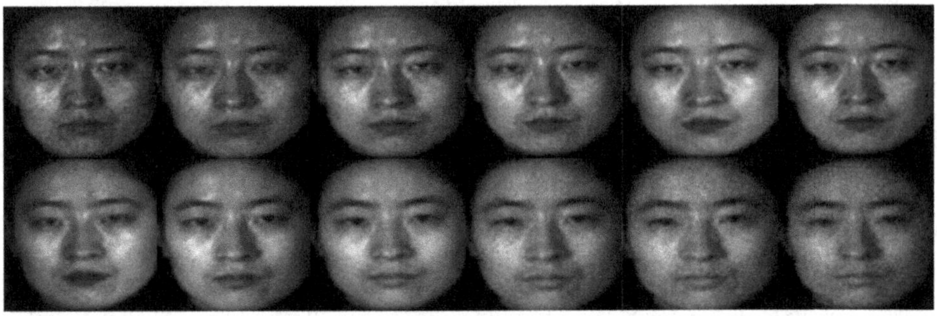

图 6.3　HK PolyU 数据集中一位受试者的多光谱面部图像示例

采用水平翻转等标准化数据增强策略构建图像空间变换集合，有效抑制模型过拟合风险。针对多光谱成像特性，将输入光谱图像嵌入至基于光谱集合特性构建的深度卷积神经网络(DCNN)中进行特征学习。在光谱池化阶段，通过引入基于 Fisher 判别准则的光谱筛选机制，遴选出判别性最优的 Q 个特征光谱，并将筛选所得光谱对应的 Fc7 层特征向量映射至维度为 d_y 的全连接层 Fc8 进行特征空间变换，最终生成维度为 $d_y \times 1$ 的紧凑特征表征。如图 6.4(a)～(c)所示，在 HK PolyU 数据集上可视化呈现了 IDICN 网络 Conv5 层的高阶语义特征响应、Fc7 层的全局紧凑表征，以及 Fc8 层经非线性投影后的判别性特征分布。

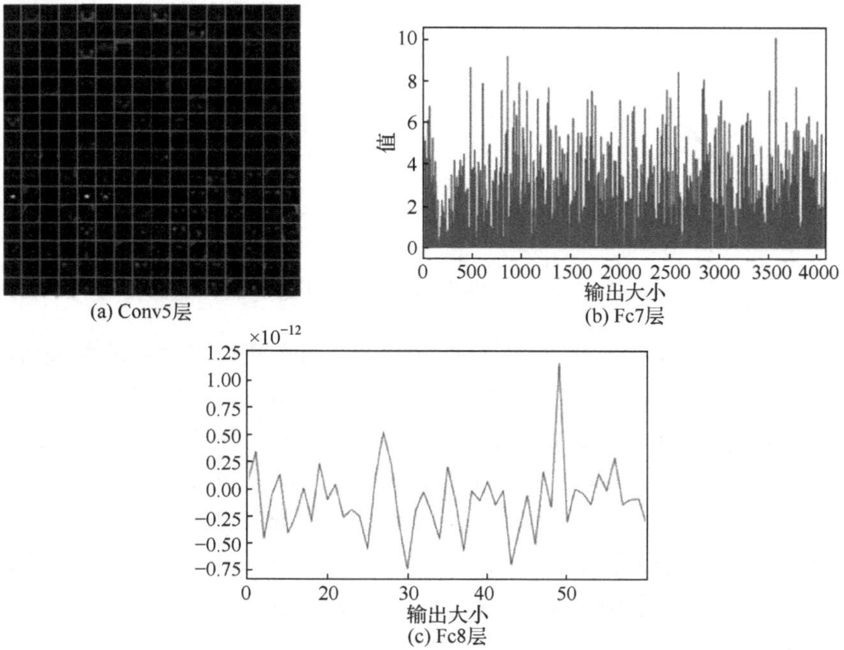

图 6.4　HK PolyU 数据集上的输出特征图像

进一步引入累积匹配特性(Cumulative Match Characteristic，CMC)曲线[23]作为多模态识别系统的核心性能评估框架，通过统计查询样本在 Top-*n* 候选列表中正确匹配的累积概率，构建检索规模扩展与识别性能的量化关联模型。CMC 曲线越快地趋近于 100%，表明所采用的识别方法越有效。图 6.5 展示了在 HK PolyU 数据集上随机运行 20 次后，各比较方法的 rank-*n* 平均识别率。从图中可以明显看出，IDICN 方法始终能够迅速趋近 100%的识别率。该现象印证了多光谱融合策略中 Fisher 判别准则引导的光谱池化机制，通过优化特征表征的类内紧致性与类间可分性，有效提高整体性能。

6.3.2　CMU 多光谱数据集上的实验结果

实验采用的 CMU 多光谱人脸数据集包含 54 个受试者的面部样本，其数据采集通过光谱偏振相机完成，覆盖可见光至近红外光谱区间(450～1090nm)，并以 10nm 光谱分辨率实现 65 个连续波段捕获，为跨模态人脸识别提供了新的生物学

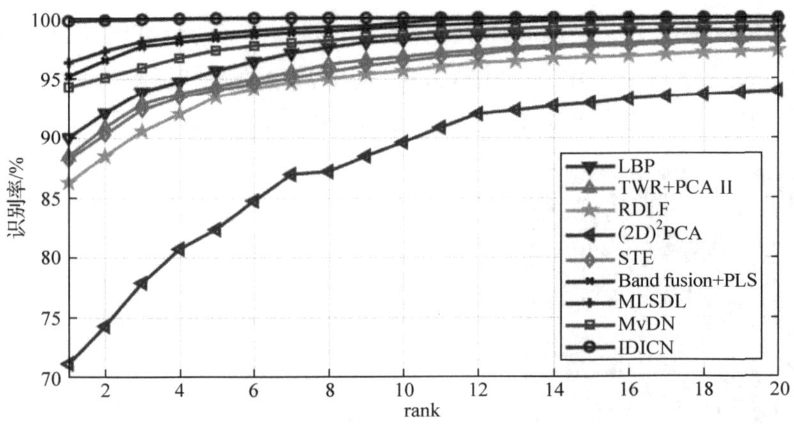

图 6.5　在 HK PolyU 数据集使用 CMC 曲线进行性能比较

特征维度。数据采集采用纵向实验设计，在 4～6 周时间窗内对受试者进行跨周期重复采样(最大采样 5 次)。实验环境设置包含中心光源、双侧辅助光源的全向照明系统，形成四组可控光照条件组合(全光源/中心/左/右单光源)，本研究选取全光照条件下获取的标准化数据子集进行模型训练与验证。该数据集最终包含 48 名有效受试者的 147 组多光谱样本，其中，个体样本分布呈现非均衡特性(1～5 组/人)。图 6.6 展示了典型受试者在 21 个特征波段(选取 450～650nm 可见光敏感区域)的人脸图像信息，揭示脸部皮肤组织在不同光谱通道下的反射特性差异，为多光谱特征融合提供物理依据。

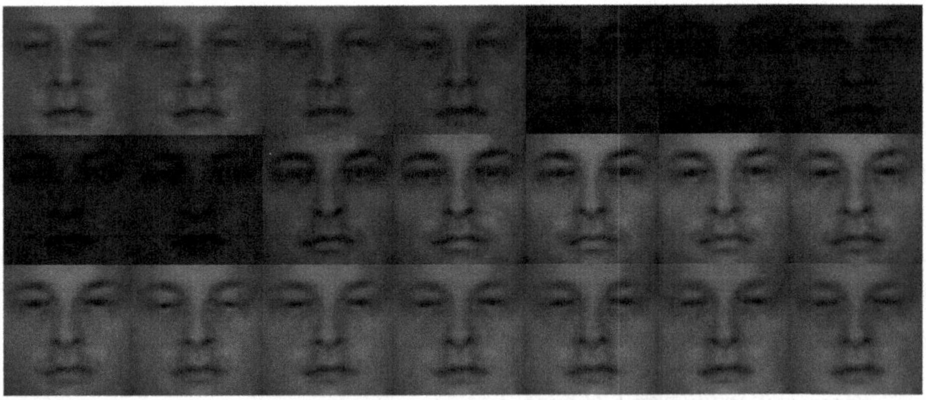

图 6.6　CMU 数据集中一位受试者的多光谱面部图像示例

图 6.7 所示为基于 CMU 多光谱数据集的蒙特卡洛交叉验证实验结果($n=20$)，系统对比了不同算法的 rank-n 平均识别率。在该数据集上，IDICN 方法在 rank-1 情形下具有显著优势，其识别率稳定达到 100%。

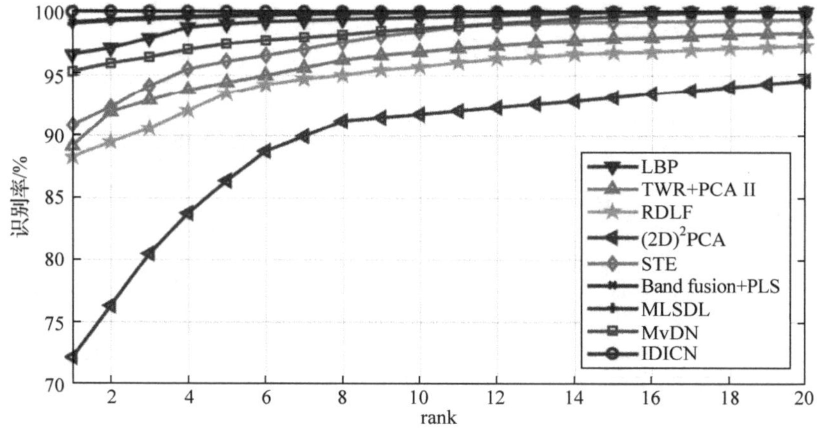

图 6.7　在 CMU 数据集使用 CMC 曲线进行性能比较

6.3.3　UWA 多光谱数据集上的实验结果

UWA 多光谱人脸数据集由 70 名受试者提供的 120 组数据样本构成，其中，每位受试者提供 1～2 组多光谱成像数据。数据采集采用 Cambridge Research & Instrumentation 公司研制的 VariSpec 液晶可调谐滤波器(Liquid Crystal Tunable Filter，LCTF)系统，配合高分辨率光子聚焦成像系统完成光谱图像捕获。每个多光谱数据样本包含 33 个连续光谱通道，光谱覆盖范围 400～720nm，光谱分辨率为 10nm(对应波长维度采样间隔 $\Delta\lambda = 10\text{nm}$)，构成完整的光谱立方体。如图 6.8 所示，通过等间隔选取 400～720nm 范围内 12 个特征波段的图像，展示了该数据库中典型受试者的多光谱人脸表征特性。

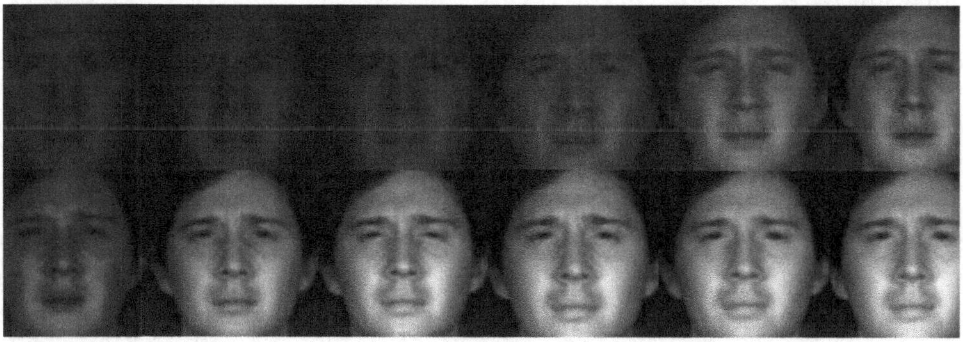

图 6.8　UWA 数据集中一位受试者的多光谱面部图像示例

图 6.9 所示为在 UWA 数据集上随机进行 20 次实验后，各比较方法的 rank-*n* 平均识别率对比结果。在 UWA 数据集上，IDICN 方法表现尤为出色，其识别率曲线始终位于坐标系上层区域，识别率基本上可以达到 100%。

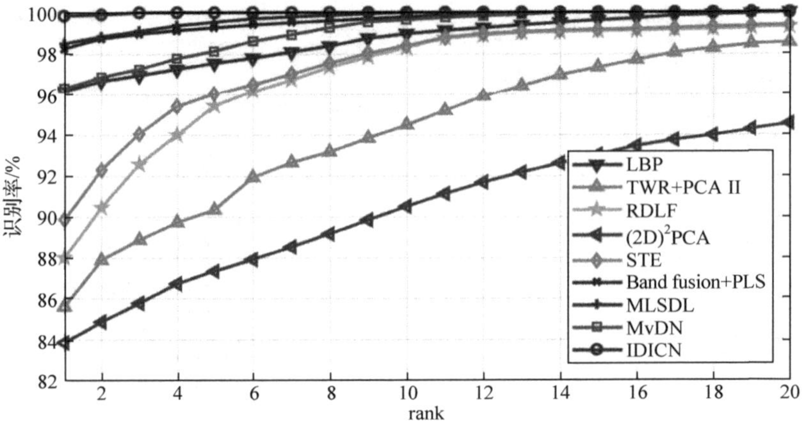

图 6.9　在 UWA 数据集使用 CMC 曲线进行性能比较

6.4　有效性评估

通过对上述三个具有代表性的多光谱数据集的深入分析，接下来，将从以下三个维度来检验 IDICN 方法的有效性。

(1) 评估 IDICN 方法在多光谱人脸识别任务中的整体识别效果。

(2) 探讨谱内识别分析在增强特征表达能力方面的作用及其重要性。

(3) 分析谱间相关分析对于提升识别准确率的影响，以及不同参数设置对方法性能的具体影响。

通过这三个方面的综合评价，全面验证 IDICN 方法在多光谱人脸识别领域的实用性和优越性。

6.4.1　识别效果评估

表 6.4 详细展示了 IDICN 方法及对比方法在 HK PolyU、CMU 和 UWA 三个数据集上的平均识别结果。观察数据可以发现，IDICN 方法在 HK PolyU、CMU、UWA 数据集上平均识别率分别提升了至少 3.43%(99.76%–96.33%)、0.87%(100.00%–99.13%)和 1.34%(99.85%–98.51%)。这一性能提升主要归因于深度卷积神经网络(DCNN)，它能够有效地提取特定光谱集合的特征，并筛选出具有优秀判别力的光谱。同时通过多维度融合策略有效建模谱内识别特性与谱间关联性，从而在特征空间形成更具鉴别力的多视图表征。

为验证实验结论的统计学有效性，表 6.5 进一步展示了基于 McNemar 检验的显著性对比结果。在显著性水平 $\alpha = 0.05$ 的假设检验框架下，各数据集计算获得的 p 值均显著低于临界阈值($p < 0.05$)，这表明 IDICN 方法相对于现有对比方法产生的性能差异具有统计学意义。特别需要指出的是，在 CMU 数据集达到的 100%

识别精度虽呈现饱和特性，但其统计显著性仍被严格验证，这充分证明了 IDICN 方法在极限识别场景下的鲁棒性与泛化能力。

表 6.4 IDICN 方法及对比方法在三个数据集上的平均识别率(均值±标准差，%)

方法	HK PolyU	CMU	UWA
LBP	90.05 ± 2.42	96.61 ± 1.67	96.20 ± 1.05
TWR+PCA Ⅱ	88.46 ± 2.15	89.13 ± 2.03	85.60 ± 2.10
RDLF	86.26 ± 2.84	88.25 ± 2.32	88.01 ± 2.61
$(2D)^2$PCA	71.11 ± 3.16	72.10 ± 5.41	83.85 ± 2.42
STE	88.17 ± 2.35	90.83 ± 2.01	89.85 ± 2.84
Band fusion+PLS	95.20 ± 1.60	99.13 ± 0.57	98.26 ± 1.21
MLSDL	96.33 ± 1.42	99.04 ± 0.66	98.51 ± 1.04
MvDN	94.28 ± 1.69	95.24 ± 1.45	96.34 ± 1.40
IDICN	99.76 ± 0.43	100.00 ± 0.00	99.85 ± 0.25

表 6.5 IDICN 和对比方法在三个数据集上的 *p* 值

方法		HK PolyU	CMU	UWA
IDICN	LBP	4.20×10^{-4}	8.84×10^{-3}	7.37×10^{-4}
	TWR+PCA Ⅱ	3.06×10^{-4}	2.81×10^{-5}	1.49×10^{-5}
	RDLF	4.56×10^{-5}	1.77×10^{-6}	3.55×10^{-5}
	$(2D)^2$PCA	1.92×10^{-6}	2.48×10^{-8}	9.04×10^{-5}
	STE	3.21×10^{-4}	5.24×10^{-4}	1.08×10^{-5}
	Band fusion+PLS	4.01×10^{-3}	1.96×10^{-2}	8.49×10^{-3}
	MLSDL	1.07×10^{-3}	1.05×10^{-2}	1.62×10^{-2}
	MvDN	7.94×10^{-3}	8.27×10^{-3}	4.88×10^{-3}

6.4.2 谱内识别分析与谱间相关分析重要性评估

本节通过消融实验范式对 IDICN 方法的关键组成部分——谱内识别分析、谱间相关分析展开系统性验证。实验构建了四个消融变体模型，其中，ICN 模型缺失谱内识别约束；IDN 模型移除谱间相关分析机制；DCNNs+sp 基线仅采用预训练 CaffeNet 进行浅层特征提取并通过谱池化层执行静态光谱筛选，既不包含谱内识别也不包含谱间相关分析部分；为了评估谱间相关分析部分的判别能力，$IDICN_{TC}$变体则引入谱间总交叉协方差最小化与谱内 Fisher 损失的混合优化目标。

表 6.6 的跨数据集对比实验表明，完整 IDICN 模型相较 DCNNs+sp、ICN 和 IDN 在 HK PolyU、CMU 及 UWA 数据集上均获得有效的性能提升，验证了双组

件协同优化的必要性。而在谱间相关分析中未考虑鉴别性时，$IDICN_{TC}$ 相较于IDICN 的识别性能有所下降。实验结果从经验层面证实了谱内识别正则与谱间关联建模的耦合设计，能够引导深度网络在特征空间形成兼具类内紧致性和跨谱判别性的最优表征。

表 6.6　DCNNs+sp、ICN、$IDICN_{TC}$ 和 IDICN 的平均识别率(均值±标准差，%)

方法	HK PolyU	CMU	UWA
DCNNs+sp	88.20 ± 2.35	91.65 ± 2.11	91.03 ± 2.05
ICN	92.38 ± 1.44	94.70 ± 1.27	93.47 ± 1.40
IDN	94.05 ± 1.33	95.16 ± 1.15	95.62 ±1 .06
$IDICN_{TC}$	98.84 ± 0.62	99.28 ± 0.10	98.91 ±0.47
IDICN	99.76 ± 0.43	100.00 ± 0.00	99.85 ± 0.25

为量化谱段筛选对模型性能与计算效率的协同影响，对比全谱段输入与自适应谱选择两种模式下的识别精度及计算开销，见表 6.7。实验数据表明，谱池化模块在 HK PolyU(24 谱段)、CMU(65 谱段)和 UWA(33 谱段)三个基准数据集上均实现了 5 个具有强判别能力谱段的稳定筛选。在识别性能维度，选择性谱段输入在 HK PolyU 与 UWA 数据集上分别取得 0.06%和 0.03%的精度提升，而在 CMU 数据集上保持全谱段输入的最优性能。在计算效率方面，该模块虽导致训练时间增加 7.5%～10.2%，但使测试时间显著降低 87.7%～91.9%，其中，HK PolyU、CMU 和 UWA 数据集的单次推理耗时分别从 147s、310s 和 152s 缩减至 18s、25s 和 19s。

表 6.7　使用完整光谱或使用选择光谱时的平均识别率(%)和执行时间(单位：s)

数据集	使用完整光谱			使用选择光谱		
	识别率	训练时间	测试时间	识别率	训练时间	测试时间
HK PolyU	99.70	2980	147	99.76	3205	18
CMU	100.00	3864	310	100.00	4259	25
UWA	99.82	3144	152	99.85	3373	19

表 6.7 的对比结果表明，谱池化模块通过端到端优化机制实现了鉴别性谱段的高效筛选与冗余信息剔除的平衡。该模块在保持模型判别性能的同时，将跨谱特征融合的计算复杂度从 $O(n^2)$ 降为 $O(k^2)(k \ll n)$，其中，n 和 k 分别表示原始谱段数和筛选谱段数。这种动态谱选择策略不仅有效抑制了多光谱数据中的噪声干扰，更通过聚焦关键鉴别谱段显著提升了模型的实时推理能力，为构建高效能多光谱识别系统提供了关键技术支撑。

6.4.3　参数敏感性评估

为了探讨 IDICN 框架的超参数优化问题，对系统参数开展敏感性分析。以 HK PolyU 数据集为例，图 6.10 通过四维参数空间实验揭示了光谱集划分基数(H)、正则化系数(γ)、平衡因子(α)，以及光谱选择数量(Q)对模型性能的影响规律。从图中可以看出，IDICN 方法对选择[3,5]范围内的 H、$[10^{-3},10^{-1}]$范围内的 γ 以及 $[10^{-4},10^{-2}]$范围内 α 的敏感性较低。此外，当 Q 的值在[5,10]范围内变动时，可以获得近乎稳定的识别结果。为了简化实验设置，将 HK PolyU 的实验条件设为 $H=3$，$\gamma=10^{-2}$，$\alpha=10^{-3}$，$Q=5$，该参数配置方案在 CMU、UWA 等数据集上也展现出同样的良好泛化性能。

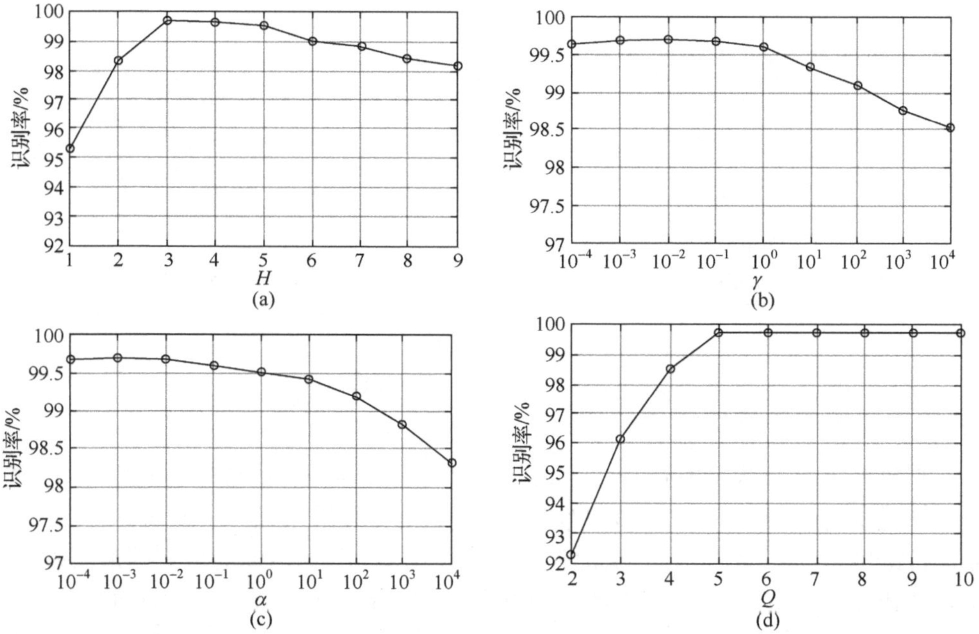

图 6.10　在 HK PolyU 数据集上随参数变化平均识别率的变化情况

通过构建跨域复合数据集 H-U(由 HK PolyU 与 UWA 数据集在 400～720nm 光谱范围内合并组成，包含 95 个受试者的 233 个样本)验证方法的泛化性能。在数据重组策略上，采用分层随机采样构建训练集(HK PolyU 选取 25 个受试者，每人 2 个样本，UWA 选取 70 个受试者，每人 1 个样本)，其余数据则用于测试。参数配置按照先前实验的最优设置($H=3$、$\gamma=10^{-2}$ 和 $\alpha=10^{-3}$)，并在光谱选择模块中锁定 490nm、540nm、580nm、630nm 和 690nm 五个关键鉴别波段。

将表 6.8 中的结果与表 6.6 中报告的结果进行比较，可以看到，当使用拥有更多类别、规模更大的数据集时，算法的识别性能会显著下降。表 6.8 中，

IDICN 方法在 H-U 数据集上的平均识别率达到 84.89%，较其使用完整光谱版本 $IDICN_{CS}$ 提升 0.44%(=84.89%–84.45%)。这一增益虽较单域数据集有所收窄，但仍显著超越现有基准方法(RDLF、STE 等)5.48%～22.17%。相较于参数密集型的深度学习方法 MvDN(79.41%±2.54%)，IDICN 通过动态光谱选择机制实现了参数效率与模型性能的平衡，验证了其在复杂跨域场景下的鲁棒性。实验结果表明，当面临样本规模扩展与类别多样性提升时，现有多光谱识别方法普遍存在 5%～15%的性能衰减，而 IDICN 通过端到端的光谱-空间联合优化机制，将性能波动控制在 0.8%以内，展现出较好的系统稳定性。

表 6.8　比较方法在 H-U 数据集上的平均识别率(均值±标准差，%)

方法	H-U
RDLF	70.98 ± 3.19
$(2D)^2$PCA	62.72 ± 4.73
STE	72.36 ± 3.25
Band fusion+PLS	78.84 ± 2.96
MLSDL	79.24 ± 2.60
MvDN	79.41 ± 2.54
$IDICN_{CS}$	84.45 ± 2.07
IDICN	84.89 ± 2.05

6.5　本 章 小 结

本章提出一个基于多光谱特征联合优化的深度神经网络框架——IDICN，构建了针对不同光谱集的多分支深度卷积网络架构，并采用光谱集专属的特征编码器进行谱域特征解耦，通过光谱池化层实现自适应、鉴别性强的端到端谱段筛选。IDICN 还设计了谱间-谱内双重约束损失函数，在特征空间同时优化类间可分性与谱间互补性。最后，在 HK PolyU、CMU 和 UWA 三个广泛应用的多光谱数据集上对 IDICN 方法进行性能评估。实验结果表明，该方法优于相关对比方法，验证了光谱内鉴别分析部分、光谱间相关分析部分和光谱池化层的有效性。此外，实验结果也表明了 IDICN 网络的有效性，该网络收敛速度快，运行时间短。在未来的工作中，计划在非受控环境下采集多光谱人脸图像，并在这些多光谱人脸图像上进一步验证所提出方法的性能。

参 考 文 献

[1] Pan Z, Healey G, Prasad M, et al. Face recognition in hyperspectral images[J]. IEEE Transactions on Pattern Analysis and Machine Intelligence, 2003, 25(12): 1552-1560.

[2] Chen Q, Sun J, Palade V, et al. Hierarchical clustering based band selection algorithm for hyperspectral face recognition[J]. IEEE Access, 2019, 7: 24333-24342.

[3] Zhao W, Du S. Spectral–spatial feature extraction for hyperspectral image classification: A dimension reduction and deep learning approach[J]. IEEE Transactions on Geoscience and Remote Sensing, 2016, 54(8): 4544-4554.

[4] Li Y, Xie W, Li H. Hyperspectral image reconstruction by deep convolutional neural network for classification[J]. Pattern Recognition, 2017, 63: 371-383.

[5] Chen Y, Jiang H, Li C, et al. Deep feature extraction and classification of hyperspectral images based on convolutional neural networks[J]. IEEE Transactions on Geoscience and Remote Sensing, 2016, 54(10): 6232-6251.

[6] Li W, Wu G, Zhang F, et al. Hyperspectral image classification using deep pixel-pair features[J]. IEEE Transactions on Geoscience and Remote Sensing, 2016, 55(2): 844-853.

[7] Maggiori E, Tarabalka Y, Charpiat G, et al. Convolutional neural networks for large-scale remote-sensing image classification[J]. IEEE Transactions on Geoscience and Remote Sensing, 2016, 55(2): 645-657.

[8] Jia Y, Shelhamer E, Donahue J, et al. Caffe: Convolutional architecture for fast feature embedding[C]// Proceedings of the 22nd ACM international conference on Multimedia, Orlando. ACM, 2014: 675-678.

[9] Uzair M, Mahmood A, Mian A. Hyperspectral face recognition with spatiospectral information fusion and PLS regression[J]. IEEE Transactions on Image Processing, 2015, 24(3): 1127-1137.

[10] Belhumeur P N, Hespanha J P, Kriegman D J. Eigenfaces vs. fisherfaces: Recognition using class specific linear projection[J]. IEEE Transactions on Pattern Analysis and Machine Intelligence, 1997, 19(7): 711-720.

[11] Ng A, Ngiam J, Foo C Y, et al. Unsupervised feature learning and deep learning tutorial[J]. CS294A Lecture, 2013.

[12] Liu D C, Nocedal J. On the limited memory BFGS method for large scale optimization[J]. Mathematical Programming, 1989, 45(1): 503-528.

[13] Di W, Zhang L, Zhang D, et al. Studies on hyperspectral face recognition in visible spectrum with feature band selection[J]. IEEE Transactions on Systems, Man, and Cybernetics, 2010, 40(6): 1354-1361.

[14] Denes L J, Metes P, Liu Y. Hyperspectral face database[R]. Carnegie Mellon University Robotics Institute Technical Report, 2002.

[15] Uzair M, Mahmood A, Mian A. Hyperspectral face recognition with spatiospectral information fusion and PLS regression[J]. IEEE Transactions on Image Processing,2015,24(3):1127-1137.

[16] Chang H, Koschan A, Abidi B, et al. Fusing continuous spectral images for face recognition under indoor and outdoor illuminants[J]. Machine Vision Applications,2010,21(2):201-215.

[17] Zhao H, Sun S. Sparse tensor embedding based multispectral face recognition[J]. Neurocomputing, 2014,133:427-436.

[18] Jing X Y, Wu F, Zhu X, et al. Multi-spectral low-rank structured dictionary learning for face recognition[J]. Pattern Recognition, 2016,59:14-25.

[19] Kan M, Shan S, Chen X.Multi-view deep network for crossview classification[C]// Proceedings of the IEEE Conference on Computer Vision and Pattern Recognition, Las Vegas. IEEE, 2016:4847-4855.

[20] Ahonen T, Hadid A, Pietikainen M. Face description with local binary patterns: Application to face recognition[J]. IEEE Transactions on Pattern Analysis and Machine Intelligence,2006, 28(12):2037-2041.

[21] Shi X, Guo Z, Nie F, et al. Two-dimensional whitening reconstruction for enhancing robustness of principal component analysis[J]. IEEE Transactions on Pattern Analysis and Machine Intelligence,2016,38(10):2130-2136.

[22] CIE-CMFs. CIE 2006 Color Matching Functions[EB/OL].[2017-10-05]. http://www.crvl.org/ciexyzpr.htm.

[23] Tao D, Jin L, Wang Y, et al. Person re identification by minimum classification error-based KISS metric learning[J]. IEEE Transactions on Cybernetics,2015,45(2):242-252.

第 7 章　基于共享-独有半监督学习的多视图深度鉴别表示学习方法

人类认知系统具备多模态感知与半监督学习双重特性，一方面通过视觉、听觉等多感官融合实现环境信息的互补性表征，另一方面在标注信息有限的条件下完成复杂推理。这种生物启发的认知机制为智能系统设计提供了重要启示——特别是在医疗影像分析领域，由于专业标注的高成本与跨模态数据(如 CT、MRI、病理切片)的普遍存在，构建能有效融合多视图信息，并利用未标注数据的半监督多视图表示学习方法具有迫切现实需求[1]。

多视图数据的三大本质属性(一致性、互补性、冗余性)[2,3]构成表示学习的基础与挑战。现有多视图表示学习方法主要分为两大范式[4]，基于连接的方法通过将不同视图的表示连接起来形成统一的多视图表示；基于对齐的方法着力于跨视图一致性优化，却难以捕捉互补特征。尽管这两类方法在实践中都取得了显著成效，但它们并未全面考虑多视图数据的三大特性。具体来说，基于连接的方法虽然简单高效，但忽视了一致性和冗余问题，导致信息冗余严重[5]；而基于对齐的方法虽然能够利用一致性，但未能有效处理不同视图间的互补信息，导致在共识最大化过程中部分互补信息丢失。为了克服这些不足，共享-独有多视图表示学习方法逐渐崭露头角，将每个视图的信息划分为共享部分和独有部分，并尝试仅对齐共享部分。然而，该方法仍处于初步发展阶段，面临诸多难点。当前的共享-独有多视图表示学习方法的局限在于：尽管尝试分离共享信息与独有信息，但缺乏有效的约束，无法实现理想的分解效果，导致共享和独有信息相互干扰，最终影响表示学习的效果[6]。

与此同时，深度学习框架的引入显著提升了多视图表征的建模能力，但网络深度的增加导致对标注数据的依赖加剧[7]。鉴于此，本章提出一种共享-独有半监督多视图深度表示学习方法，利用无标注数据提升模型性能。上述多视图表示学习方法的优缺点比较见表 7.1。

表 7.1　多视图表示学习方法的优缺点

技术类别	优点	缺点
基于连接的多视图表示学习方法	简单高效，通过连接不同视图的表示来形成统一的多视图表示	忽视视图间的一致性和信息冗余问题，导致冗余信息影响表示学习效果

续表

技术类别	优点	缺点
基于对齐的多视图表示学习方法	强调视图间的一致性，能够最大化视图之间的共识，提升表示效果	无法充分处理视图间的互补信息，部分互补信息在最大化共识过程中丢失
共享-独有多视图表示学习方法	将每个视图的信息划分为共享部分和独有部分，减少冗余，专注于对齐共享信息	缺乏有效的约束，难以实现理想的共享与独有信息分解，导致信息相互干扰，影响表示学习质量

7.1　共享-独有半监督多视图表示学习研究基础及本章研究内容

近年来，半监督多视图学习领域呈现多元化发展趋势，主要技术路径可归纳为协同训练法[8]、图方法[9]、对齐法[10]，以及其他基于经典半监督学习策略的算法。Cheng 等[11]提出一种适用于 RGB-D 对象识别的半监督多模态深度学习框架，其中包含多样性协同训练模块，用于为无标签数据生成伪标签。Noroozi 等[12]提出半监督多视图表示学习网络，该网络通过最大化无标签数据不同视图间的相关性，充分利用了未标注数据。此外，还有一些方法结合了传统半监督学习策略，如拉普拉斯正则化[13]和流形平滑正则约束[14]，以增强模型的泛化能力。本章结合深度度量学习和密度聚类，提出一种全新的伪标记半监督学习框架，第一，可以同时利用多视图数据的一致性和互补性，且能够处理多视图数据中的冗余；第二，可以利用无标签数据中蕴含的信息来提升表示学习性能。

本章主要研究内容总结如下。

(1) 提出一种名为 MDDRL(Multi-view Deep Discriminant Representation Learning)的共享-独有多视图表示学习方法。通过正交约束和对抗性相似约束的结合，MDDRL 有效利用了多视图数据的共性与互补性，同时大幅减少了冗余信息的影响。据我们所知，MDDRL 是第一个同时考虑了多视图数据一致性、互补性与信息冗余处理的深度多视图表示学习方法。

(2) 基于深度度量学习与密度聚类，设计一个新的半监督学习框架 SMDDRL。该框架将深度度量学习与密度聚类相结合，形成互补关系。具体来说，深度度量学习通过优化决策边界，提升了密度聚类的表现；反之，密度聚类通过扩展标注数据量，进一步增强了深度度量学习的效果，大体框架如图 7.1 所示。

(3) 在网页分类、图像分类、文本分类三个任务的六个公开数据集上验证了所提方法的有效性。实验结果表明，第一，半监督多视图表示学习方法在多个任务中取得了先进的性能；第二，深度度量学习与密度聚类的协同工作成功挖掘了无标签数据中的潜在信息，提升了表示学习的效果。

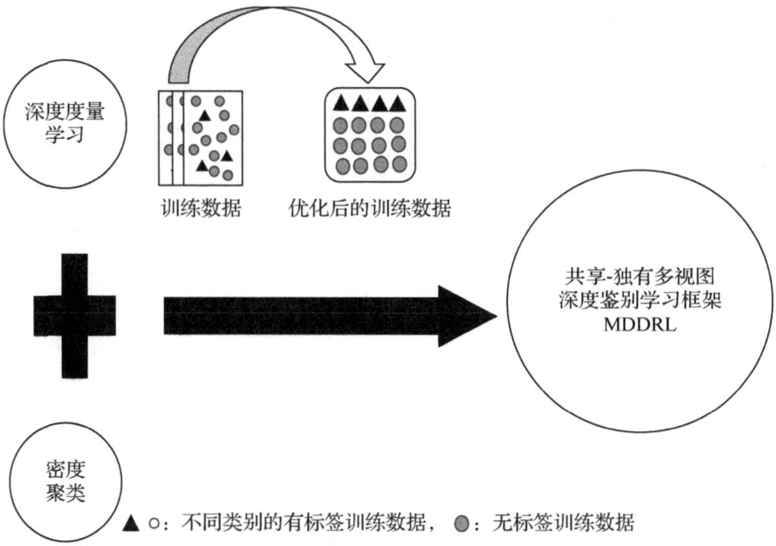

图 7.1　SMDDRL 框架

7.2　半监督多视图深度鉴别表示学习

多视图表示学习的核心在于充分发挥多视图数据的一致性与互补性，并妥善处理信息冗余问题。基于这一目标，本章提出半监督多视图深度鉴别表示学习方法(SMDDRL)。SMDDRL 由两大模块组成，共享-独有多视图深度鉴别表示学习框架(见 7.2.1 节)，以及基于深度度量学习和密度聚类的半监督学习策略(见 7.2.2 节)。SMDDRL 的整体架构与训练过程如图 7.2 所示。

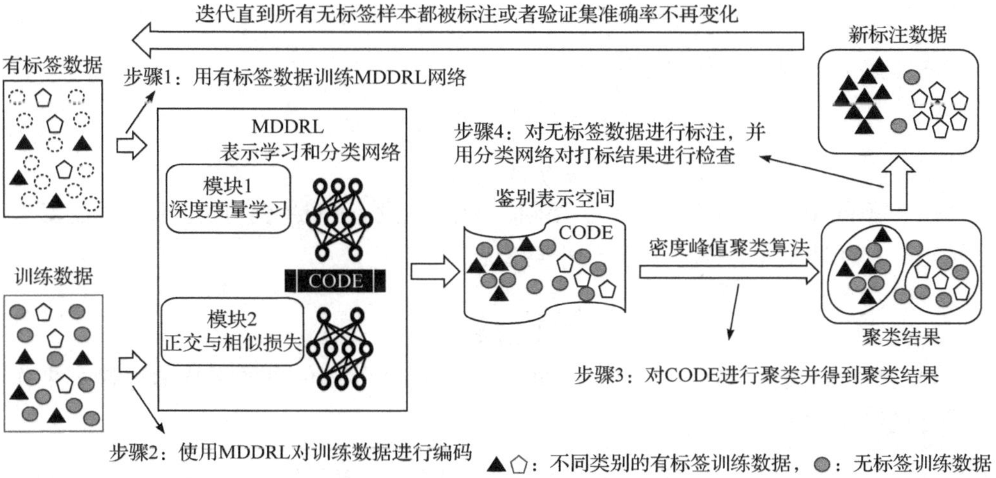

图 7.2　SMDDRL 的整体架构与训练过程

7.2.1　共享-独有多视图深度鉴别表示学习框架

基于表示学习和分类主干的设计，共享-独有多视图深度鉴别表示学习框架(MDDRL)引入两个组件——深度度量学习和正交与对抗相似约束，来提升其性能。因此，MDDRL 的损失函数包含三部分，并表示为三部分的加权和：分类损失 L_c 、约束损失 $L_{Diff}+L_{Adv}$ 和深度度量学习的对比损失 L_{Con} 。MDDRL 的损失函数表示为

$$L=L_c+\lambda_1\left(L_{Diff}+L_{Adv}\right)+\lambda_2 L_{Con} \tag{7-1}$$

其中，λ_1,λ_2 为两个平衡因子。

1. 共享-独有多视图表示学习

共享-独有多视图表示学习方法将每个视图中包含的信息建模为共享信息和独有信息，并使用两个网络来分别提取每个视图中的共享信息和独有信息。假设 $X=\{x_i\in\mathbb{R}^d\}_{i=1}^N$ 为 N 个多视图训练样本，其中，d 为样本 x_i 的维度，且每个样本包含 M 个视图。令 $X^k=\{x_i^k\in\mathbb{R}^{d_k}\}_{i=1}^N$ 为第 k 个视图的特征，x_i^k 为第 i 个样本的第 k 个视图。d_k 代表 x_i^k 的维度，$k=1,2,\cdots,M$ ，且 $d=\sum_{k=1}^M d_k$ 。

对于样本 x_i^k ，本方法分别使用一个共享网络和一个独有网络对其进行映射，共享映射可以表示为

$$h_{c,i}^k=W_c^k x_i^k, W_c^k\in\mathbb{R}^{r_1\times d_k} \tag{7-2}$$

独有映射可以表示为

$$h_{s,i}^k=W_s^k x_i^k, W_s^k\in\mathbb{R}^{r_2\times d_k} \tag{7-3}$$

对于第 k 个视图，联合起来表示为

$$h_i^k=\begin{pmatrix}h_{c,i}^k\\ h_{s,i}^k\end{pmatrix}=\begin{pmatrix}W_c^k\\ W_s^k\end{pmatrix}\cdot x_i^k \tag{7-4}$$

由于不同视图的共享信息几乎相同，因此，没有必要将它们全部纳入到最终表示中，MDDRL 采用共享信息的平均值：

$$h_{c,i}=\frac{1}{M}\sum_{l=1}^M h_{c,i}^l \tag{7-5}$$

最后，MDDRL 将来自所有视图的独有信息和共享信息的平均值连接起来作为最终的特征表示：

$$h_i=\left[h_{c,i}^{\mathrm{T}},h_{s,i}^{1\ \mathrm{T}},h_{s,i}^{2\ \mathrm{T}},\cdots,h_{s,i}^{k\ \mathrm{T}},\cdots,h_{s,i}^{M\mathrm{T}}\right]^{\mathrm{T}} \tag{7-6}$$

得到样本特征的表示后，MDDRL 用一个分类器对该表示进行分类，并将此分类网络与共享-独有表示学习网络一起训练，使用交叉熵损失作为分类损失。

2. 对抗相似约束与正交约束

共享-独有多视图表示学习方法旨在分别处理每个视图的共享信息和独有信息。然而，这两种信息不会自动分离。为了分离共享信息和独有信息，并降低信息冗余，MDDRL 引入正交约束和对抗相似约束。正交约束将共享信息和独有信息分解，并防止它们相互污染。对抗相似约束利用对抗性训练，可以保证不同视图共享信息之间的相似性。正交约束和对抗相似约束的细节描述如下。

受文献[15,16]启发，MDDRL 使用正交约束将每个视图的共享信息和独有信息分解。令矩阵 S^k 和 H^k 的每一行代表从第 k 个视图获得的共享输出和独有输出，它们之间的正交约束定义为

$$L_{Diff} = \left\| {S^k}^{\mathrm{T}} H^k \right\|_F^2 \tag{7-7}$$

其中，$\|\cdot\|_F^2$ 表示平方 Frobenius 范数。

受文献[15,17,18]启发，MDDRL 借鉴了来自生成对抗网络[19]的对抗相似约束来设计相似性损失。具体来说，MDDRL 将表示学习网络视为生成器 G，并将共享信息作为生成结果。然后 MDDRL 使用一个 M 分类的分类器作为鉴别器 D，用于鉴别所生成的共享信息源自哪个视图，或者，换句话说，鉴别共享信息所属的分布。对于第 i 个样本的第 k 个视图 x_i^k，令 $G_k\left(x_i^k\right)$ 表示从此视图生成的共享信息，则 $G_k\left(x_i^k\right)$ 来自第 k 个视图的概率为

$$P_i^k = D\left(G_k\left(x_i^k\right)\right) \tag{7-8}$$

其中，G_k 是第 k 个视图的生成器。

在训练阶段，判别器 D 试图找出每个共享信息的来源视图，即对于 $G_k\left(x_i^k\right)$，最大化 P_i^k。相反，生成器 G_k 试图最小化这个概率。将这两个目标放在一起，得到一个最大最小化(minmax)的博弈：

$$L_{Adv} = \min_{\theta_G} \max_{\theta_D} \left(\sum_{i=1}^{N} \sum_{k=1}^{M} l_i^k \log D\left(G_k\left(x_i^k\right)\right) \right) \tag{7-9}$$

其中，l_i^k 表示 x_i^k 的真实视图标签。MDDRL 同时训练鉴别器和生成器，直到鉴别器无法区分从不同视图生成的共享信息之间的差异。到这个阶段，不同视图的共享信息已经足够相似。

3. 基于孪生网络的深度度量学习

为了增强所学表示的鉴别能力，MDDRL 引入深度度量学习，并使用经过改进的孪生网络(Siamese Network)加速其收敛。孪生网络以成对样本作为输入，如果成对样本来自同一类，孪生网络会将它们之间的距离拉得更近。否则，孪生网络会尝试将它们之间的距离推得比超参数 Margin 更远。在这里，孪生网络采用平方欧几里得距离作为距离度量。具体来说，对于一对样本 x_i 和 x_j，表示学习网络将它们分别表示为 h_i 和 h_j 后，孪生网络将它们映射到一个子空间中，并分别由 $code_i$ 和 $code_j$ 表示，它们之间的距离计算为

$$d\left(x_i,x_j\right)=\left\|code_i-code_j\right\|^2 \tag{7-10}$$

孪生网络使用对比损失：

$$L=\frac{1}{2N}\sum_{n=1}^{N}\left[y_n d_n^2+\left(1-y_n\right)\max{}^2\left(\text{Margin}-d_n,0\right)\right] \tag{7-11}$$

其中，d_n 是第 n 对输入的距离，由公式(7-10)计算，y_n 表示配对样本是否来自同一类，如果是，$y_n=1$，否则，$y_n=0$。

传统的孪生网络使用随机选择的样本对作为输入，这会导致对比损失剧烈抖动，不仅不易获得稳定结果，而且影响性能。因此，MDDRL 改进了对比损失。对于一个 mini-batch，新的损失定义为

$$L_{Con}=\frac{1}{2m}\sum_{i=1}^{m}\left\{\left(x_i-\mu_{same}\right)^2+\max{}^2\left[\text{Margin}-\left(x_i-\mu_{Diff}\right),0\right]\right\} \tag{7-12}$$

其中，m 是批量大小，x_i 是此 mini-batch 中的第 i 个训练样本。对于 x_i，μ_{same} 是这个 mini-batch 中与 x_i 具有相同类别标签的样本的平均值，μ_{Diff} 是 x_i 具有不同类别标签的样本的平均值。此外，MDDRL 在每次迭代中对训练集进行 shuffle 操作。

改进后的损失比原始损失收敛得更快，原因有两个：首先，小批量的平均值比随机选择的样本更稳定；其次，在欧几里得空间中，每个类的类中心收敛到样本的平均值。当每个样本都有一个稳定的目标(类中心)时，损失收敛会变得更快。

7.2.2　基于深度度量学习和密度聚类的半监督学习方法

近几年，一些半监督深度学习方法被提出[20]。其中，基于伪标签[21]的方法显示出稳定的效果并优于其他方法。深度神经网络包含大量需要训练的参数，而更多的参数通常需要更多有标签的数据来支撑。基于伪标签的半监督学习方法能够直接生成带标签的数据，这对于深度模型的训练更为有利。因此，本章更倾向于使用基于伪标签的半监督学习策略。

深度度量学习旨在学习一个空间，在这个空间中来自同一类的样本很接近，来自不同类的样本相距很远，而 MDDRL 中使用深度度量学习来降低类别边界的样本密度，并使类别边界更加清晰。这正是聚类方法所基于的假设，决策边界应位于低密度区域，以提高聚类算法的泛化性[22]。因此，深度度量学习可以通过使决策边界更清晰来帮助聚类，实验结果(见图 7.3)也证实了这一发现。其中，图 7.3(a)为使用孪生网络(Margin=3.0)的结果，图 7.3(b)为不使用孪生网络的结果。实验结果表明，深度度量学习使决策边界更加清晰。因此，本章将深度度量学习与聚类相结合来给无标签数据打上标签。

本章的研究内容采用密度峰值聚类算法[23]，原因是密度峰值聚类的时间复杂度低(时间复杂度为 $O(N)$)，并且密度聚类可以发现任意形状的簇。

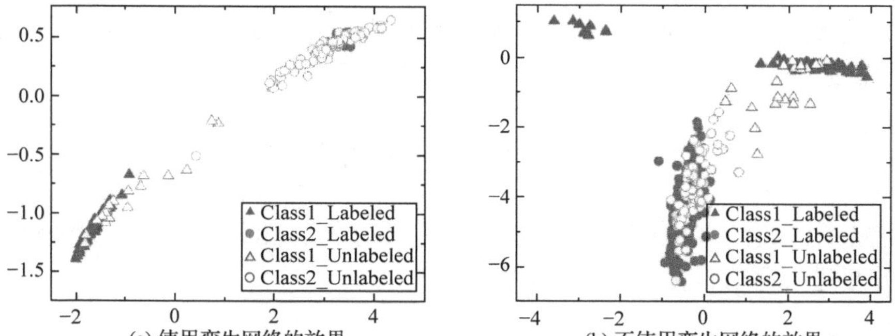

(a) 使用孪生网络的效果　(b) 不使用孪生网络的效果

图 7.3　有无深度度量学习在 WebKB 数据集上的表示对比

1. 交替迭代优化

本章采用另一种交替迭代优化的训练策略来训练所提半监督多视图表示学习框架中的两个组件(MDDRL、基于深度度量学习和密度聚类的半监督学习方法)，交替迭代优化主要有以下四个步骤。

步骤 1：使用有标签训练数据训练 MDDRL，然后计算验证准确率。

步骤 2：使用经过训练的 MDDRL 对有标签和无标签的训练数据进行编码并获得表示(CODE)。

步骤 3：对 CODE 进行聚类，并获得聚类结果。

步骤 4：用聚类结果对无标签数据打上标签。

为了提高打上标签的准确率，用分类网络对新打上标签的数据进行重新检查，即只保留聚类标签与其分类标签一致的新打标数据。然后 SMDDRL 将这些新打上标签的数据和原始有标签数据叠加，作为新的有标签数据。

SMDDRL 在每次迭代中重复上述步骤，直到验证准确性不再提高或所有无标签训练样本都被打上标签。最后，SMDDRL 在测试集上运行测试。

在这个框架中，MDDRL 和密度聚类相辅相成。一方面，MDDRL 通过两种方式帮助密度聚类，首先，它通过使决策边界更清晰来协助聚类；其次，它降低了数据维数，从而使密度聚类免受维数灾难的影响。另一方面，密度聚类为 MDDRL 带来了新的有标签数据。有了更多的有标签数据，MDDRL 可以学习到更好的表示空间。

2. 实现细节

要实现 SMDDRL，需要注意以下两个细节。

(1) SMDDRL 需要选择平方欧几里得距离作为密度聚类算法的距离度量。由于深度度量学习、密度聚类和分类网络都基于相同的表示空间，因此，它们需要使用相同的距离度量。

(2) 原始的有标签训练数据在所有迭代中保持不变，这个设置是为了防止半监督算法变成一种贪心算法。

7.3 典型的多视图学习任务评估

在三个典型的多视图学习任务——网页分类、图像分类和文档分类上对 SMDDRL 进行评估，并采用如下的基线对比方法。

1. 三种半监督多视图学习方法

- Vertical Ensemble Co-Training[24](VE-CoT，基于协同训练的方法)
- Auto-weighted Multiple Graph Learning[25](AMGL，基于图的方法)
- Multi-view Learning with Adaptive Neighbors[9](MLAN，基于图的方法)

2. 三种半监督多视图深度表示学习方法

- Semi-supervised Multimodal Deep Learning Framework[11](SMDLF，基于 Co-training 的连接多视图表示学习方法)
- Deep Canonically Correlated Autoencoder[26](DCCAE，基于 CCA 的对齐多视图表示学习方法)
- Multi-view Discriminative Neural Network[12](MDNN，基于 DNN 的对齐多视图表示学习方法)

采用分类准确率(classification accuracy)和 F1 值(F1-score)作为评价指标。

7.3.1 网页分类

1. 数据集与对比方法

除了基线对比方法，还对比了两种多视图特征学习方法。

(1) Vector-valued Reproducing Kernel Hilbert Spaces (VRKHS)[27]。

(2) Semi-supervised Multi-view Correlation Feature Learning (SMCFL)[10]。

在以下两个数据集上对这些方法进行对比。

WebKB：WebKB[28]是应用最早的多视图数据集之一。WebKB 包含 1051 个网页，分为两类，其中，230 个样本属于课程类，821 个样本属于非课程类。WebKB 数据集包含两个视图，一个是页面视图(Page)，表示网页页面中的内容；另一个是链接视图(Link)，表示链接到这些网页超链接中的锚点文本。评估使用 WebKB 的一个预处理版本，在此版本中，页面视图和链接视图分别被降到 3000 维和 1840 维。

AD：网页广告数据集 Advertisement[29]，简称 AD，用于测试网页广告分类器的性能。AD 数据集包含 3279 个网页样本，分为两类，458 个广告网页和 2821 个非广告网页。本节同样使用 AD 的一个预处理版本，使用其中的 3 个视图，495 维的基础 URL(BaseURL)、475 维的图像 URL(Image URL)和 472 维的目标 URL(Destination URL)。

2. 实验设置

对于每个数据集，随机选择其中 50%数据用于构建训练集，剩余 50%数据进行测试。为了模拟半监督场景，随机选择一定比例(10%、30%、50%、70%、90%)的训练数据作为有标签训练数据，其余的作为无标签训练数据。

对于需要验证集的方法，即 VE-CoT、DCCAE 和 SMDDRL，随机选择一半的有标签训练数据作为验证集。由于 VE-CoT、SMDLF、DCCAE 和 MDNN 只适用于两个视图的情况，因此，在 AD 中使用分类精度最高的两个视图。VE-CoT 使用的两个分类器是 RBF SVM 和 Gaussian Naive Bayes。对于 DCCAE，使用有标签训练数据和无标签训练数据训练自编码器，并使用有标签训练数据训练分类器。

在 SMDDRL 中，超参数 λ_1， λ_2 在 WebKB 上分别设置为 0.45 和 0.85，在 AD 上则分别设置为 0.65 和 1.15(通过网格搜索中获得，详细信息见 7.4 节)。所有深度模型中使用的多层网络都是四层全连接网络(不包括输入层)，四层的神经元个数分别是{128，64，64，32}。SMDDRL 使用 Adam 优化器来训练，初始学习率设置为 3×10^{-4} 。此外，使用 dropout(rate=0.5)和 L_2 对 SMDDRL 方法进行正则化。对于不同比例的有标签训练数据，将每种方法重复 20 次试验并记录平均值。

3. 实验结果与分析

所有对比方法在网页分类数据集 WebKB 和 AD 上的分类准确率和 F1 值如图 7.4 所示。

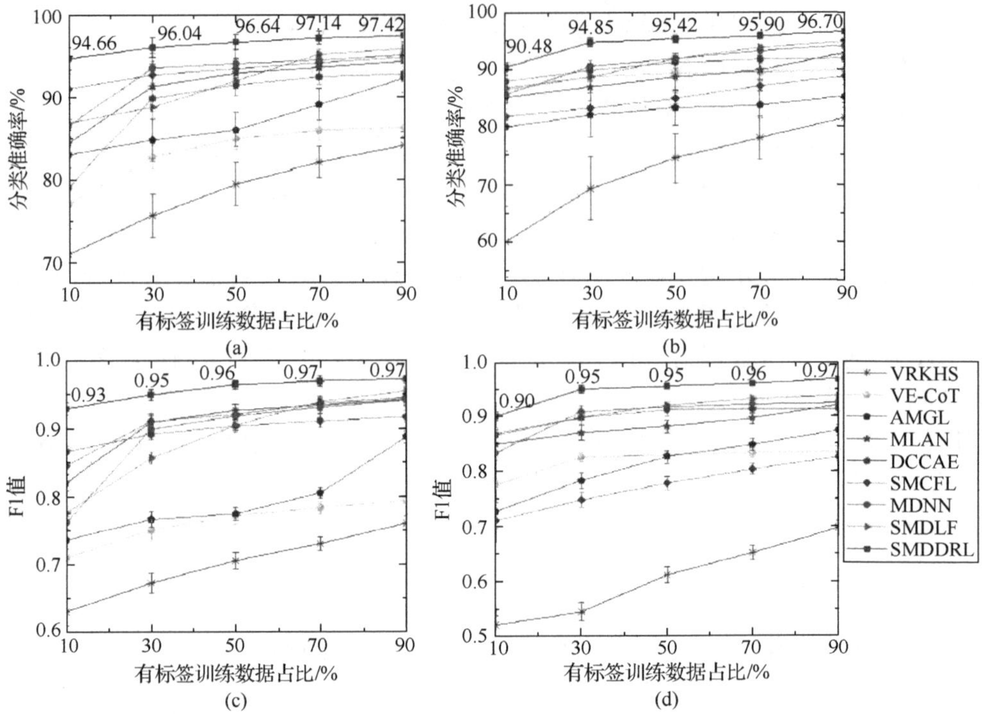

图 7.4　所有对比方法在网页分类数据集 WebKB((a)、(c))和 AD((b)、(d))上的分类准确率和 F1 值

图 7.4 展示了所有方法在网页分类上的对比结果，SMDDRL 的网页分类效果明显优于其他对比方法。其背后的原因有以下三个方面，首先，与非深度方法相比，SMDDRL 采用深度学习，确保了其学习表示的质量。其次，与基于连接的或基于对齐的多视图表示学习方法不同，SMDDRL 同时考虑了多视图数据的一致性和互补性，并且避免了信息冗余对表示学习的影响。最后，凭借所提出的半监督学习框架，SMDDRL 有效地利用了无标签数据中的信息。

7.3.2　图像分类

1. 数据集与对比方法

除了基线对比方法，还对比了另外一种多视图图像分类方法：Multi-view semi-supervised classification Via Adaptive Regression(MVAR)[30]。

在图像分类任务中，使用两个大型多视图图像数据集。

NUS-Object：NUS-Object 包含 30 000 张图像，31 个类(例如，熊、鸟、牛、虎、鲸)[31]。每张图像由五种特征表示：64 维度的颜色直方图(color histogram)、144 维度的颜色相关图(color correlogram)、73 维度的边缘方向直方图(edge direction histogram)、128 维度的小波纹理(wavelet texture)和 225 维度的块状颜色矩(blockwise color moment)。

Noisy MNIST：Noisy MNIST 数据集包含 70 000 张手写数字灰度图像[26]，它源自经典 MNIST 数据集。每个 Noisy MNIST 样本都是通过对原始 MNIST 样本执行特定操作而得到。Noisy MNIST 包含两个视图，第一个视图通过将 MNIST 中的原始图像旋转一定角度而获得；第二个视图通过向原始 MNIST 样本添加随机噪声而获得。

对于 Noisy MNIST 数据集，使用常规的训练测试划分(60k，10k)。对于需要验证集的方法，从训练集中拆分 10 000 个样本作为验证集，其他设置与网页分类相同。

2. 实验结果与分析

图 7.5 展示了所有对比方法在图像分类任务上的分类准确率和 F1 值。

从图 7.5 可以看出：

(1) 在大多数情况下，DCCAE、MDNN 和 SMDDRL 的表现优于 VE-CoT、AMGL 和 MLAN。这些方法使用了深度神经网络，在有充足样本的情况下可以学习到更好的表示。

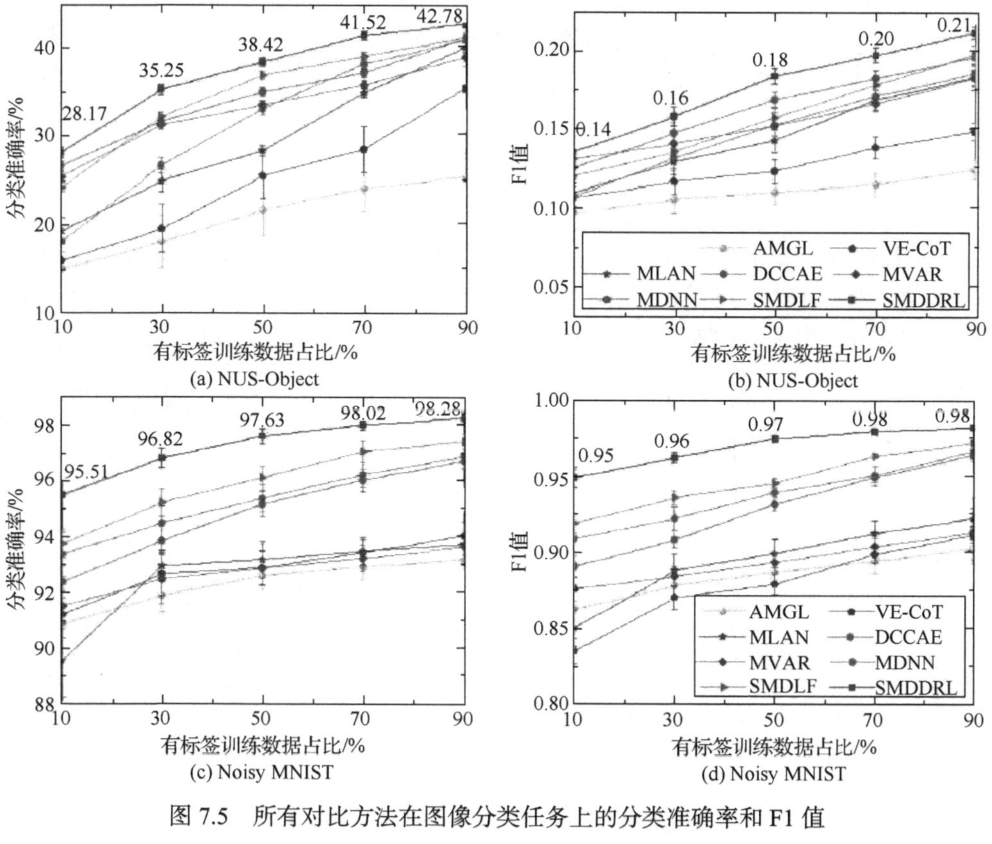

图 7.5　所有对比方法在图像分类任务上的分类准确率和 F1 值

(2) 在深度学习方法中，SMDDRL 优于对齐方法，例如，DCCAE 和 MDNN 方法。原因是基于对齐的表达学习方法寻求最大化不同视图之间的一致性。在这个过程中，这些方法旨在最大化多视图中主体(例如，NUS-Object 中的动物)之间的一致性，从而导致对图像中独有信息(例如，动物的栖息地)的忽视，但这些信息对于分类是有用的，忽视它们会导致分类性能的下降。SMDDRL 将视图间的共享信息和视图内独有信息都集成到最终的表示中，进而获得更好的性能。

7.3.3 文档分类

1. 数据集与对比方法

还对比了另外一种多视图文本分类方法：Co-Labeling[32]。

在文本分类任务上，采用以下两个数据集。

(1) BBC：BBC 包含 5 个类别(商业、娱乐、政治、体育和科技)的 2225 份文档，本节将每份文档随机划分为两个视图。

(2) Reuters：Reuters 包含 6 个类别的 18 758 份多语言文档。每份文档均以 5 种语言编写，即英语、法语、德语、意大利语和西班牙语。参考前人的工作[32]，对于具有多个类标签的文档，本节使用其样本数最小的类标签。和文献[33]一样，对 Reuters 使用 50%的标记数据进行两种语言分类。其他设置与网页分类和图像分类相同。

2. 实验结果与分析

图 7.6、表 7.2 和表 7.3 展示了所有对比方法在文档分类任务上的分类准确率和 F1 值，整体趋势与图像分类的实验结果相似。需要注意的是，在 BBC 数据集上，SMDDRL 的性能仅略好于 Co-Labeling。主要原因是 BBC 数据集仅包含 2225

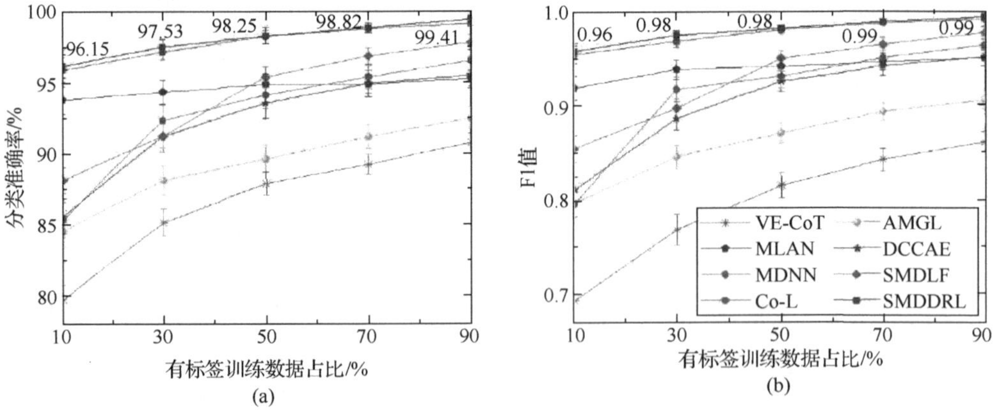

图 7.6 所有对比方法在 BBC 数据集上的分类准确率和 F1 值

个样本，深度学习方法无法得到充分训练。然而，在 Reuters 数据集上，因为有足够的训练数据，深度学习方法(SMDFL 和 SMDDRL)的效果优于 Co-Labeling。

表 7.2　所有对比方法在 Reuters 数据集上的分类准确率(%)

方法	数据集			
	Rt.EN-FR	Rt.EN-GR	Rt.EN-IT	Rt.EN-SP
VE-CoT	73.80 ± 1.92	74.44 ± 1.66	74.38 ± 1.49	73.89 ± 2.05
AMGL	57.35 ± 3.25	54.37 ± 3.86	58.47 ± 3.14	55.85 ± 4.73
MLAN	79.25 ± 2.46	78.51 ± 2.25	81.41 ± 1.97	78.46 ± 2.62
DCCAE	82.92 ± 0.92	84.05 ± 0.85	85.32 ± 0.74	83.47 ± 0.79
MDNN	84.71 ± 0.72	85.80 ± 0.68	86.76 ± 0.58	83.36 ± 0.69
SMDFL	89.92 ± 0.68	91.18 ± 0.56	91.24 ± 0.45	87.85 ± 0.59
Co-Labeling	87.62 ± 1.21	85.88 ± 0.91	88.51 ± 1.04	86.19 ± 0.93
SMDDRL	**94.12** ± **0.87**	**93.09** ± **0.89**	**94.47** ± **0.92**	**92.83** ± **0.91**

表 7.3　所有对比方法在 Reuters 数据集上的 F1 值(均值±标准差)

方法	数据集			
	Rt.EN-FR	Rt.EN-GR	Rt.EN-IT	Rt.EN-SP
VE-CoT	0.60 ± 0.02	0.62 ± 0.02	0.61 ± 0.01	0.59 ± 0.02
AMGL	0.48 ± 0.06	0.43 ± 0.04	0.49 ± 0.05	0.45 ± 0.07
MLAN	0.75 ± 0.03	0.74 ± 0.03	0.77 ± 0.02	0.74 ± 0.03
DCCAE	0.80 ± 0.01	0.82 ± 0.01	0.83 ± 0.01	0.81 ± 0.01
MDNN	0.82 ± 0.01	0.84 ± 0.01	0.84 ± 0.01	0.80 ± 0.01
SMDFL	0.88 ± 0.01	0.90 ± 0.01	0.90 ± 0.01	0.85 ± 0.01
Co-Labeling	0.86 ± 0.02	0.85 ± 0.01	0.88 ± 0.02	0.85 ± 0.01
SMDDRL	**0.94 ± 0.01**	**0.93 ± 0.01**	**0.94 ± 0.01**	**0.93 ± 0.01**

从信息论的角度来看，多视图表示学习方法应该充分利用多视图数据中包含的信息，并尽可能地去掉冗余信息以提高所学表示的信噪比。从这一角度分析，基于连接的表示学习方法在连接过程中保留了所有信息，但它们忽略了信息冗余，这使得分类器难以从冗余的表达中提取有用的信息。基于对齐的表达方法在对齐过程中会丢失部分视图的独有信息，造成信息丢失。共享-独有表示学习方法全面利用了多视图的信息，减少了冗余，提高了所学表示的信噪比。因此，可以获得更好的表示和更高的分类准确率。

此外，处理噪声是信息和机器学习研究中的一个重要课题，多视图数据中也存在噪声。多项研究表明，由于噪声的存在，假设空间中可能不存在使经验风险最小化为零的解的情况非常常见[34,35]。因此，通过对多视图数据中的噪声进行建模，可以进一步提升共享-独有多视图表示学习方法的性能。

7.4　实验验证与有效性评估

为了系统验证 SMDDRL 框架中各改进组件的协同优化效应，在 WebKB、Noisy MNIST 和 BBC 基准数据集构建了全面的消融实验体系。实验设计严格遵循对比控制原则，通过多维度性能指标的量化分析，深入探究模型各模块的贡献度及其相互作用机制。主要从四方面系统评估模型性能，首先，对比改进前后的对比损失函数，验证其在提升编码能力与收敛速度上的优势；其次，测试多种对齐策略对 SMDDRL 框架的增强效果；再次，分析不同半监督学习策略对模型性能的差异化影响规律；最后，通过参数实验揭示平衡因子在协调模型各组件效能中的关键作用，全面验证方法改进的有效性与参数配置的合理性。

7.4.1　消融实验

在表示学习和分类主干网络(B)的基础上，SMDDRL 添加了三个组件来增强其性能，即相似(S)正交约束(O)、深度度量学习(DM)和半监督学习框架(SSF)。为了评估这些组件的贡献，本节进行了消融实验。从主干网络开始，逐渐添加其他组件，并得到 5 个方法版本：B、B+S、B+SO、B+SO+DM 和 SMDDRL。在 WebKB、Noisy MNIST 和 BBC 数据集上以 F1 值为评价指标对它们进行比较，其他设置保持不变。

图 7.7 展示了实验的对比结果。从图 7.7 中可以看出：

(1) B、B+S 和 B+SO 的结果表明，主干网络在加入相似性约束后，性能有所提高。加入正交约束后，性能进一步提高。由此可见，相似约束与正交约束通过消除冗余信息的干扰，都能够有效提高分类性能。

(2) B+SO 和 B+SO+DM 的结果表明，深度度量学习提高了分类性能。深度度量学习增强了学习表示的鉴别能力，进而提高性能。

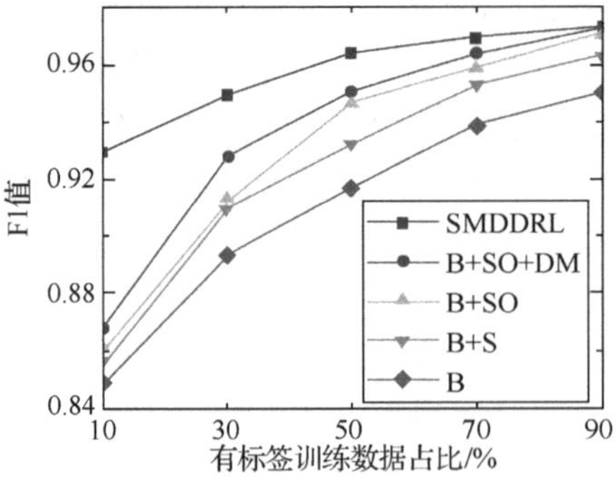

(a) WebKB

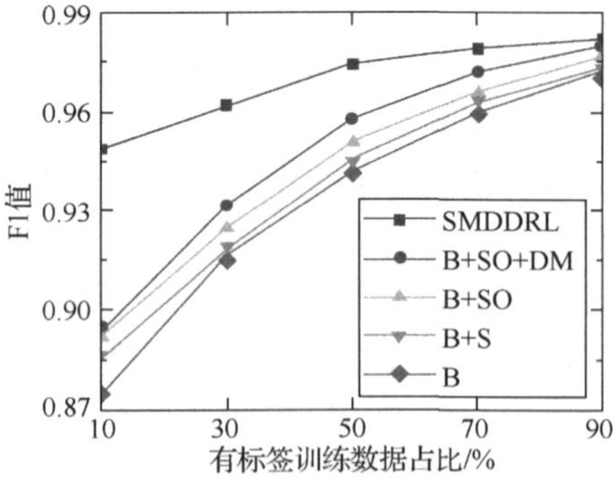

(b) Noisy MNIST

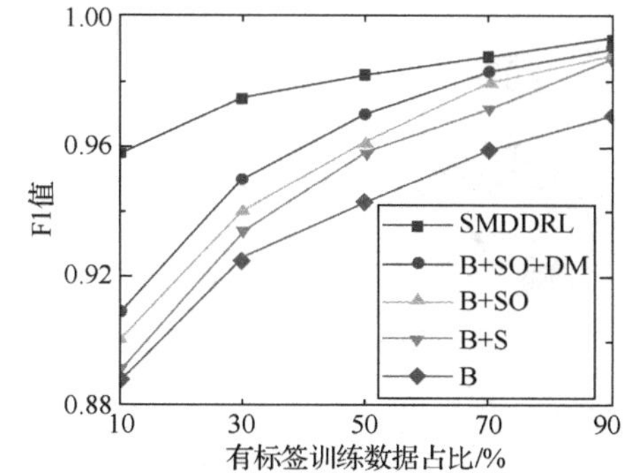

(c) BBC

图 7.7 SMDDRL 在 WebKB，Noisy MNIST 和 BBC 上的消融实验

(3) B+SO+DM 和 SMDDRL 的结果表明，半监督学习框架对分类有显著贡献，但这种贡献随着有标签训练数据的增加而减小。导致这一问题的原因是深度学习方法在小规模数据集上存在过拟合，随着有标签数据的增加，过拟合减弱，方法的性能逐渐提升。

7.4.2 改进对比损失函数的有效性

为了探究改进对比损失函数的有效性，在 WebKB 和 Noisy MNIST 两个数据集上对比原始对比损失函数与改进对比损失函数的编码能力和收敛速度。构建两个孪生网络，它们之间唯一的区别是损失函数。对两个孪生网络进行相同轮数的训练，并记录损失的变化趋势。

图 7.8 展示了两个孪生网络所产生的表示和损失变化情况。从图 7.8 中可以看出：

(1) 从改进后的对比损失函数中学习的表示优于从原始对比损失函数中学习的表示。

(2) 经过改进的对比损失函数相较于原始对比损失函数展现了更快的收敛速

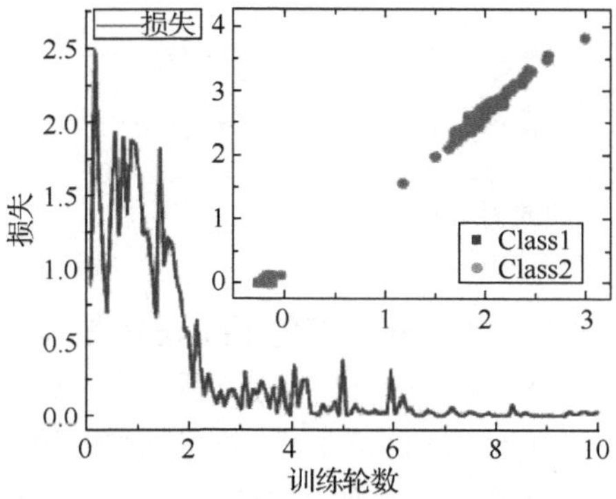

(a) 原始对比损失(WebKB)

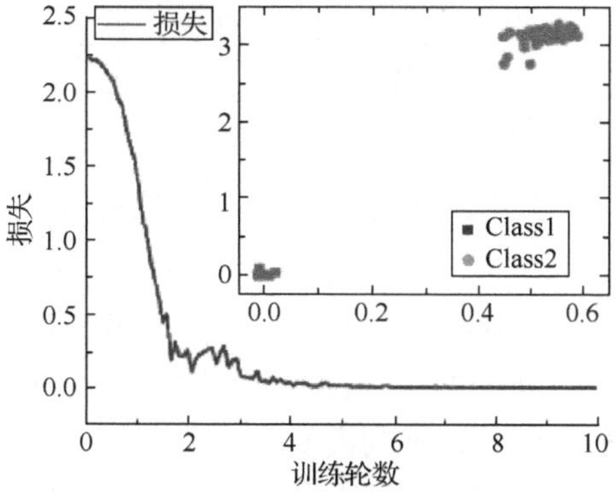

(b) 改进对比损失(WebKB)

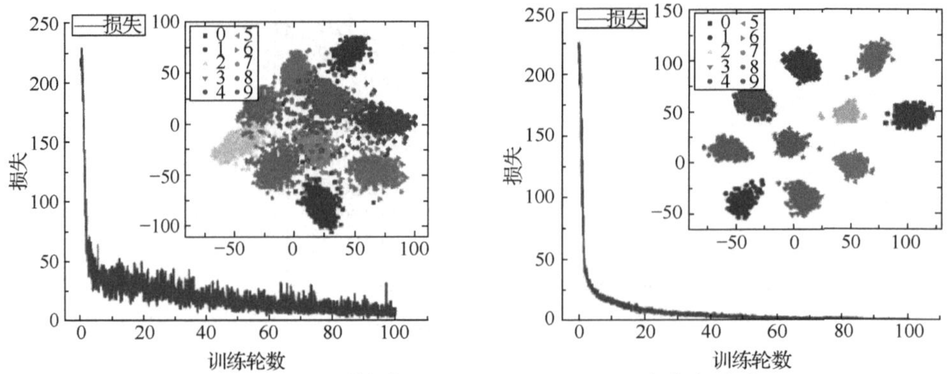

(c) 原始对比损失(Noisy MNIST数据集)　　(d) 改进对比损失(Noisy MNIST)

图 7.8　原始对比损失和改进的对比损失在 WebKB 和 Noisy MNIST 上的表示和损失的比较，其中 Margin 在 WebKB 上设置为 3.0，在 Noisy MNIST 设置为 50.0

度，这一改进得益于改进后的对比损失函数采用平均值法。具体来说，原始对比损失函数在随机选取输入样本时，孪生网络的编码性能容易受到每一对训练数据波动的影响。相较之下，改进的对比损失函数采用平均值策略，平均值相较于随机选择的样本更为稳定，对比损失函数的表现也变得更加稳定。因此，改进后的对比损失函数能够更快地收敛。

此改进同样可以从间隔理论的角度得到解释。与原始对比损失函数相比，改进的对比损失函数对间隔分布进行了优化。具体而言，孪生网络的优化过程可以通过间隔理论来解释。为了直观起见，以二维特征表示空间为例进行说明。如图 7.9 所示，若两个类别中心点通过一条直线相连，那么这条直线的长度应当与所谓的间隔(Margin)相近，分类的超平面可以视为这条连线的垂直平分线。对于第 i 个样本 x_i，其间隔 Margin_i 可以通过 x_i 与垂直平分线之间的距离来衡量。孪生网络的训练过程实质上是在对所有训练样本的间隔进行优化。

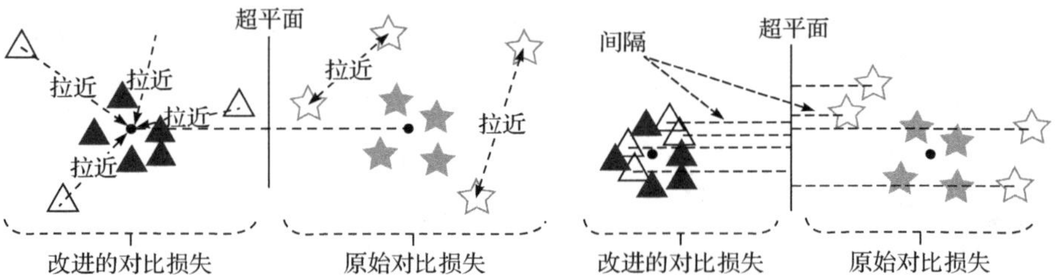

图 7.9　用间隔理论解释本章对孪生网络的改进

本章提出的改进对比损失函数比原始对比损失函数更好地优化了间隔分布。Gao 和 Zhou[36]证明，在间隔优化问题中，优化间隔分布，即最大化平均间隔并最小化间隔方差，可以提高模型的泛化能力。原始对比损失函数将同一类的两个随机样本拉到一起。而改进的对比损失函数用 mini-batch 内一类样本的平均值作为此类样本中心值的估计，并将这些样本拉到类中心。平均值的引入可以帮助改进的对比损失函数在每次迭代中获得更小的间隔方差(见图 7.9(b))，而原始对比损失函数需要更多的迭代才能达到相同水平的间隔方差。因此，改进后的对比损失函数收敛得更快。

7.4.3　不同对齐策略的影响

SMDDRL 需要将不同视图的共享信息对齐，为了研究不同对齐策略的有效性，通过实验比较了以下几种对齐策略。

(1) CCA：CCA 通过最大化不同表示之间的相关性来进行对齐。

(2) Pairwise Ranking Loss(PRL)：一种基于相似度的对齐策略。PRL 使用点积作为表示之间的相似度度量[37]。

(3) Adversarial Similarity Constraint(ASC)：基于对抗训练的分布对齐。

(4) PRL+ASC：结合 PRL 与 ASC 的对齐策略。

在 AD(3 个视图)、NUS-Object(5 个视图)和 BBC(2 个视图)数据集上使用 50%的有标签数据进行训练，对比这些策略的 F1 值，同时记录各种策略的训练时间。

表 7.4 呈现了不同对齐策略的效果对比结果，从表 7.4 可以看出，PRL 和 ASC 在所有数据集上的 F1 值相近。但是，随着视图个数的增加，PRL 的训练时间比 ASC 的训练时间长得多。其背后的原因是，PRL(CCA)需要计算每对视图之间的相似度(相关性)，而 ASC 对所有视图只计算一次。同时，使用 PRL 和 ASC 可以有效提高方法性能。

表 7.4　不同对齐策略的效果对比(F1 值|训练时间/s)

数据集	对齐策略			
	CCA	PRL	ASC	PRL+ASC
AD	0.91 | 87.25	0.95 | 76.32	0.95 | 41.02	0.96 | 97.64
NUS-Object	0.15 | 33626.21	0.19 | 31258.94	0.19 | 9127.36	0.20 | 38724.59
BBC	0.95 | 33.05	0.98 | 29.83	0.98 | 33.78	0.98 | 52.18

7.4.4　不同半监督学习策略的影响

为了探究不同半监督学习策略对 SMDDRL 的影响，对比以下半监督学习策略。

(1) Manifold Tangent Classifier(MTC)[38]：基于流形平滑约束(Manifold Smoothness Regularization)的半监督学习策略。

(2) Virtual Adversarial Training(VAT)[39]：基于局部平滑约束(Local Smoothness Regularization)和虚拟对抗扰动(Virtual Adversarial Perturbation)的半监督学习策略。

(3) Temporal Ensembling(TE)[40]：基于时序集成(Temporal Ensembling)和伪标

记(Pseudo-label)的半监督学习策略。

(4) DM+DC：本章提出的方法，基于深度度量学习和密度峰值聚类的半监督学习策略。

在 WebKB、Noisy MNIST 和 BBC 数据集上对比这些策略在 50%有标签训练样本情况下的 F1 值。表 7.5 展示了不同半监督学习策略的效果对比结果，从表 7.5 中可以看出：

(1) 采用伪标记的半监督学习策略相较于基于正则化的半监督学习策略展现出更卓越的性能。这是因为基于伪标记的半监督学习策略可以直接提供更多的有标签数据，更适合于深度学习方法。

(2) 半监督学习策略取得了与其他策略相近的结果。这个结果受益于三个方面，首先，SMDDRL 的策略遵循聚类假设，SMDDRL 假设类别边界应该位于密度区域，并利用深度度量学习来扩展决策边界以提高方法的泛化能力；其次，为了提高对无标签样本标记的准确性，SMDDRL 用训练好的分类器对新标记的数据进行重新检查；最后，SMDDRL 采用 L_2 正则化和 dropout，进一步确保了 SMDDRL 方法的泛化能力。

表 7.5 不同半监督学习策略的效果对比(F1 值，均值±标准差)

数据集	半监督学习策略			
	MTC	VAT	TE	DM+DC
WebKB	0.93 ± 0.02	0.95 ± 0.01	0.96 ± 0.01	0.96 ± 0.01
Noisy MNIST	0.95 ± 0.01	0.96 ± 0.01	0.97 ± 0.01	0.97 ± 0.01
BBC	0.94 ± 0.02	0.97 ± 0.02	0.98 ± 0.01	0.98 ± 0.01

7.4.5 平衡因子对方法性能的影响

通过实验探讨平衡因子 λ_1 和 λ_2 对 SMDDRL 方法性能的作用，并在有标签训练数据占比 40%的条件下，运用网格搜索技术来确定最优的平衡因子。在每种参数组合下，SMDDRL 都重复执行 20 次并记录平均 F1 值。

图 7.10 展示了设置不同平衡因子 λ_1 和 λ_2 在 WebKB、Noisy MNIST 和 BBC 三个数据集上的运行结果。如图 7.10 所示，最优平衡因子 λ_1 和 λ_2 在 WebKB 数据集上为 0.45 和 0.85，在 Noisy MNIST 数据集上为 0.25 和 0.75，在 BBC 数据集上为 0.75 和 0.45。此外，在 AD 数据集上找到的最优平衡因子 λ_1 和 λ_2 是 0.65 和 1.15，在 NUS-Object 数据集上是 0.25 和 0.65，在 Reuters 数据集上是 0.35 和 0.95。

7.4.6 训练时间与收敛性

本节评估 SMDDRL 的训练时间和收敛速度。表 7.6 对比了 SMDDRL 和其他

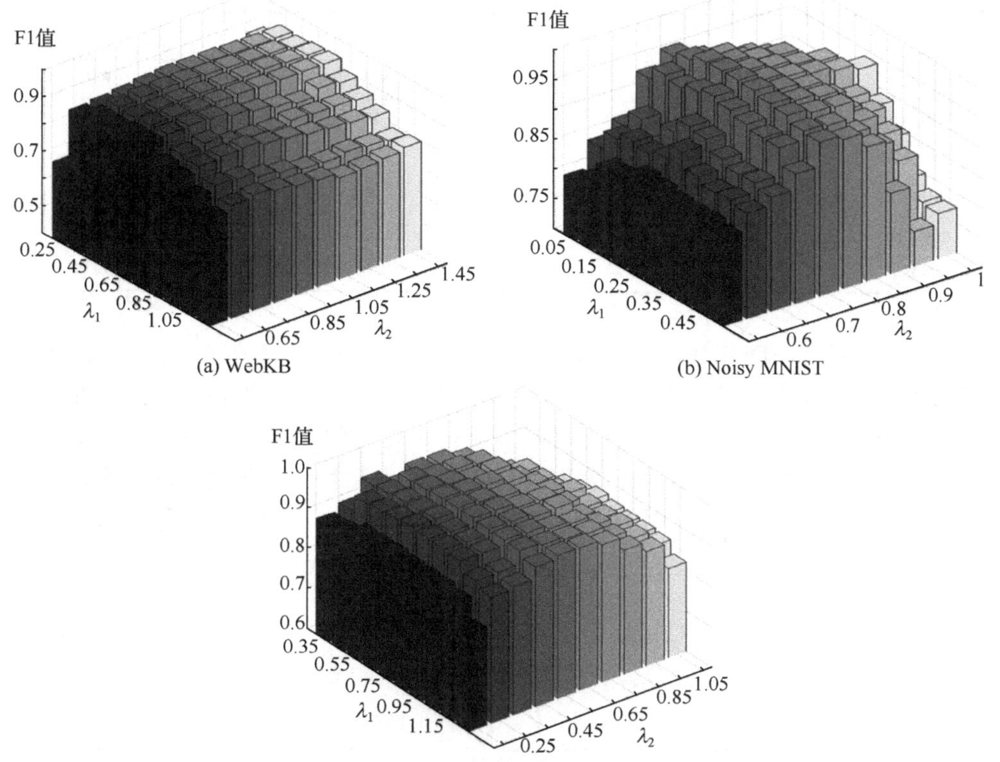

(a) WebKB　(b) Noisy MNIST　(c) BBC

图 7.10　平衡因子 λ_1 和 λ_2 在 WebKB、Noisy MNIST 和 BBC 三个数据集上对方法 F1 值的影响

基线在 50%有标签训练样本情况下的训练时间。时间数据是从一台配备 Intel Core i7 CPU(四核、主频 3.6GHz)、两张 NVIDIA GTX1080Ti GPU 和 16GB 内存的计算机收集的。

从表 7.6 中可以看出，SMDDRL 的训练时间是可以接受的。SMDDRL 和 SMDFL 消耗了相似的训练时间，因为它们都采用交替迭代优化。此外，在测试阶段，SMDDRL 对每个样本的测试时间小于 0.1s，而且在实践中，训练阶段通常是离线的，因此，SMDDRL 能够在实际中使用。

表 7.6　训练时间对比(单位：s)

方法	数据集					
	WebKB	AD	NUS-Object	N-MNIST	BBC	Rt.EN-FR
Ve-CoT	2.08	12.28	2659.27	956.50	11.15	157.09
AMGL	1.87	8.76	3857.17	1198.26	9.52	133.36

续表

方法	数据集					
	WebKB	AD	NUS-Object	N-MNIST	BBC	Rt.EN-FR
MLAN	2.31	18.53	7892.81	4177.03	25.84	561.76
DCCAE	8.86	15.69	8739.23	1021.81	17.71	265.44
MDNN	6.32	12.73	7073.84	989.49	15.07	249.48
SMDFL	12.57	39.17	9361.92	1183.44	36.25	825.97
SMDDRL	11.22	41.02	9127.36	1127.52	33.78	854.36

为了验证 SMDDRL 的收敛性，在有标签数据占比 50%的条件下，记录 SMDDRL 在 6 个数据集上的收敛曲线。如图 7.11 所示，SMDDRL 的损失在迭代过程中并未出现剧烈波动，而是逐渐收敛于一个稳定值。此外，收敛曲线上的小幅波动反映了优化过程在完成一轮聚类后，顺利进入下一轮迭代。这一实验结果揭示了 SMDDRL 在实际应用中由于其快速的收敛特性，展现出良好的可扩展性。

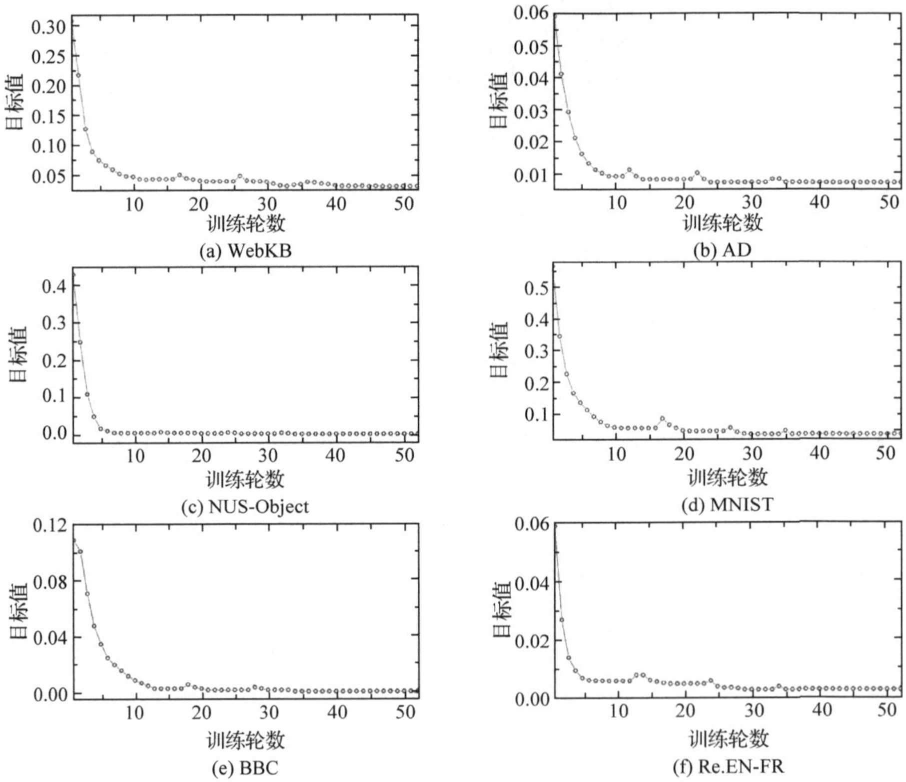

图 7.11　SMDDRL 在 6 个数据集上的收敛曲线

7.5 本章小结

本章首先提出一种新的共享-独有多视图深度鉴别表示学习方法 MDDRL，通过引入正交约束和对抗性相似约束，MDDRL 不仅可以同时有效利用多视图数据的一致性和互补性，而且降低了所学表示的冗余。然后，为了使 MDDRL 获得半监督学习能力，将深度度量学习和密度聚类相结合，提出一种新的半监督学习策略，进而提出 SMDDRL。相比于 MDDRL，SMDDRL 可以有效利用无标签数据中的信息来提高其表示学习性能。最后，在网页分类、图像分类、文本分类任务上的实验表明，SMDDRL 的表示学习能力优于最先进的半监督多视图表示学习方法，同时进一步的探究实验也验证了 SMDDRL 在多视图表示学习方面的优越性和鲁棒性。

参考文献

[1] Li Y, Yang M, Zhang Z. A survey of multi-view representation learning[J]. IEEE Transactions on Knowledge and Data Engineering, 2018, 31(10): 1863-1883.

[2] Xu C, Tao D, Xu C. A survey on multi-view learning[J]. arXiv Preprint, arXiv: 1304. 5634, 2013.

[3] Xie X, Sun S. Multi-view support vector machines with the consensus and complementarity information[J]. IEEE Transactions on Knowledge and Data Engineering, 2019, 32(12): 2401-2413.

[4] Cai X, Nie F, Cai W, et al. Heterogeneous image features integration via multi-modal semi-supervised learning model[C]//Proceedings of the IEEE International Conference on Computer Vision, Sydney. IEEE, 2013: 1737-1744.

[5] 李骜, 王卓, 于晓洋, 等. 多核低冗余表示学习的稳健多视图子空间聚类方法[J]. 通信学报, 2021, 42(11): 193-204.

[6] Salzmann M, Ek C H, Urtasun R, et al. Factorized orthogonal latent spaces[C]//Proceedings of the 13th International Conference on Artificial Intelligence and Statistics, Chia Laguna. JMLR, 2010: 701-708.

[7] Schmidhuber J. Deep learning in neural networks: An overview[J]. Neural Networks, 2015, 61: 85-117.

[8] Srivastava N, Salakhutdinov R. Multimodal learning with deep boltzmann machines[C]//Proceedings of the 25th Advances in Neural Information Processing Systems, Lake Tahoe. PMLR, 2012, 25: 2044-2052.

[9] Nie F, Cai G, Li J, et al. Auto-weighted multi-view learning for image clustering and semi-supervised classification[J]. IEEE Transactions on Image Processing, 2017, 27(3): 1501-1511.

[10] Jing X Y, Wu F, Dong X, et al. Semi-supervised multi-view correlation feature learning with application to webpage classification[C]//Proceedings of the AAAI Conference on Artificial Intelligence, San Francisco, AAAI Press, 2017, 31(1).

[11] Cheng Y, Zhao X, Cai R, et al. Semi-supervised multimodal deep learning for RGB-D object recognition[C]//Proceedings of the 25th International Joint Conference on Artificial Intelligence,

New York, 2016: 3345-3351.

[12] Noroozi V, Bahaadini S, Zheng L, et al. Semi-supervised deep representation learning for multi-view problems[C]//Proceedings of the 2018 IEEE International Conference on Big Data, Seattle. IEEE, 2018: 56-64.

[13] Chao G, Sun S. Semi-supervised multi-view maximum entropy discrimination with expectation Laplacian regularization[J]. Information Fusion, 2019, 45: 296-306.

[14] Jing X Y, Liu Q, Wu F, et al. Web page classification based on uncorrelated semi-supervised intra-view and inter-view manifold discriminant feature extraction[C]//Proceedings of the 24th International Joint Conference on Artificial Intelligence, Buenos Aires, 2015.

[15] Liu P, Qiu X, Huang X. Adversarial multi-task learning for text classification[J]. arXiv Preprint, arXiv: 1704. 05742, 2017.

[16] Bousmalis K, Trigeorgis G, Silberman N, et al. Domain separation networks[C]// Proceedings of the 30th International Conference on Neural Information Processing Systems, Barcelona. PMLR, 2016, 29: 343-351.

[17] Duan Y, Zheng W, Lin X, et al. Deep adversarial metric learning[C]//Proceedings of the 2018 IEEE/CVF Conference on Computer Vision and Pattern Recognition, Salt Lake City. IEEE, 2018: 2780-2789.

[18] Chen S, Gong C, Yang J, et al. Adversarial metric learning[J]. arXiv Preprint, arXiv: 1802. 03170, 2018.

[19] Goodfellow I, Pouget-Abadie J, Mirza M, et al. Generative adversarial nets[C]// Proceedings of the 27th International Conference on Neural Information Processing Systems. PMLR, 2014, 27.

[20] Wang Q, Li W, Gool L V. Semi-supervised learning by augmented distribution alignment[C]// Proceedings of the IEEE/CVF International Conference on Computer Vision, Seoul. IEEE, 2019: 1466-1475.

[21] Tarvainen A, Valpola H. Mean teachers are better role models: Weight-averaged consistency targets improve semi-supervised deep learning resultsC]// Proceedings of the 30th Annual Conference on Neural Information Processing Systems. PMLR, Long Beach. 2017, 30.

[22] Berthelot D, Carlini N, Goodfellow I, et al. Mixmatch: A holistic approach to semi-supervised learningC]// Proceedings of the 32nd International Conference on Neural Information Processing Systems,Vancouver. PMLR, 2019, 32: 5009-5020.

[23] Rodriguez A, Laio A. Clustering by fast search and find of density peaks[J]. Science, 2014, 344(6191): 1492-1496.

[24] Katz G, Caragea C, Shabtai A. Vertical ensemble co-training for text classification[J]. ACM Transactions on Intelligent Systems and Technology (TIST), 2017, 9(2): 1-23.

[25] Nie F, Li J, Li X. Parameter-free auto-weighted multiple graph learning: A framework for multiview clustering and semi-supervised classification[C]//Proceedings of the 25th International Joint Conference on Artificia Intelligence, New York. AAAI Press, 2016, 9: 1881-1887.

[26] Wang W, Arora R, Livescu K, et al. On deep multi-view representation learning[C]//Proceedings of the 32nd International Conference on Machine Learning, Lille. PMLR, 2015: 1083-1092.

[27] Minh H Q, Bazzani L, Murino V. A unifying framework in vector-valued reproducing kernel hilbert spaces for manifold regularization and co-regularized multi-view learning[J]. Journal of

Machine Learning Research, 2016, 17(25): 1-72.

[28] Blum A, Mitchell T. Combining labeled and unlabeled data with co-training[C]//Proceedings of the11th Annual Conference on Computational Learning Theory, Madison. ACM, 1998: 92-100.

[29] Li J, Zhao J, Zhao F, et al. Robust face recognition with deep multi-view representation learning[C]//Proceedings of the 24th ACM International Conference on Multimedia, Amsterdam. ACM, 2016: 1068-1072.

[30] Tao H, Hou C, Nie F, et al. Scalable multi-view semi-supervised classification via adaptive regression[J]. IEEE Transactions on Image Processing, 2017, 26(9): 4283-4296.

[31] Chua T S, Tang J, Hong R, et al. Nus-wide: a real-world web image database from national university of singapore[C]//Proceedings of the 18th ACM International Conference on Image and Video Retrieval,Paris. ACM, 2009: 1-9.

[32] Xu X, Li W, Xu D, et al. Co-labeling for multi-view weakly labeled learning[J]. IEEE Transactions on Pattern Analysis and Machine Intelligence, 2015, 38(6): 1113-1125.

[33] Zhu Y, Gao W, Zhou Z H. One-pass multi-view learning[C]// Proceedings of the 8th Asian Conference on Machine Learning, Hamilton. PMLR, 2016: 407-422.

[34] Wang W, Zhou Z H. Multi-view active learning in the non-realizable case[J]. Advances in Neural Information Processing Systems. 2010, 23.

[35] Wang W, Zhou Z H. Co-training with insufficient views[C]//Proceedings of the 5th Asian Conference on Machine Learning, Singapore. PMLR, 2013: 467-482.

[36] Gao W, Zhou Z H. On the doubt about margin explanation of boosting[J]. Artificial Intelligence, 2013, 203: 1-18.

[37] Harwath D, Torralba A, Glass J. Unsupervised learning of spoken language with visual context[C]//Proceedings of the 30th International Conference on Neural Information Processing Systems, Granada. PMLR, 2016: 1858-1866.

[38] Rifai S, Dauphin Y N, Vincent P, et al. The manifold tangent classifier[C]// Proceedings of the 24th International Conference on Neural Information Processing Systems,Grarada. PMLR, 2011: 2294-2302.

[39] Miyato T, Maeda Si, Koyama M, et al. Virtual adversarial training: A regularization method for supervised and semi-supervised learning[J]. IEEE Transactions on Pattern Analysis and Machine Intelligence, 2019, 41(8): 1979-1993.

[40] Laine S, Aila T. Temporal ensembling for semi-supervised learning[C]//Proceedings of the 5th International Conference on Learning Representations, Toulon. 2017.

第 8 章　基于协同嵌入的多视图深度表示学习方法

近年来，虽然大量多视图表示学习方法被提出，但大多数方法对视图间的互补信息交换关注较少。根据前沿综述[1,2]，现有的多视图表示学习方法可分为基于连接的和基于对齐的两类方法，但这些方法在视图间信息的传递上存在局限性。Baltrušaitis 等[2]在 2019 年的综述中指出，多视图多模态学习中一个较少被研究的问题是协同学习，即一个视图通过自身的知识来支持另一个视图的学习，这一问题与视图间的信息协调和交流密切相关。受此启发，本章拟设计一种能够实现视图间互补信息交换的多视图表示学习方法，充分利用学习效果较好视图的互补信息来提升表现较弱视图的学习效果。

8.1　协同嵌入研究基础及本章研究内容

本章提出一种半监督多视图表示学习方法，称为协同嵌入(co-embedding)，本章的主要贡献总结如下。

(1) 基于样本邻近信息和加权深度度量学习，协同嵌入设计了一种多视图表示学习框架,此框架用样本的邻近信息对多视图数据的一致性和互补性进行建模，并将每个视图中的共享信息和互补信息用样本的邻近信息表示。在此基础上，协同嵌入以样本为媒介将表示学习效果较好视图的互补信息传递给表示学习效果较差的视图，并利用互补信息帮助其表示学习。

(2) 从样本邻近信息出发，协同嵌入设计了一种标记传播算法实现半监督学习。同时，为此标记传播算法设计了鉴别正则化方法，鉴别正则化利用监督信息来最小化标记传播算法在有标签训练数据上的预测损失，进而提升此算法的泛化能力。

(3) 在 7 个基准多视图数据集上进行了广泛实验，以验证协同嵌入方法的有效性，实验结果表明，在分类方面，协同嵌入的效果优于现有的半监督多视图学习方法；在表示学习方面，协同嵌入可以利用表示学习效果较好视图的互补信息来帮助表示学习效果较差的视图。

8.2　协同嵌入多视图表示学习框架

协同嵌入方法的整体架构如图 8.1 所示，协同嵌入由三个部分组成：样本相似性判断策略、基于加权深度度量学习的多视图表示学习框架(简称表示学习框架)和多视图标记传播算法。

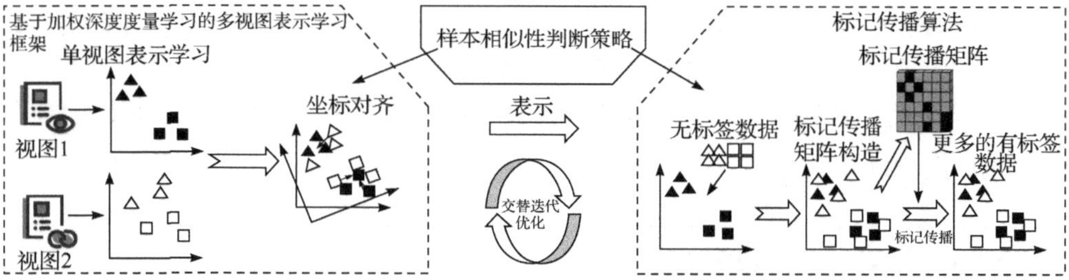

图 8.1 协同嵌入方法的整体架构

8.2.1 本章假设与相似性判断策略

1. 本章假设

协同嵌入建立在以下两个假设的基础上。

假设 1: 根据多视图数据的一致性，假设在不同的视图中，相似的样本都聚集在一起。而且，同一个样本在不同的视图中的 K 近邻应该尽量达成一致。

假设 2: 根据多视图数据的互补性，假设不同的视图中存在分歧，因此，一个被错误表示的样本在某些视图中可能是伪装者样本(Imposter)，即在该视图中它被误分类为不属于某一类别的样本，但不可能在所有视图中都是伪装者样本，模型可以利用视图间的互补性来识别并纠正这些伪装者样本。

2. 样本相似性判断策略

协同嵌入旨在利用表示学习效果较好的视图来纠正表示学习较差视图中的伪装者样本。此目的前提条件是，当不同视图对某一个样本的表示存在分歧时，协同嵌入需要能够判定哪个视图错误表示了此样本。然而在实际情况中，仅使用此样本所提供的信息很难完成这项任务，尤其是在只有两个视图的情况下，因此，引入其邻近信息(Neighborhood Information)[3]。

基于假设 1 和不同视图之间的一致性，提出基于邻近信息的样本相似性判断策略。

假设 $X=\{x_i \in \mathbb{R}^d\}_{i=1}^N$ 是 N 个多视图样本，其中，d 是样本 x_i 的维度。令 x_i^k 表示第 i 个样本的第 k 个视图，$k=1,2,\cdots,V,V$ 表示视图的个数。

对于两个样本 x_i 和 x_j。在第 k 个视图学习的表示中，本策略首先找到它们的 K 近邻样本，并将其表示为集合 S_i^k 和 S_j^k。接下来，统计这两个集合中共享样本的

数量，表示为

$$n^k = \text{size}\left(S_i^k \cap S_j^k\right) \tag{8-1}$$

本策略假设如果$n^k > M$，则这两个样本在第k个视图中是相似的，其中，K和M是两个超参数。之后，本策略在其他视图中重复上述过程，并假设，如果x_i和x_j在至少两个视图中相似，则它们相似，否则，它们不相似。算法 8.1 总结了样本相似性判断策略。

算法 8.1：样本相似性判断策略

输入：样本x_i、x_j，所有视图的表示集合R，参数K(近邻数)、M(交集大小阈值)。

输出：x_i与x_j的相似性(True 或 False)

初始化：计数$n=0$

对每个视图$k \in \{1,2,\cdots,V\}$(V为视图总数)：

1. 计算x_i在视图R^k中的K近邻集合S_i^k
2. 计算x_j在视图R^k中的K近邻集合S_j^k
3. 计算S_i^k与S_j^k的交集元素个数n^k(即共同近邻数)
4. 如果$n^k > M$：
5. 　　计数n加 1($n=n+1$)
6. 　　若$n \geqslant 2$，直接返回 True(即判定两样本相似)
7. 遍历完所有视图后，若未满足上述条件，返回 False(即判定两样本不相似)

此样本相似性判断策略不仅可以判断两个多视图样本的相似性，还可以用来识别被错误表示的样本。如图 8.1 所示，在坐标对齐过程中，此样本相似性判断策略被用来识别表示中的伪装者样本；在多视图标记传播中，此策略被用来判断多视图样本之间的相似性。

8.2.2　表示学习与坐标对齐

协同嵌入方法使用加权深度度量学习来学习多视图表示，本节介绍加权深度度量学习以及表示学习网络的结构、坐标对齐策略，以及其如何利用多视图数据的互补性实现表示校正。

1. 基于加权深度度量学习的表示学习

为了获得更好的鉴别能力，度量学习及其衍生工作(孪生网络、三元组网络)

已被广泛应用于表示学习的场景中[4-6]。在本章，协同嵌入也使用了度量学习，并用孪生网络实现。孪生网络是度量学习的一种深度学习实现，它学习一个距离度量来最小化类内距离，同时最大化类间距离。因此，孪生网络的损失函数——对比损失(Contrastive Loss)旨在“拉近”同类别的样本，并“推开”不同类别的样本。孪生网络以成对的样本作为输入，对比损失可以写为

$$L=\frac{1}{2N}\sum_{n=1}^{N}\left[y_n d_n^2+(1-y_n)\max{}^2(\text{Margin}-d_n,0)\right] \tag{8-2}$$

其中，d_n 是第 n 对输入样本之间的距离，表示为

$$d(x_i,x_j)=\|x_i-x_j\|^2 \tag{8-3}$$

y_n 表示成对样本是否来自同一类，如果是，$y_n=1$；否则，$y_n=0$。Margin 是一个超参数，用于设定不同类别之间的最小距离。

在多视图表示学习中，由于视图之间存在差异，不同的视图总是以不同的速率进行表示学习。为了缓解这个问题，不同视图的表示学习应该以如下细粒度的方式进行，对于表示学习效果较好的视图，它们需要在样本层面识别并纠正伪装者样本，并以较低的学习率学习；对于表示学习效果较差的视图，它们应该以较高的学习率学习，以跟上表示学习较好效果的视图。然而，传统的孪生网络在类别层面学习表示，并对所有视图使用相同的学习率，因此，无法满足这种细粒度的需求。为了解决这个问题，提出基于孪生网络的加权深度度量学习。

加权深度度量学习为孪生网络引入了权重掩码。在对比损失中，成对输入的相似性由 y_n 表示。加权深度度量学习为相似样本引入另一个大小为 $N\times N$ 的权重矩阵 $\boldsymbol{W}$。对于第 n 对输入 x_i 和 x_j，$\boldsymbol{W}_{ij}$ 表示它们之间的相似性。因此，加权深度度量学习的损失函数可以写成：

$$L=\frac{1}{2N}\sum_{n=1}^{N}\left[\boldsymbol{W}_{ij}y_n d_n^2+(1-y_n)\max{}^2(\text{Margin}-d_n,0)\right] \tag{8-4}$$

孪生网络与加权深度度量学习的区别在于，在孪生网络中，来自同一类样本的相似度权重应该始终为 1，而在加权深度度量学习中，表示同一类样本相似度的权重可以是 0。另外，此权重不是静态的，而是会随着迭代而变化。直观地说，孪生网络和加权深度度量学习的样本相似性权重可以分别由矩阵 $\boldsymbol{A}$ 和 $\boldsymbol{B}$ 表示。

$$\boldsymbol{A}=\begin{pmatrix}1&1&0&0&0\\1&1&0&0&0\\0&0&1&1&1\\0&0&1&1&1\\0&0&1&1&1\end{pmatrix},\boldsymbol{B}=\begin{pmatrix}1&0&0&0&0\\0&1&0&0&0\\0&0&1&1&1\\0&0&1&1&0\\0&0&1&0&1\end{pmatrix} \tag{8-5}$$

在此样例中，N=5，样本 1 和样本 2 属于第一类；样本 3、4、5 属于第二类。值得注意的是，矩阵 $\boldsymbol{B}$ 中样本 1 和样本 2、样本 4 和样本 5 的相似度权重为 0。

在协同嵌入的多视图表示学习网络中，每个视图都有自己的权重矩阵，对于第 k 个视图，协同嵌入将其权重矩阵表示为 $\boldsymbol{W}^k$，协同嵌入将所有表示连接起来作为最终的表示，协同嵌入表示学习网络的架构如图 8.2 所示。

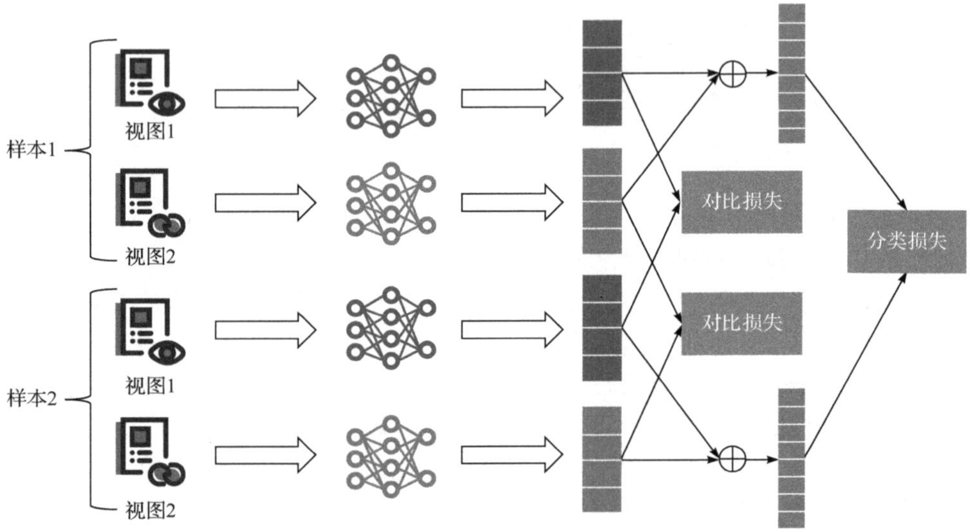

图 8.2　协同嵌入表示学习网络架构(上下两个分支彼此共享权重，⊕表示连接)

事实上，矩阵 $\boldsymbol{W}$ 并不是简单地用来表示多视图样本之间的相似性。下面将介绍协同嵌入如何通过控制 $\boldsymbol{W}$ 的权重来完成表示纠正。

2. 坐标对齐与表示纠正

为了在多视图表示学习中更好地利用互补性，协同嵌入设计了坐标对齐，以利用表示学习效果较好视图中的互补信息来帮助表示学习效果较差的视图。更具体地，坐标对齐借助来自表示学习效果较好视图的互补信息来纠正表示学习效果较差视图中的伪装者样本。

在多视图表示学习的初期阶段，大多数视图中都存在大量的伪装者样本。坐标对齐(见图 8.3)从识别这些伪装者样本开始，并包含以下 5 个步骤。

步骤 1：对于多视图样本 x_i，坐标对齐在所有视图中找到其 K 近邻，然后对于第 k 个视图，坐标对齐将其中的 K 近邻(表示为 S_i^k)分成两组，第一组是被多个视图共享的近邻(表示为 S_a^k)；第二组是第 k 个视图独有的近邻(用 S_d^k 表示)。

之后，对于第 k 个视图，坐标对齐执行如下步骤。

步骤 2：对于 S_a^k 中的样本，它们与 x_i 已经足够相似，不需要将它们与 x_i 拉近。

因此，坐标对齐将它们与 x_i 之间的权重设置为 0，此过程可以表示为

$$\underset{j\in S_a^k}{\boldsymbol{W}_{ij}^k}=0 \tag{8-6}$$

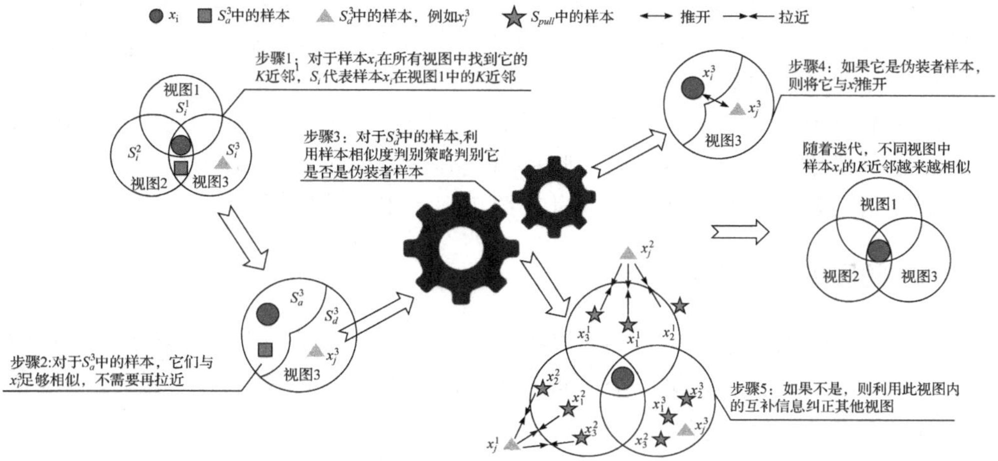

图 8.3　坐标对齐的细节

步骤 3：对于 S^k 中的第 j 个样本 x_j，坐标对齐采用样本相似性判断策略来检查它是否与 x_i 相似，如果相似，x_j 不是伪装者样本；否则，x_j 是伪装者样本。

步骤 4：如果 x_j 是伪装者样本，坐标对齐应该将 x_j 推离 x_i。因此，坐标对齐设置 $\boldsymbol{W}_{ij}^k=0$。

步骤 5：如果 x_j 不是伪装者样本，坐标对齐假设，对于 x_i，第 k 个视图是一个表示学习效果较好视图，其他视图错误地表示了 x_j；坐标对齐应该利用第 k 个视图的互补信息来纠正出错的视图。具体来说，坐标对齐首先在第 k 个视图中找到 x_i 和 x_j 的 K 近邻的交集，并将其表示为 S_{pull}，然后在那些出错的视图中，坐标对齐将 x_i 与 S_{pull} 中的样本拉近，此过程可以表示为

$$\underset{q\in S_{pull},p\neq k}{\boldsymbol{W}_{iq}^p}=1, S_{pull}=S_i^k\cap S_j^k \tag{8-7}$$

当坐标对齐收敛时，所有样本在所有视图都以与其相似的样本为 K 近邻，这表示为

$$\forall k\in\{1,2,\cdots,V\}, S_d^k=\varnothing \tag{8-8}$$

此多视图表示学习框架的优点总结如下。

从单个视图的角度来看：

(1) 与度量学习相比，加权深度度量学习可以在样本级别对表示进行调整。在传统的度量学习中，“拉”和“推”操作作用于某一类中的所有样本，而在加权深度度量学习中，通过控制 $\boldsymbol{W}$ 的权重，“拉”和“推”操作可以仅作用于单个样本。

(2) 加权深度度量学习可以缓解过拟合，在度量学习中，“拉”操作不加区别地施加在每个样本上(即使某些样本已经表示得比较完美)，这可能会导致过拟合，而加权深度度量学习只调整需要调整的样本。

从多个视图的角度来看：凭借坐标对齐，对于每个视图，一方面，协同嵌入可以利用多视图数据的一致性来检验和纠正其中的伪装者样本；另一方面，协同嵌入可以利用多视图数据的互补信息来纠正表示出错的视图。

8.2.3　多视图标记传播算法

在相似性判断策略中，坐标对齐利用样本的邻近关系而不是标签信息来判断两个样本之间的相似性，由于不需要标签信息，因此，该策略可以应用于半监督或无监督场景。

1. 标记传播与交替迭代

使用伪标签标记无标签数据或将标签从有标签数据传播到无标签数据是一种常用的半监督或无监督学习策略[7-10]，协同嵌入采用这种策略来实现半监督学习，通过将标签从有标签数据传播到表示空间中的无标签数据来完成半监督学习。在大量的半监督或无监督学习方法中，构建描述样本之间相似关系的相似度矩阵是至关重要的一步[11,12]。本节介绍的半监督学习策略的第一步也是构造相似度矩阵，见图 8.1 的右半部分，在获得表示所有标签和无标签训练数据的表示空间后，多视图标记传播算法首先构造一个大小为 $N \times N$ 的标记传播准则矩阵 $\boldsymbol{C}$。算法 8.2 总结了相似性矩阵的构建过程，$\boldsymbol{C}_{ij}$ 表示样本 x_i 和 x_j 之间的相似性，标记传播算法根据传播矩阵将标签从有标签数据传播到无标签数据。

算法 8.2：样本相似度矩阵构建算法

输入： 所有视图的表示集合 R，参数 K (近邻数)、M (交集大小阈值)。

输出： 传播矩阵 $\boldsymbol{C}$

对每个视图 $k \in \{1,2,\cdots,V\}$ (V 为视图总数)：

　　初始化第 k 个视图的传播矩阵 $\boldsymbol{C}^k$。

对数据集 X 中的每个样本 $(x_i \in X)$：

　　对每个视图 k：

找到 x_i 在第 k 个视图表示 R^k 中的 K 近邻集合，记为 S_i^k 。
对每个视图 $p \in \{1,2,\cdots,V\}$ ：
对每个视图 $q \in \{1,2,\cdots,p-1\}$ ：
计算 x_i 在视图 p 和 q 中近邻的交集：$Agreed = S_i^p \cap S_i^q$ 。
对 $Agreed$ 中的每个样本 x_j ：
更新视图 p 和视图 q 的传播矩阵：$\boldsymbol{C}_{ij}^p = \boldsymbol{C}_{ij}^p + 1$，$\boldsymbol{C}_{ij}^q = \boldsymbol{C}_{ij}^q + 1$ 。
计算唯一近邻(Unique)：$Unique = S_i^p \cup S_i^q - Agreed$ 。
对 $Unique$ 中的每个样本 x_j ：
判断 x_i 与 x_j 的相似性，记结果为 s 。
若 $s == \text{True}$ ，则更新视图 p 的传播矩阵：$\boldsymbol{C}_{ij}^p = \boldsymbol{C}_{ij}^p + 1$ 。
对每个视图 $k \in \{1,2,\cdots,V\}$ ：
将视图级传播矩阵 $\boldsymbol{C}^k$ 累加到全局矩阵 $\boldsymbol{C}$ 中：$\boldsymbol{C} = \boldsymbol{C} + \boldsymbol{C}^k$ 。
返回最终的全局传播矩阵 $\boldsymbol{C}$ 。

协同嵌入使用交替迭代优化方法来优化多视图表示学习网络和标记传播算法，首先，训练表示学习框架并得到表示空间，然后，协同嵌入在此空间中执行标记传播。据此，交替迭代优化方法(见算法 8.3)包含以下三个步骤。

步骤 1：用有标签数据训练表示学习网络，然后，利用此网络将有标签和无标签训练数据编码到一个共同的空间中。

步骤 2：在此空间中执行相似性判断策略以构建传播矩阵(见算法 8.2)。

步骤 3：根据传播矩阵 $\boldsymbol{C}$ ，将有标签数据的标签传播到无标签数据，给无标签数据打上标签。

算法 8.3：交替迭代优化算法

输入：带标签的训练数据 X_L ，无标签的训练数据 X_U ；表示学习网络 Net_R ，分类器 Net_C 。
输出：分类器 Net_C
对于 $t \in \{1,2,\cdots,T\}$ ，执行以下步骤：
// 步骤 1：表示学习网络训练。
使用反向传播算法，在带标签数据 X_L 上训练表示学习网络 Net_R 。
利用训练好的 Net_R 对带标签数据 X_L 和无标签数据 X_U 进行嵌入，得到嵌入空间 R 。

// 步骤 2：构建传播矩阵。
根据算法 8.2 的方法，构建传播矩阵 $\boldsymbol{C}$ 。
// 判别正则化(算法内未展开具体实现，为注释说明)。
// 步骤 3：标签传播。
通过执行标签传播算法，为无标签数据 X_U 预测标签。
返回训练完成的分类器 Net_C 。

借助交替优化，表示学习网络和标记传播算法相互促进，相互提升。标记传播算法通过为表示学习网络标记更多的数据来提升表示学习效果，作为回报，表示学习网络通过提供更优的表示空间来提升标记传播算法。

2. 鉴别正则化

为了提升模型对测试数据的预测准确率，一些正则化方法常被用来提高半监督模型的泛化能力[13-15]。本节设计了鉴别正则化，以提高标记传播算法的泛化能力。

鉴别正则化利用监督信息来最小化标记传播算法对有标签训练数据的预测损失，具体来说，对于 $\boldsymbol{C}$ 中的权重 w_i ，假设如果 $\boldsymbol{C}_{ij} > w_i$ ， $sample_i$ 和 $sample_j$ 相似；否则，不相似。

因此，基于 $\boldsymbol{C}$ ，每个权重可以将所有有标签数据和无标签数据的表示划分为相似的组。如果将这些组作为多视图标记传播算法的预测结果，则可以计算方法在有标签训练数据上的预测精度。本节遍历 $\boldsymbol{C}$ 中的所有权重，并找到在有标签数据上产生最高预测精度的权重 w_0 。此过程可以表示为

$$\underset{w_i}{\operatorname{argmax}}\left(\frac{N_{w_i}}{N_{labeled}}\right), w_i \in \left[\min(\boldsymbol{C}), \max(\boldsymbol{C})\right] \tag{8-9}$$

其中，$N_{labeled}$ 是有标签数据的样本数量，N_{w_i} 是权重 w_i 下被正确预测的样本数量。找到最优权重 w_0 后，更新 $\boldsymbol{C}$ 为

$$\boldsymbol{C}_{ij} = \begin{cases} 0, & \boldsymbol{C}_{ij} \leqslant w_0 \\ 1, & \boldsymbol{C}_{ij} > w_0 \end{cases}, i, j \in \{1, 2, \cdots, N\} \tag{8-10}$$

至此，传播矩阵 $\boldsymbol{C}$ 已准备好，可以进行标记传播。

8.3　实验验证与有效性评估

为了评估协同嵌入的有效性，本章在 7 个基准多视图数据集上，将协同嵌入与最前沿的半监督多视图表示学习方法进行对比。

1. 对比方法

本章采用的基线对比方法如下。

(1) 三种基于对齐的多视图表示学习方法。

- Deep Canonically Correlated Autoencoders(DCCAE)
- Semi-supervised Multi-view Correlation Feature Learning(SMCFL)
- Generative View-Correlation Adaptation(GVCA)[16]

(2) 两种基于连接的多视图表示学习方法。

- Semi-supervised Multi-Modal Deep Network(SMMDN)[17]
- Semi-supervised Multimodal Deep Learning Framework(SMDLF)[18]

(3) 三种经典的非表示学习方法，包括一种基于协同训练的方法和两种基于图的方法。

- Vertical Ensemble Co-Training(VE-CoT)[19]
- Auto-weighted Multiple Graph Learning(AMGL)[20]
- Multi-view Learning with Adaptive Neighbors(MLAN)[21]

2. 实验设置

对于每个数据集(除 NUS-Object 和 Noisy MNIST 之外，这两个数据集使用默认的训练测试划分)，随机选择 50%的数据用于构建训练集，剩余 50%数据用于构建测试集。为了模拟半监督场景，随机选择一定比例(10%～90%)的训练数据作为有标签训练数据，其余数据作为无标签训练数据。对于 VE-CoT、DDCCAE 和协同嵌入，随机选择一半的有标签训练数据作为验证集。

由于 VE-CoT、DDCCAE、SMDLF 和 GVCA 仅适用于两个视图的任务，因此在所有数据集中使用分类精度最高的两个视图。对于 MLAN 和 AMGL，由于这两种方法仅适用于类别平衡的问题，本节随机选择所有数据集中类别平衡的部分。VE-CoT 中使用的两个分类器是 RBF SVM 和 Gaussian Naive Bayes，这两个分类器被广泛用于基于协同训练的方法。在 SMCFL 中，不同视图的维度需要统一，通过 PCA 变换对数据进行降维。具体来说，WebKB 降到 1050 维、AD 降到 456 维、Caltech-101 降到 40 维、Protein 降到 3000 维、NUS-Object 降到 64 维、RBPpred 降到 35 维。对于 DCCAE，使用所有训练数据训练自编码器，并使用有标签数据 SVM 分类器。

在协同嵌入中，超参数 K 和 M 在 WebKB、AD、Caltech-101、Protein 上设置为 0.8 和 0.8；在 RBPpred、NUS-Object、Noisy MNIST 上设置为 0.9 和 0.8。超参数 Margin 设置为 0.8。在协同嵌入中，每个视图的表示学习网络是一个四层全连接网络，四层的神经元个数分别是{256，128，64，64}。分类网络是三层全连接网络，三层的神经元个数为 128，64 和类别个数。协同嵌入使用 Adam 优化器，初始学习率设置为 3×10^{-4}。此外， L1 正则和 dropout(ratio = 0.5) 被用于防止模型过拟合。

8.3.1　数据集介绍

为了评估协同嵌入的有效性，选择 7 个基准多视图数据集，包括三个样本量小但特征维度高的数据集(WebKB、Protein 和 Caltech-101)，两个样本量大但特征维度低的数据集(AD，RBPpred)，以及两个样本量大、特征维度也高的数据集(NUS-Object，Noisy MNIST)。

表 8.1 总结了这些数据集的统计信息，数据集介绍如下。

WebKB：WebKB 是应用最早的多视图数据集之一。WebKB 包含 1051 个网页，分为两类，其中，230 个样本属于课程类，821 个样本属于非课程类。WebKB 数据集包含两个视图，一个是页面视图(Page)，表示网页页面中的内容；另一个是链接视图(Link)，表示链接到这些网页超链接中的锚点文本。评估使用 WebKB 的一个预处理版本，在此版本中页面视图和链接视图被降到 3000 维和 1840 维。

Protein：Protein 是一个蛋白质分类数据集。该数据集包含 629 个酵母蛋白质样本，分为两类，497 个膜蛋白和 132 个核糖体蛋白。每个样本由两个视图表示，4910 维快速傅里叶变换(FFT)特征和 3735 维蛋白质家族数据库(Pfam)特征。

Caltech-101：Caltech-101 是一个包含 101 个类的物体识别数据集[22]。评估选择其中被广泛使用的 7 类：Dolla-Bill、Face、Garfield、Motorbikes、Snoopy、Stop-Sign、Windsor-Chair，共 1474 个图像样本。Caltech-101 中的每张图像由 6 个特征(视图)表示，48 维的加伯特征(Gabor)、40 维的小波矩特征(Wavelet)、254 维的中心化特征(Centrist Feature)、1984 维的方向梯度直方图特征(Histogram of Oriented Gradients，HOG)、512 维的全局图像特征(Global Image Statistics，GIST)和 928 维的局部二值模式特征(Local Binary Patterns，LBP)。

AD：网页广告数据集 Advertisement，简称 AD，用于测试网页广告分类器的性能。AD 数据集包含 3279 个网页样本，分为两类，458 个广告网页和 2821 个非广告网页。评估使用 AD 的一个预处理版本，使用其中的 3 个视图，495 维的基础 URL(Base URL)、475 维的图像 URL(Image URL)和 472 维的目标 URL(Target URL)。

RBPpred：RBPpred 是一个 RNA 绑定预测数据集，该数据集最初由 Zhang 等[23]发布。评估使用 RBPpred 的一个预处理版本，包含 9873 个样本，分为两类，2780 个 RNA 结合蛋白和 7093 个非 RNA 结合蛋白。每个样本由 3 个视图组成，4910 维的理化信息(physicochemical information，C-T-D)、4910 维的假氨基酸信息(pseudo-amino acid information，PseACC)和 4910 维的进化信息(evolutionary information，PSSM-400)。

NUS-Object：NUS-Object 是 NUS-WIDE 数据集的一个子集。NUS-Object 包含 30 000 张图像，分为 31 类(例如，熊、鸟、牛、虎、鲸鱼)。每张图像由五种特征表示，64 维的颜色直方图(color histogram)、144 维的颜色相关图(color correlogram)、73 维的边缘方向直方图(edge direction histogram)、128 维的小波纹理(wavelet texture)和 225 维的分块颜色矩(blockwise color moment)。

Noisy MNIST：Noisy MNIST 源自著名的 MNIST 数据集，包含 70 000 个手写数字灰度图像。每个 Noisy MNIST 样本都是通过对原始 MNIST 样本执行特定操作而得到。Noisy MNIST 包含两个视图，第一个视图通过将原始 MNIST 图像旋转一定角度获得；第二个视图通过向原始 MNIST 样本添加随机噪声获得。

表 8.1　数据集的统计信息

数据集	WebKB	Protein	Caltech-101	AD	RBPpred	NUS-Object	Noisy MNIST
视图数	2	2	6	3	3	5	2
视图描述	Page(3000) Link(1840)	FFT(4910) Pfam(3735)	Gabor(48) WM(40) CENTRIST(254) HOG(1984) GIST(512) LBP(928)	Base URL(495) Image URL(457) Target URL(472)	C-T-D(252) PseACC(35) PSSM-400(400)	CH(64) CORR(144) EDH(75) WT(128) CM55(128)	Rotate(784) Noise(784)
类别数	2	2	7	2	2	31	10
样本数	1051	629	1474	3279	9873	30 000	70 000

8.3.2　分类效果评估

本实验以分类准确率为评价指标。对于不同比例的有标签训练数据，每种方法运行 20 次并记录平均分类准确率。

图 8.4 对比了所有方法在 7 个数据集上的分类准确率。从结果中可以看出：

(1) SMCFL 在 WebKB 上产生了很好的结果，因为它是专门为网页分类而设计的。但是，SMCFL 在 AD 上的效果不如在 WebKB 上的效果，这是因为 AD 的样本数是 WebKB 的 3 倍以上，有了更多的训练数据，其他深度学习方法的效果迅速提升。

(2) 深度学习方法，包括 SMMDN、DCCAE、SMCFL 和 GVCA，在大多数情况下都能产生较好的分类结果，尤其是在大规模数据集上。但与一些非深度方法相比，它们容易受到训练数据不足的影响，尤其是 GVCA 方法。可能的原因是深度学习方法在有限的训练数据上过拟合严重。

(3) 协同嵌入在所有数据集上都优于其他对比方法。原因有三个方面，第一，协同嵌入采用深度学习，深度学习保证其表示学习能力；第二，协同嵌入使用坐

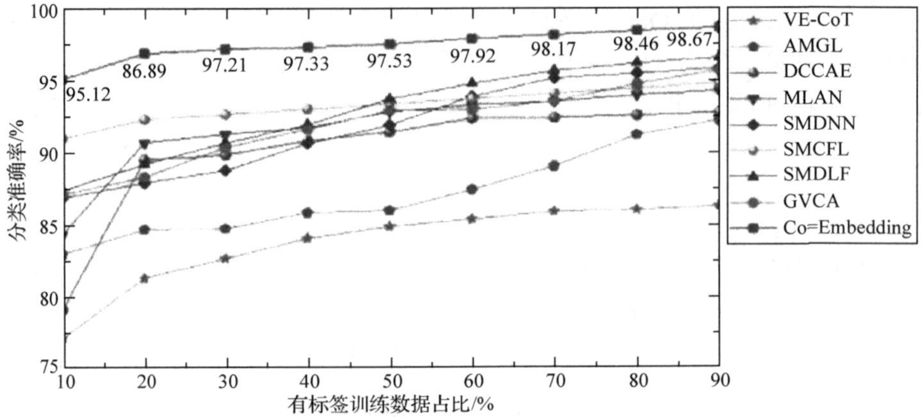

(a) WebKB

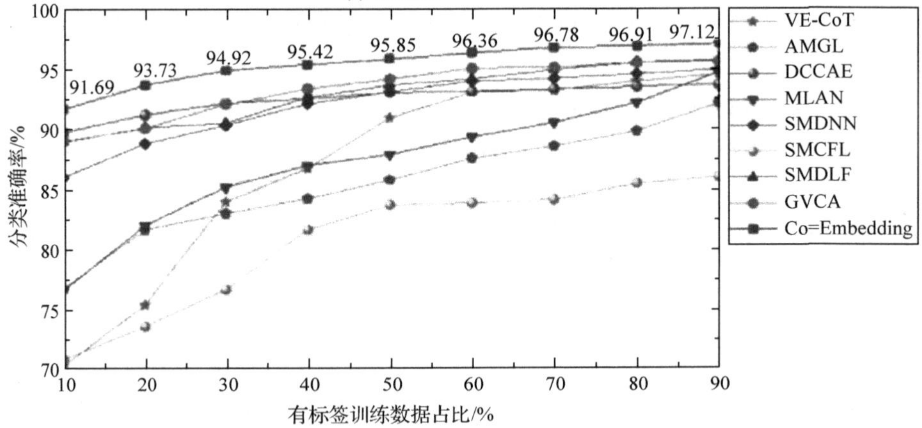

(b) Caltech-101

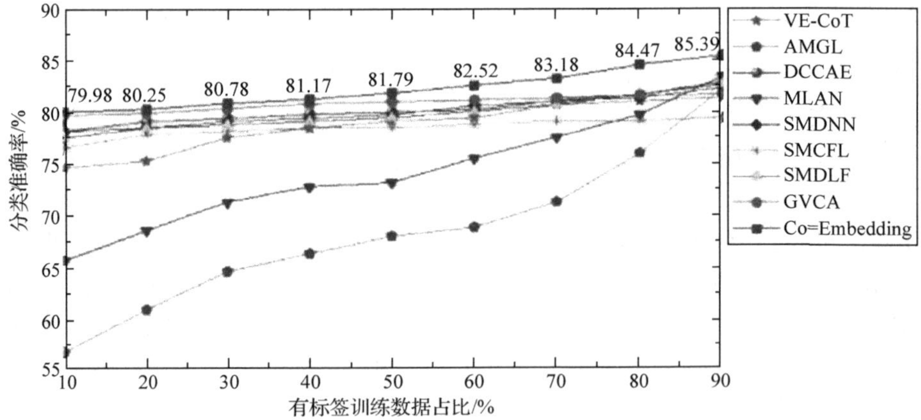

(c) Protein

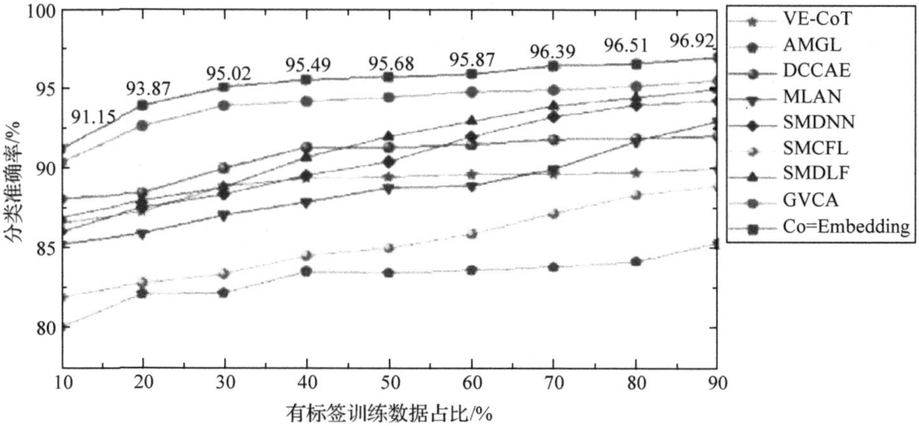

(d) AD

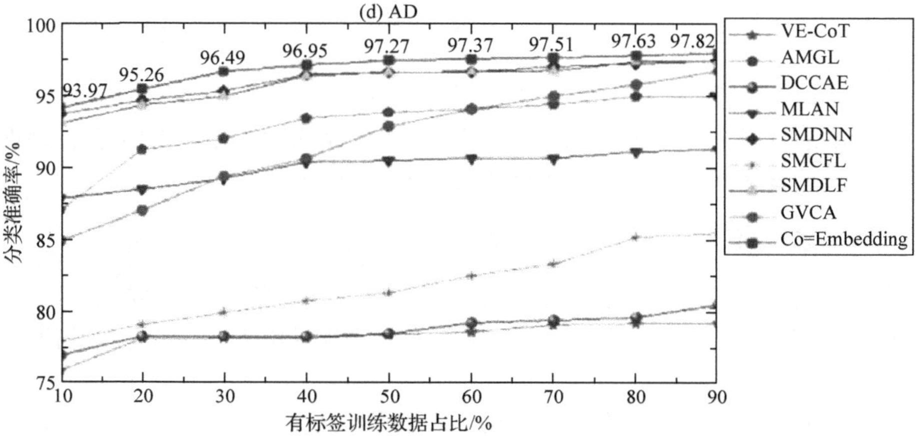

(e) RBPpred

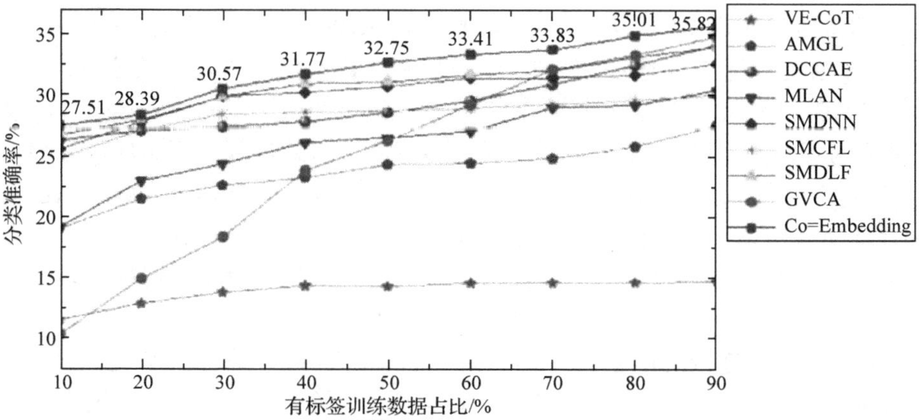

(f) NUS-Object

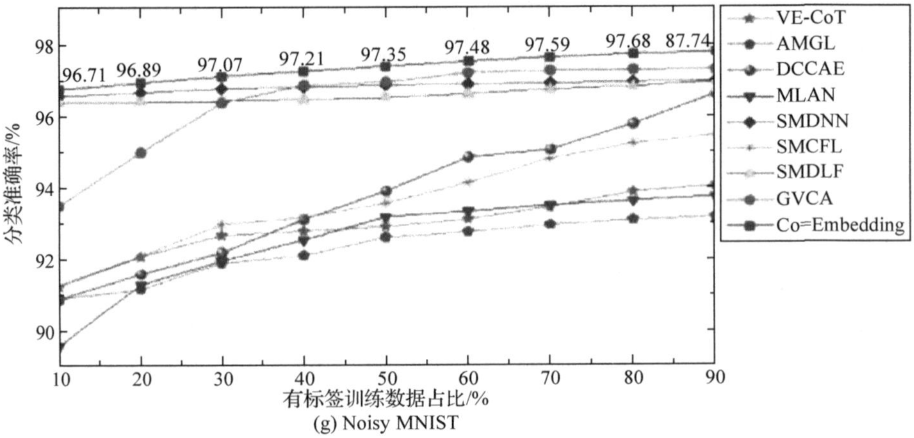

图 8.4　协同嵌入与最前沿半监督多视图表示学习方法的分类准确率比较

标对齐将不同的视图融合在一起，坐标对齐可以利用多视图数据的互补性来提升每个视图的表示学习；第三，标记传播算法与鉴别性正则化技术的结合，确保协同嵌入在半监督学习环境中实现了稳定的性能表现。

8.3.3　特征表示对比

为了评估不同模型的表示学习能力，本实验将协同嵌入所学到的表示与其他两种主流的多视图表示学习模型(基于视图连接的模型和基于度量学习的模型)所学到的表示进行对比。

在本实验中，在 AD 数据集上对比不同模型学习到的特征表示。选择这一数据集的原因是，一方面，为了在二维平面上方便地展示学习到的特征，实验要求模型学习二维的表示空间。然而，Caltech-101、RBPpred、NUS-Object 以及 Noisy MNIST 数据集所包含的类别比较复杂，难以在二维空间中进行有效分离；另一方面，WebKB 和 Protein 数据集样本数量较少，其特征表示空间仅需经过几次迭代训练便趋于稳定，因此，无法细致地观察到特征学习的过程，而 AD 数据集可以在二维空间中进行分类，并且不会导致模型收敛过快。因此，本实验在 AD 数据集上评估所有模型。由于协同嵌入方法建立在基于连接的模型和深度度量学习模型之上，所以本实验可以通过消融实验来对比这些模型的表示学习能力。具体来说，本实验比较了从以下三个模型中学习到的表示。

(1) 基于视图连接的模型：基于连接的多视图表示学习模型。首先，学习 V 个单视图表示，然后，从 V 个单视图表示中学习一个统一表示。图 8.5 展示了基于视图连接模型的细节，此外连接模型的损失函数仅由分类损失构成。

(2) 深度度量学习模型：此模型代表使用深度度量学习的表示学习模型。本实验用孪生网络实现这种方法，并采用了与模型(1)中相同的网络架构(孪生网络的

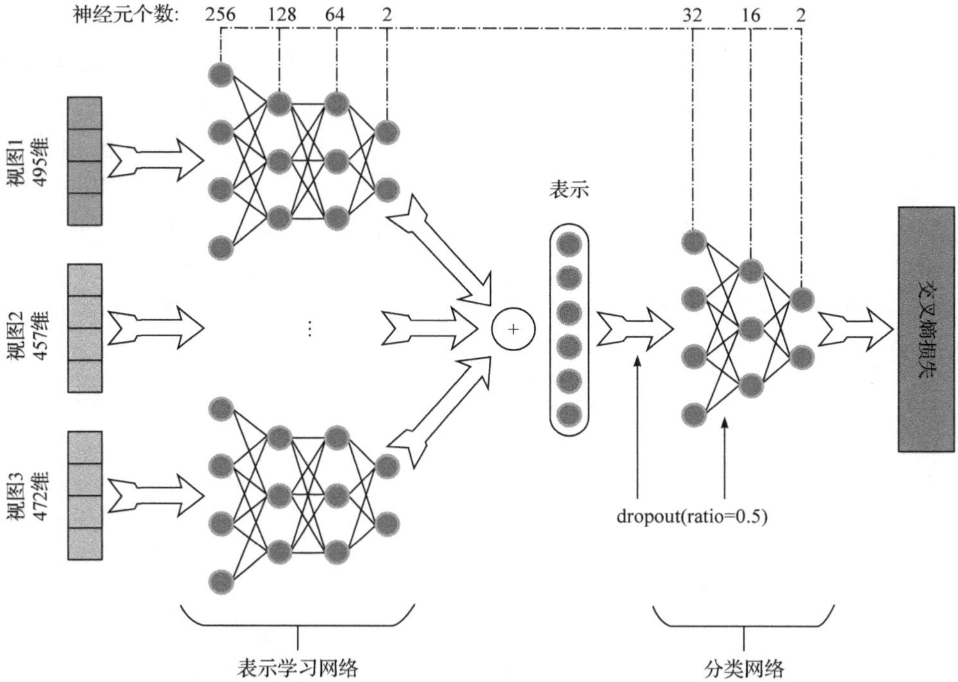

图 8.5　基于视图连接模型

两个分支共享所有权重)。该模型在分类损失的基础上增加了对比损失。

(3) 协同嵌入：本文提出的模型。协同嵌入与其他两种模型使用同样的网络架构，并进行了两项修改以提升其性能，第一，增加相似矩阵；第二，增加坐标对齐过程。

考虑到标签传播可能会在每次迭代中标记不同数量样本，而这会影响结果，因此，本实验中将其从协同嵌入中剔除。本实验将有标签训练数据百分比固定为 40%，迭代次数固定为 30 次。所有模型均采用 dropout(ratio = 0.5) 和 L1 正则化措施以避免过拟合，并且统一使用 Adam 优化器进行训练，其初始学习率设定为 3×10^{-4}。

图 8.6 是第 2 次迭代，第 5 个 Epoch(训练轮数)的快照。在图 8.6(c)中，样本 x_{14}(箭头起点所指样本)是视图 1 中的一个伪装者样本，但在视图 2 中，样本 x_{14} 被正确表示。因此，协同嵌入利用视图 2 中的互补信息来纠正伪装者样本，并将其与类别 1 中的样本(由箭头终点所指示的样本)拉近。互补信息来自视图 2，为了便于理解，在视图 2 中将 x_{14} 与 2 S_{pull} 视图中的样本用直线连接。本实验还记录了每次迭代的测试准确率，如图 8.7 所示。

从图 8.6 中可以看出：

(1) 从图 8.6(a)中可以看出，伪装者样本散布于从不同视图学习的表示中，这表明基于视图连接模型的多视图表示学习能力弱于基于深度度量学习的模型和协同嵌入学习。

(2) 从整个表示学习过程可以看出，深度度量学习模型和协同嵌入恰当地表示了多视图样本。在所有视图中，类别是容易区分的。这两种表示的区别在于，在深度度量学习模型所学习的表示中，同一类的样本被紧紧压缩在一起，而协同嵌入在保持鉴别性的同时，对同一类样本的表示更加自然。这种现象背后的原因是，深度度量学习模型无差别地拉近所有相似的样本，而在加权深度度量学习的帮助下，协同嵌入仅拉近需要被拉近的相似样本。此外，从图 8.6 中可以看出，随着迭代次数的增加，深度度量学习模型出现了过拟合，这可能就是将所有相似样本过度拉近的副作用。

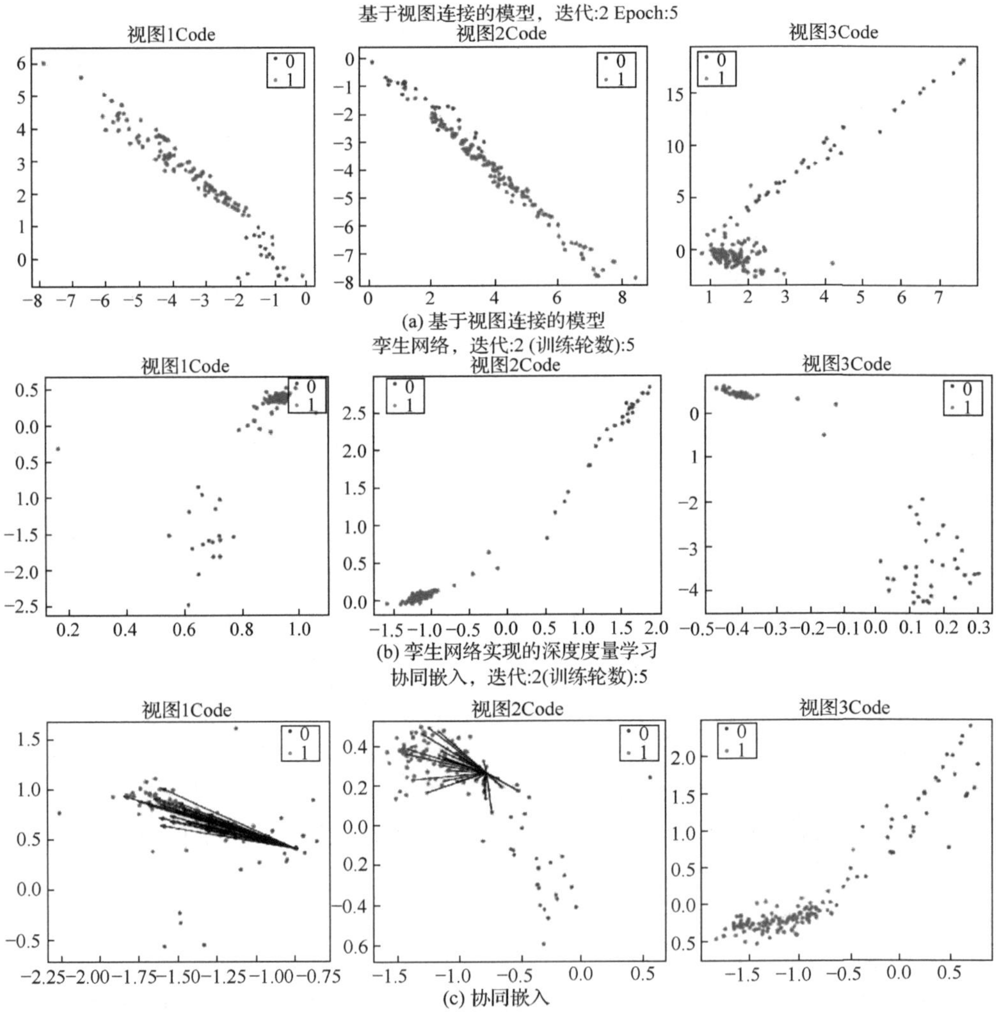

图 8.6　三种模型在 AD 数据集上所学表示的对比

(3) 从图 8.6(c)中可以看出，协同嵌入不仅可以识别表示中的伪装者样本，而且可以利用表示学习较好视图的互补信息来辅助表示学习较差的视图。因此，可以得出这样的结论，协同嵌入更好地利用了多视图数据的互补性，并学到了更好的表示。此实验也验证了本文所基于的假设，即在多视图表示学习中的确可以利用互补性来纠正伪装者样本。

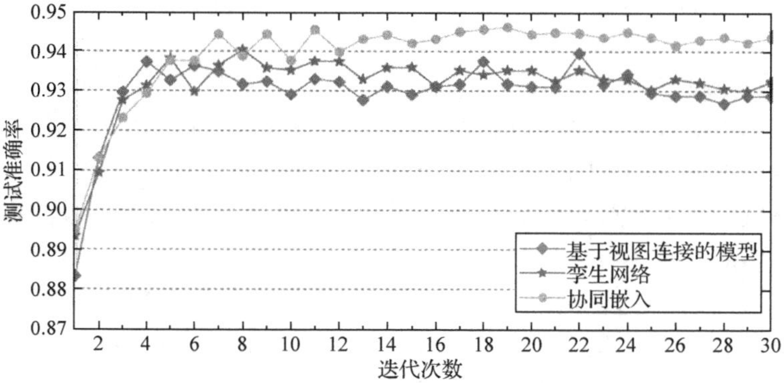

图 8.7 三种模型表示学习过程中测试准确率的变化

8.3.4 参数敏感性评估

从方法描述中很容易可以看出，K 和 M 是协同嵌入中的两个关键参数。这两个参数直接决定了协同嵌入是否可以有效地利用样本邻近信息来判断多视图样本之间的相似性。因此，本实验探究参数 K 和 M 对协同嵌入性能的影响。

本实验在 AD 和 NUS-Object 数据集上，对参数 K 和 M 对方法的影响进行评估。协同嵌入假设，当坐标对齐收敛时，每个样本的 K 近邻都是与其相似的样本。因此，参数 K 的上限是有标签训练数据中类别最小的样本量减 1。在 NUS-Object 数据集中，由于最小类的样本数量限制了参数 K 和 M 的取值范围，不适合揭示这些参数的影响。因此，本实验选择样本数较多的 12 个类别，包括熊、鸟、猫、牛、狗、狐狸、鱼、麋鹿、马、老虎、鲸鱼和斑马，并选择每个类别中的前 120 张图像。

本实验将有标签训练数据所占比例在 AD 数据集固定为 40%，在 NUS-Object 数据集固定为 90%，并将 K 设置为有标签训练数据中最小类样本量的 10%，20%，…，100%。然后，对于每个 K，将 M 设置为 K 的 10%，20%，…，90%。对每一对参数进行网格搜索，并跳过 $M<10$ 的情况。协同嵌入所使用的网络架构与 8.3 节相同，评价指标为分类准确率。对于每对 K 和 M，本实验重复执行 20 次并记录平均值。

图 8.8 展示了参数 K 和 M 对协同嵌入的影响。从结果可以看出：

(1) 大多数情况下，分类准确率随着参数 K 的增加而提高。但是，在 K 达到有标签数据中最小类样本量的某个比例(AD 为 80%，NUS-Object 为 90%)后，分类准确率略有下降。这种现象的原因是，当 K 取值较大时，样本相似度判断策略在判断多视图样本之间的相似度时考虑了更多的样本，得出更可靠的结论。然而，随着所考虑样本个数增加，视图之间越来越难达成共识。当 K 接近最小类别样本量时，多视图标记传播算法变得保守，导致新标记的数据很少，因此，分类准确率下降。

(2) 与参数 M 的变化相比，协同嵌入对参数 K 的变化更加敏感。此外，当 K 较小时，分类准确率随着 M 的增加而提高；当 K 很大时，分类准确率随着 M 的增加而下降。此现象的原因与上面的分析相同，当 K 较小时，增加 M 有助于相似性判断策略做出更有把握的结论；当 K 很大时，减小 M 会鼓励多视图标记传播算法去标记更多的无标签样本。

(3) 在 AD 数据集上，当 K 是有标签样本中最小类样本量的 80%，并且 M 是 K 的 80%时，协同嵌入的分类准确率最高。在 NUS-Object 数据集上，当 K 的最优值是有标签样本中最小类样本量的 90%并且 M 是 K 的 80%时，也观察到了类似的结果。因此，对于其他数据集，K 和 M 的推荐选择是，K 为有标签样本中最小类样本量的 80%，M 为 K 的 80%。

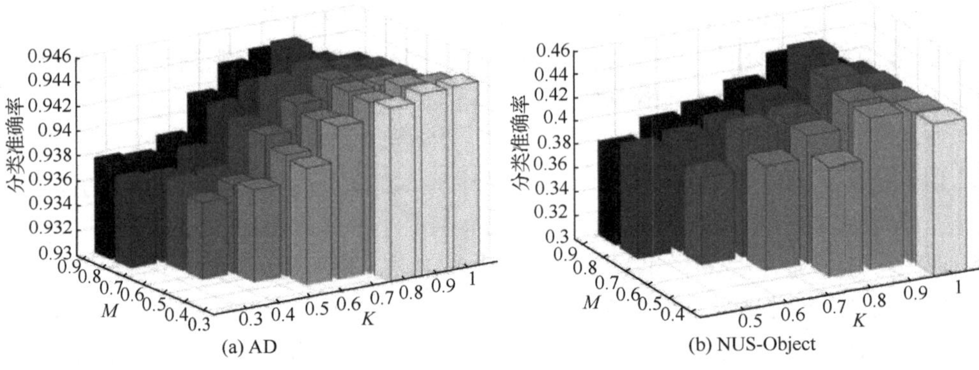

图 8.8　参数 K 和 M 对协同嵌入分类准确率的影响

8.3.5　训练时间与收敛性

本节在所有数据集上比较对比方法的训练时间。对于每个数据集，将有标签训练数据的比例固定为 40%，每种方法运行 20 次，记录其平均训练时间。对于协同嵌入，首先对表示学习网络迭代 5 次，然后进行标记传播，并重复此过程，其他设置保持不变。所有实验均在一台配备 Intel i7 四核 CPU(3.6GHz)、两个 NVIDIA GTX1080Ti GPU 和 32GB 内存的计算机上进行，操作系统为 Ubuntu18.04.5 Desktop。此实验中未计算 I/O 的时间消耗。

表 8.2 给出了对比方法在所有数据集上的训练时间。从表 8.2 可以看出：

(1) 总体而言，深度学习方法(SMDNN、SMDLF、DCCAE、GVCA、协同嵌入)所耗费的时间比非深度学习方法(VE-CoT、AMGL、MLAN、SMCFL)要多。然而，一些非深度学习方法也很耗时，如 SMCFL。需要注意的是，由于 AMGL 和 MLAN 仅适用于类平衡分类问题，因此，这两种方法在所有数据集上仅使用了数据集中平衡的部分。

(2) 一些方法在小规模数据集上耗时较少，但随着数据规模的扩大，它们所耗费的时间会迅速增加，如 AMGL、MLAN、协同嵌入。这种现象背后的原因是，这些方法需要构造一个样本相似度矩阵，而这个操作的时间消耗与样本数量之间的关系是非线性的。

(3) 协同嵌入方法的时间消耗是适中的。在深度学习方法中，协同嵌入方法的时间消耗介于 DCAE 和 GVCA 之间。在测试阶段，协同嵌入方法对每个样本的测试时间均小于 0.1s。而在实践中，训练阶段通常是离线的。因此，协同嵌入足以满足实际使用需求。

表 8.2　不同方法训练时间对比(单位：s)

数据集	方法								
	VE-CoT	AMGL	MLAN	SMCFL	SMDNN	SMDLF	DCCAE	GVCA	Ours
WebKB	2.19	1.94	3.54	39.76	8.09	15.87	12.71	364.67	28.60
AD	13.48	9.86	20.93	549.55	14.77	45.85	17.89	668.68	486.48
Protein	2.14	0.44	0.82	18.99	9.17	8.26	20.17	757.38	27.72
RBPpred	9.73	8.15	169.56	24.21	10.36	10.79	28.16	398.85	34.15
Caltech	12.35	1.38	3.60	398.28	18.08	12.89	28.04	550.40	138.75
NUS-Object	839.31	19.42	265.44	927.35	128.97	329.88	606.81	3079.94	872.68
Noisy-MNIST	2132.12	1231.17	3968.26	5971.89	288.53	1276.07	1031.54	7649.41	3376.54

此外，本实验还记录了协同嵌入损失值随训练的变化情况。图 8.9 展示了协

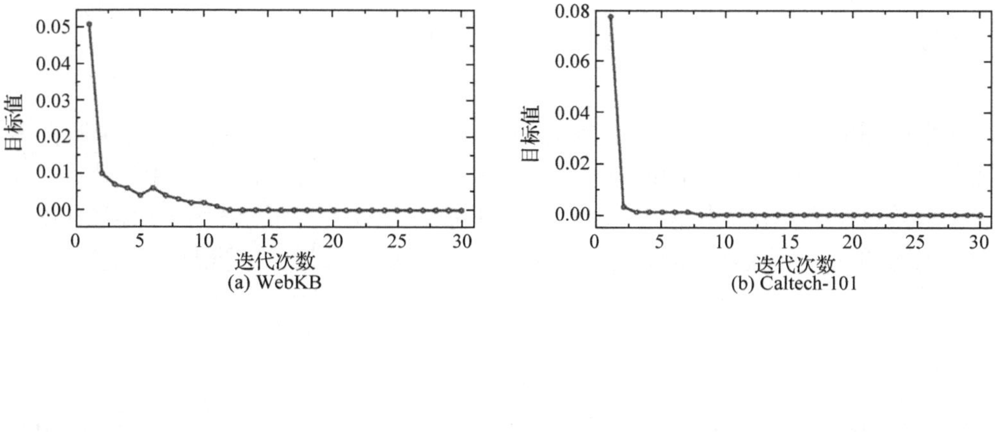

(a) WebKB　(b) Caltech-101

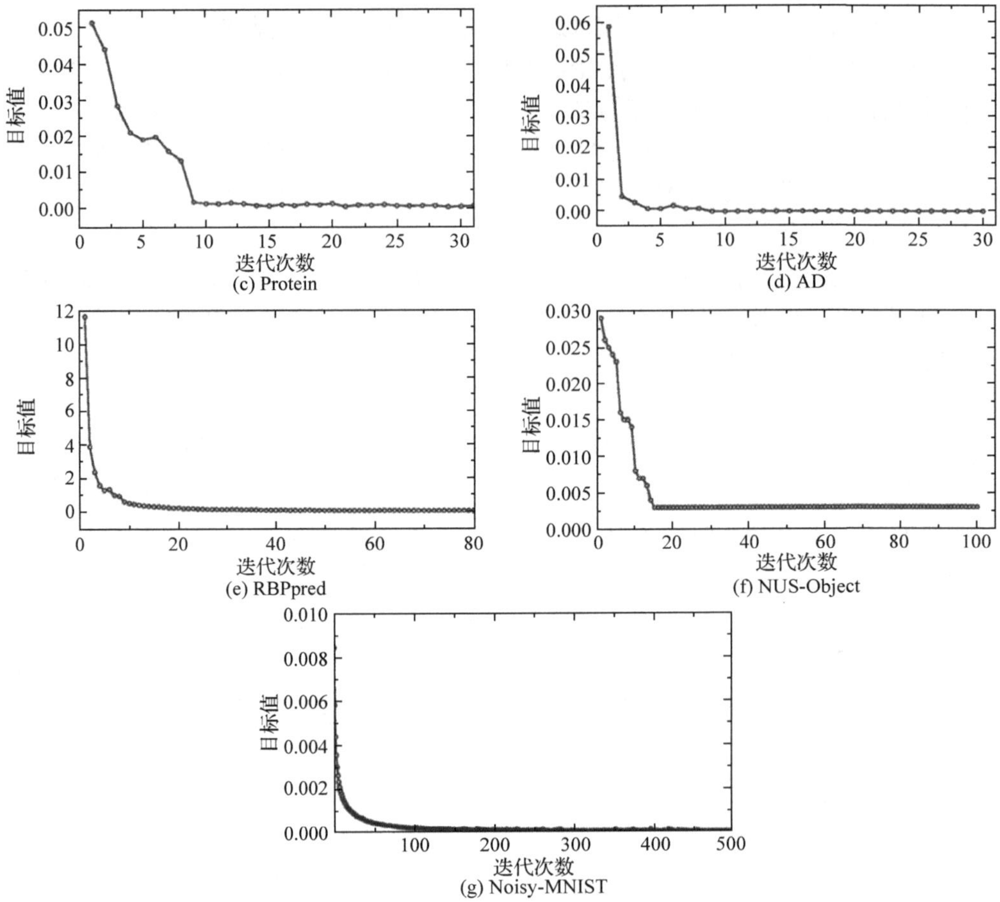

图 8.9　协同嵌入在 7 个数据集上的收敛曲线

同嵌入在 7 个数据集上的收敛曲线。从图 8.9 中可以看出，协同嵌入的损失下降迅速，并在大多数数据集上经过 15 次迭代后开始稳定。此外，可以观察到在第 6 次迭代时损失出现小幅波动，这是因为新的有标签数据参与了训练，表示学习网络需要调整以适应新数据。

8.4　本章小结

多视图的多样性和互补性是多视图学习成功的关键。本章提出一种半监督多视图表示学习方法——协同嵌入。首先，构建一个基于加权深度度量学习的多视图表示学习框架。在此框架中，引入坐标对齐，坐标对齐可以利用表示学习效果较好视图的互补信息来帮助表示学习效果较差的视图，进而实现视图间的互相帮助。然后，通过利用一致性和样本邻近信息，设计一种多视图标记传播算法，使得它可以进行半监督学习。在 7 个多视图数据集上的验证实验表明：

(1) 在分类方面，协同嵌入优于最先进的半监督多视图学习方法。

(2) 在表示学习方面，协同嵌入通过在视图之间交换互补信息实现视图之间的互相帮助。

参 考 文 献

[1] Li Y, Yang M, Zhang Z. A survey of multi-view representation learning[J]. IEEE Transactions on Knowledge and Data Engineering, 2018, 31(10): 1863-1883.

[2] Baltrušaitis T, Ahuja C, Morency L P. Multimodal machine learning: A survey and taxonomy[J]. IEEE Transactions on Pattern Analysis and Machine Intelligence, 2018, 41(2): 423-443.

[3] Sheng X R, Zhan D C, Lu S, et al. Multi-view anomaly detection: Neighborhood in locality matters[C]//Proceedings of the 33rd AAAI Conference on Artificial Intelligence, Honolulu. AAAI Press, 2019, 33(1): 4894-4901.

[4] Dai G, Xie J, Fang Y. Siamese cnn-bilstm architecture for 3D shape representation learning[C]// Proceedings of the 27th International Joint Conference on Artificial Intelligence(IJCAI), Stockholm. AAAI Press, 2018: 670-676.

[5] Liao S, Hu Y, Zhu X, et al. Person re-identification by local maximal occurrence representation and metric learning[C]//Proceedings of the 2015 IEEE Conference on Computer Vision and Pattern Recognition, Boston. IEEE, 2015: 2197-2206.

[6] Yang Y, Lei Z, Zhang S, et al. Metric embedded discriminative vocabulary learning for high-level person representation[C]//Proceedings of the 30th AAAI Conference on Artificial Intelligence, Phoenix. AAAI Press, 2016, 30(1).

[7] Wang Q, Li W, Gool L V. Semi-supervised learning by augmented distribution alignment[C]// Proceedings of the 2019 IEEE/CVF International Conference on Computer Vision, Seoul. IEEE, 2019: 1466-1475.

[8] Laine S, Aila T. Temporal ensembling for semi-supervised learning[J]. arXiv Preprint, arXiv: 1610. 02242, 2016.

[9] Lee D H. Pseudo-label: The simple and efficient semi-supervised learning method for deep neural networks[C]//Proceedings of the 30th International Conference on Machine Learning, Workshop on Challenges in Representation Learning (ICML), Atlanta. JMLR, 2013, 3(2): 896.

[10] Berthelot D, Carlini N, Goodfellow I, et al. Mixmatch: A holistic approach to semi-supervised learning[C]// Proceedings of the 32nd Conference on Neural Information Processing Systems, Vancouver. PMLR, 2019, 32: 5009-5020.

[11] Kang Z, Pan H, Hoi S C H, et al. Robust graph learning from noisy data[J]. IEEE Transactions on Cybernetics, 2019, 50(5): 1833-1843.

[12] Sharma K K, Seal A. Outlier-robust multi-view clustering for uncertain data[J]. Knowledge-Based Systems, 2021, 211: 106567.

[13] Xie Q, Huang J, Peng M, et al. Discriminative regularized deep generative models for semi-

supervised learning[C]//Proceedings of the 2019 IEEE International Conference on Data Mining (ICDM), Beijing. IEEE, 2019: 658-667.

[14] Chapelle O, Scholkopf B, Zien A. Semi-supervised learning (book reviews)[J]. IEEE Transactions on Neural Networks, 2009, 20(3): 542-542.

[15] 朱林立, 戴国洪, 高炜. 正则化框架下半监督本体算法[J]. 微电子学与计算机, 2014, 31(3): 126-129.

[16] Liu Y, Wang L, Bai Y, et al. Generative view-correlation adaptation for semi- supervised multi-view learning[C]//Proceedings of the 16th European Conference on Computer Vision, Glasgow. Springer, 2020: 318-334.

[17] Zhao L, Hu Q, Zhou Y. Heterogeneous features integration via semi-supervised multi-modal deep networks[C]//Proceedings of the 22nd International Conference on Neural Information Processing, Kuala Lumpur Springer, 2015: 11-19.

[18] Cheng Y, Zhao X, Cai R, et al. Semi-supervised multimodal deep learning for rgb-d object recognition [C]//Proceedings of the 25th International Joint Conference on Artificial Intelligence(IJCAI), New York. AAAI Press, 2016: 3345-3351.

[19] Katz G, Caragea C, Shabtai A. Vertical ensemble co-training for text classification[J]. ACM Transactions on Intelligent Systems and Technology(TIST), 2017, 9(2): 1-23.

[20] Nie F, Li J, Li X, et al. Parameter-free auto-weighted multiple graph learning: A framework for multiview clustering and semi-supervised classification[C]//Proceedings of the 25th International Joint Conference on Artificial Intelligence(IJCAI), New York. AAAI Press, 2016: 1881-1887.

[21] Nie F, Cai G, Li J, et al. Auto-weighted multi-view learning for image clustering and semi-supervised classification[J]. IEEE Transactions on Image Processing, 2018, 27(3): 1501-1511.

[22] Chua T S, Tang J, Hong R, et al. Nus-wide: A real-world web image database from national university of singapore[C]//Proceedings of the 18th ACM International Conference on Im-age and Video Retrieval, Santorini. ACM, 2009: 1-9.

[23] Zhang X, Liu S. Rbppred: Predicting rna-binding proteins from sequence using svm[J]. Bioinformatics, 2017, 33(6): 854-862.

第 9 章　视图间具有互补信息交流的多视图深度表示学习方法

多视图表示学习是多视图学习的一个重要分支，但在现有的多视图表示学习方法中，视图之间没有显式的信息交流，或者说视图之间信息交流非常有限。现有的多视图表示学习方法分为三类，基于连接的表示学习方法、基于对齐的表示学习方法和共享-独有多视图表示学习方法。基于连接的表示学习方法将不同的视图连接在一起，没有考虑视图之间的信息交流。基于对齐的表示学习方法利用多视图数据的一致性对不同视图进行对齐，忽略了视图之间的信息交流。共享-独有多视图表示学习方法同时考虑了多视图数据的共享信息和互补信息，但这类方法也是将共享表示和独有表示连接在一起，视图之间没有信息交流。在群体决策中，群体可以通过在成员之间进行信息交流而提升决策质量，但多视图表示学习模型是否也可以通过在视图之间进行信息交流来提高其表示学习性能还是一个未知的问题。

综上所述，本章的目标是：

(1) 提出一种视图之间具有信息交流的多视图表示学习方法。

(2) 回答多视图表示学习模型是否可以通过在视图间交流信息来提高其表示学习性能的问题。

9.1　多视图间信息交流研究基础及本章研究内容

鉴于多视图学习属于人工智能领域，本文拟在设计多视图表示学习模型时借鉴人类的智能。如果把多视图学习的研究对象——视图，看作人类智能中的研究对象——人，多视图学习可以看作一个群体协作或者群体决策的问题。沿着这个方向，本章在人的智能研究领域发现心理学研究的群体决策(group decision making)[1-3]与多视图学习相关。群体决策研究的是如何让群体在多个备选决策中找到最优决策。在实际生活中，很多重大的决策，例如，政治的、社会的、组织中的决策，都是由群体而不是个人做出的。在群体决策中，群体中的每一个成员都是一个信息源，群体的优势就在于能够将多元的专家知识整合，因此，往往能够做出比个人更好的决策。如果将群体决策中的群体成员简化为信息源，那么群体决策可以看作使用多个数据源进行决策的问题，类似于多视图学习。实际上，多视图决策系统(Multi-view Decision Making System)与群体决策极为相似[4-6]。

大量研究指出，群体成员之间的交流可以显著提升群体所做决策的质量[3,8]。一方面，很多研究都强调群体成员间信息交流有助于提升决策的质量。Xiao 和 Eastmure[7]从他们的研究中得出结论，群体成员之间的信息共享与群体决策的质量直接相关。Dennis[3]指出非共享信息在群体决策中起着非常重要的作用，忽视群体成员之间的信息共享会导致糟糕的决策，Gigone 和 Hastine[8]声称信息交流是群体决策中一个至关重要的过程，如果群体成员未能充分共享信息，决策群体往往会做出糟糕的决策。Stasser 等[1]强调了非共享信息在群体决策中的重要性，并用实验证明了不完全的信息共享会导致错误的决策。

本章的贡献总结如下：

(1) 受人类在群体决策中所体现出的以信息交流为主要形式的群体智能(human collective intelligence)启发，提出视图交流(view communication)的概念，并将其引入到多视图表示学习中。就像群体成员之间的交流对于群体决策是必要的一样，在多视图表示学习中，视图之间的信息交流也是非常重要的。

(2) 通过模拟人的交流模型(human communication model)，提出视图交流模型，并以此为基础提出一种视图间具有互补信息交流的多视图表示学习方法。在此方法中，不同的视图之间以表示为媒介交流互补信息，使得每个视图都可以利用来自其他视图的互补信息来提升自己表示学习的性能，最终实现视图间的互相帮助。

(3) 在来自三个领域的六个数据集上进行广泛的实验，验证了所提方法的有效性。此外，消融实验也证实，视图之间的信息交流的确可以提升多视图表示学习的性能。

9.2 受人类群体智能启发的多视图深度表示学习方法

受人类在群体决策中所展示出的信息交流启发，拟在多视图表示学习中实现视图之间的交流。通过模拟人的交流模型，提出一种视图之间具有信息交流的多视图表示学习方法(Multi-View Representation Learning with View Communication, MRL-VC)。首先介绍此方法所借鉴的人类的交流模型，然后，介绍此方法的总体架构，最后，从三个方面详细介绍此方法：单轮视图交流、多轮视图交流和表示学习与分类。

9.2.1 人类交流模型与整体架构

为了便于读者理解本章提出的方法，这里先简要介绍人类交流模型。参考文献[9,10]所提出的人类交流模型如图 9.1 所示，该模型有如下特点：

(1) 每个人(或者称为交流者)同时扮演发送者和接受者的角色。

(2) 在交流过程中，交流者共享一些背景知识、上下文信息，在图 9.1 中表示为公共知识。

(3) 每个交流者都有自己的知识或经验，称之为 Mind。

(4) 为了确保传达的信息符合其他交流者的预期，每个交流者都需要在自己的头脑中对其他人的 Mind 进行建模。

(5) 有效的交流不是一轮交流就能够达成的，往往是通过多轮信息交流实现的。所有交流者的 Mind 在交流中不是一成不变的，而是动态变化的。

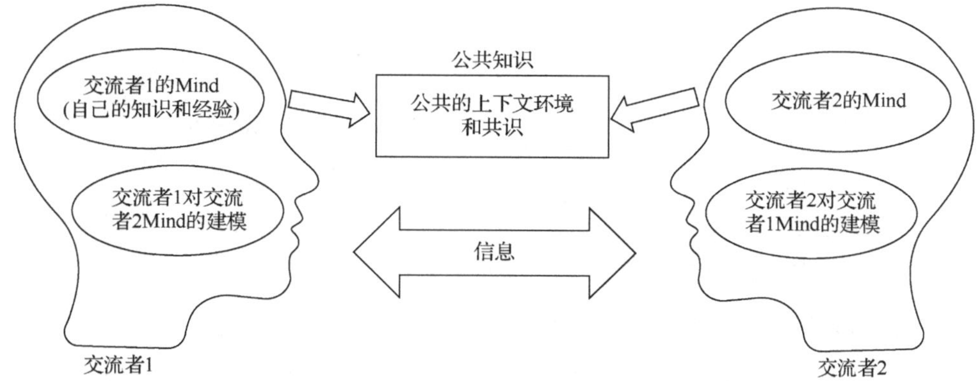

图 9.1　参考文献[9,10]所提出的人类交流模型

图 9.2 展示了所提方法的整体架构。此方法由三部分组成：

(1) 实现视图之间单轮交流的单轮视图交流模型。

(2) 多轮视图交流模型。通过叠加单轮视图交流模型，实现视图之间的充分交流。

(3) 表示学习和分类。此部分将不同视图的表示融合为一个统一的表示，并进行分类。

单轮视图交流模型的细节见图 9.2(b)和图 9.2(c)，其中，图 9.2(b)为单轮视图交流模型的模型结构。此模型通过模拟人类交流模型而设计，为了便于理解，仅绘制了两个视图。图 9.2(c)为视图交流算法，步骤 1，建模视图中必需的各个 Mind；步骤 2，视图之间通过共享独有 Mind 实现互补性信息的交流。

9.2.2　单轮视图交流模型

通过模拟人类的交流机制，设计了单轮视图交流模型，进而实现了视图之间的单轮交流。首先介绍该模型的架构，然后，介绍在此架构的基础上，如何通过一个两步的算法实现视图之间的交流。但是，在介绍单轮视图交流模型之前，有一个问题必须回答：视图之间应该交流什么信息？

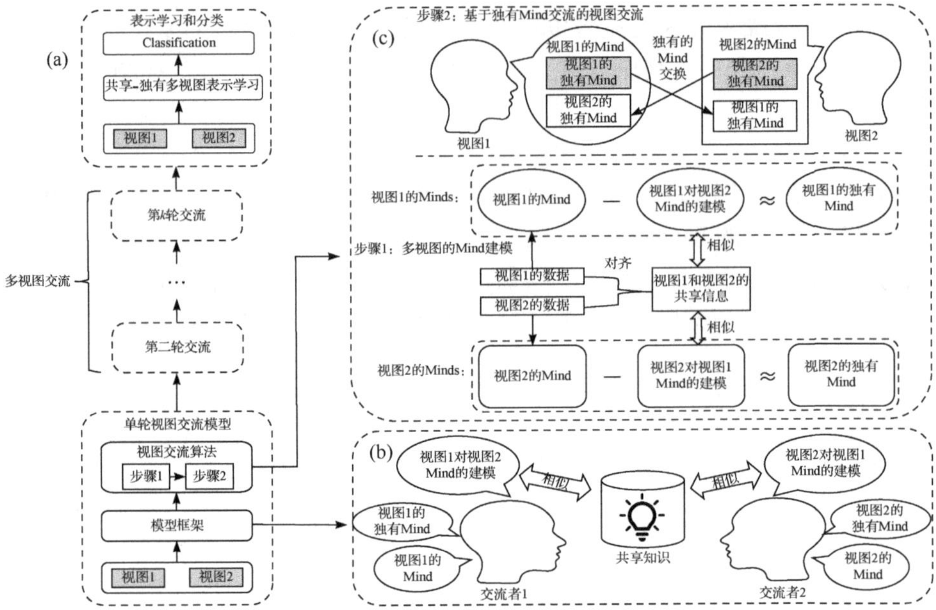

图 9.2　视图间具有互补信息交流的多视图表示学习方法

1. 视图之间应该交流什么信息?

与人类交流模型中人类交流所有信息不同，本文的视图交流模型只交流互补信息。一致性和互补性是多视图数据的两个基本特性，这两个特性在多视图数据中表现为每个视图中都包含两部分信息，一部分是多个视图所共享的信息，称为共享信息；另一部分是某个视图独有的信息，称为独有信息或互补信息。

本方法只在视图之间交流互补信息，原因有两点：

(1) 群体决策中人类所体现出的群体智慧指导人们交流互补信息，J.R.Larson 等[11]在其研究中指出，交流非共享信息会增加群体成员的集体知识库，而讨论已经共享的信息则不会。本章认为这个结论也适用于多视图之间的交流，为什么不交流共享信息？因为共享信息是每个视图共有的，交流共享信息不能扩展每个视图包含的信息或知识。

(2) 为了简化视图交流模型。从计算复杂性与模型鲁棒性角度考量，限制交互信息范畴可有效降低视图间协同优化过程中的参数耦合度。

解决了视图间应该交流什么信息的问题，接下来，将介绍单轮视图交流模型的细节，包括模型的架构和视图交流算法。

2. 单轮视图交流实现模型

通过模拟人类的交流模型，设计视图交流模型的架构，并根据多视图数据的特点进行适当调整。与现有的多视图表示学习方法将视图视为静态信息源不同，本章将每个视图都看作一个智能体。就像每个人都有自己的认知知识库一样，假设每个视图也有自己的认知知识库。此外，这种认知知识库不是一成不变的，而是动态的。前面介绍了单轮视图交流模型的概念模型，其具体的实现模型如图 9.3 所示，在此模型中，每个视图需要对多个 Mind 进行建模。以两个视图(可以轻松扩展到多个视图的情况)为例，视图 1 需要对以下几个 Mind 进行建模：

(1) 视图 1 的 Mind。此 Mind 代表视图 1 的知识库，或者是视图 1 中所包含的信息。

(2) 视图 1 眼中的视图 2 的 Mind。此 Mind 代表视图 1 对视图 2 Mind 的建模，或者说视图 1 认为视图 2 所知道的知识。

(3) 视图 1 的独有 Mind，此 Mind 可以解释为视图 1 Mind 与视图 1 眼中的视图 2 Mind 的差。它代表视图 1 中的独有信息，同时也是视图 1 应该与视图 2 交流的信息。

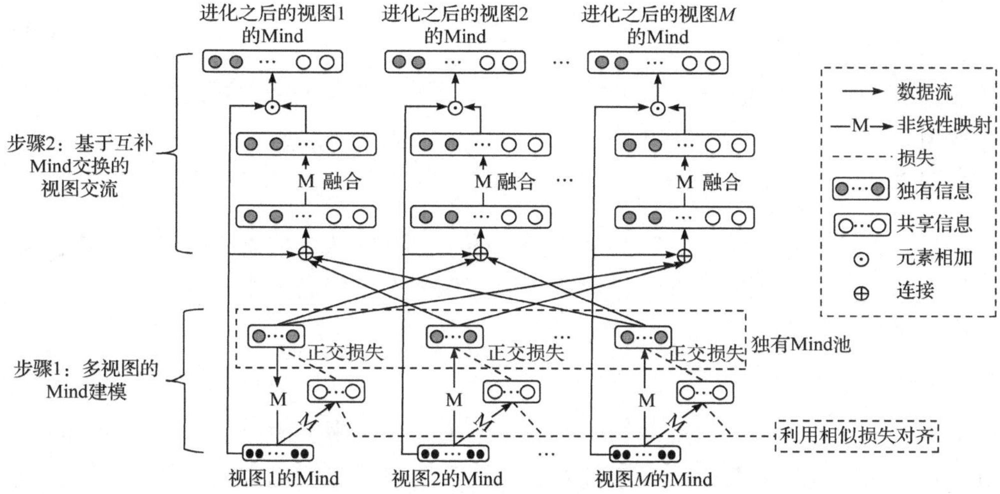

图 9.3　单轮视图交流实现模型

根据多视图数据的特点，本模型对人类交流模型进行了两处修改，进而形成了单轮视图交流模型。第一处，单轮视图交流模型中增加了对独有 Mind 的建模。这是因为在本章的视图交流模型中，视图之间需要交流互补信息，因此，将互补信息建模为每个视图的独有 Mind。第二处，用视图之间的共享信息来对视图 1 眼中视图 2 的 Mind 和视图 2 眼中视图 1 的 Mind 进行近似。这是因为视图 1 认为视图 2 所知道的信息仅限于视图 1 与视图 2 共享的信息，对于视图 2 中的独有信息，视图 1 无法知道，反之亦然。

3. 视图交流算法

本节将介绍基于上述单轮视图交流模型，MRL-VC 方法如何借助一个两步算法(图 9.2(c)总结了此算法)实现视图之间的交流。

步骤 1： 多视图 Mind 建模。

具体来说，假设 $X = \{x_j \in \mathbb{R}^d\}_{j=1}^N$ 是 N 个多视图训练样本，其中，d 表示样本 x_j 的维度。对于样本 x_j，它由 M 个视图来共同表示。令 $X_i = \{x_{ij} \in \mathbb{R}^{d_i}\}_{j=1}^N$ 表示多视图数据特征集 X 中的第 i 个视图的特征，x_{ij} 表示第 i 个视图的第 j 个样本。令 d_i 表示 x_{ij} 的维度，$i = 1,2,\cdots,M$, 且 $d = \sum_{i=1}^{M} d_i$。如图 9.3 所示，对于每一个视图，我们用两个网络来对其共享信息和独有 Mind 进行建模。对于样本 x_{ij}，它的独有 Mind 可以用一个独有表示学习网络 $\boldsymbol{W}_{s,i} \in \mathbb{R}^{r_1 \times d_i}$ 建模为

$$h_{s,ij} = \boldsymbol{W}_{s,i} x_{ij} \tag{9-1}$$

其中，d_i 为视图 i 的维度。它的共享信息可以用一个独有表示学习网络 $\boldsymbol{W}_{c,i} \in \mathbb{R}^{r_1 \times d_i}$ 建模为

$$h_{c,ij} = \boldsymbol{W}_{e,i} x_{ij} \tag{9-2}$$

本方法使用相似性损失来对从不同视图学习到的共享信息进行对齐，进而确保从不同视图学习到的共享信息保持相似。相似性损失定义为

$$L_{similar} = \frac{1}{N} \sum_{j=1}^{N} f_{similar}\left(h_{c,1j}, h_{c,2j}, \cdots, h_{c,ij}\right) \tag{9-3}$$

其中，$f_{similar}(\cdot)$ 代表相似度度量函数。本文采用了参考文献[12,13]提出的相似度度量函数，即对抗相似损失。对于仅有两个视图的数据集，本文之间使用点积来度量相似性。

通过使每个视图的独有 Mind 与其共享信息正交，MRL-VC 方法可以在语义上将独有 Mind 与共享知识分解。令矩阵 S_i^k 和 H_i^k 的每一行代表从第 i 个视图获得的共享输出和独有输出，它们之间的正交约束定义为

$$L_{orthogonality} = \frac{1}{M} \sum_{i=1}^{M} \left\| S_i^{\mathrm{T}} H_i \right\|_F^2 \tag{9-4}$$

其中，$\|\cdot\|_F^2$ 表示平方 Frobenius 范数。

步骤 2： 基于独有 Mind 共享的视图交流。

完成多视图 Mind 建模之后，MRL-VC 方法通过在不同视图之间共享独有 Mind 来实现视图之间的单轮交流，独有 Mind 交流的过程见图 9.3 的上半部分。该方法

首先将所有独有 Mind 存放在一个独有 Mind 池中。之后，对于每一个视图进行如下操作。

(1) 从这个独有 Mind 池中取得其他视图的独有 Mind，并将它们连接到一起，作为来自其他视图的互补知识。这个过程可以表示为

$$c_{p,ij} = \underset{q\in[1,M],q\neq i}{f_{concate}}\left(h_{s,qj}\right) \tag{9-5}$$

其中，$f_{concate}(\cdot)$表示连接函数。

(2) 将这来自其他视图的互补知识与自己的 Mind 连接到一起，然后将连接之后的表示输入到一个融合网络中，此网络用于融合该视图的原始信息和从其他视图获得的互补信息。令 $\boldsymbol{W}_{f,i}$ 表示第 i 个视图的融合网络，此过程可以表示为

$$\widehat{x_{ij}} = x_{ij} \odot \boldsymbol{W}_{f,i}\left(f_{concate}\left(x_{ij}, c_{p,ij}\right)\right) \tag{9-6}$$

其中，符号 $\odot$ 表示对应元素逐个相加。此操作借鉴自 Resnet[14]，目的是实现更深的网络，融合之后，单轮视图交流便完成了。

9.2.3　多轮视图交流模型

在人类的交流模型中，充分的交流不是通过一轮信息交换就可以完成的，相应的，视图之间的充分交流也无法通过单轮交流实现。受到人类交流模型中多轮交流的启发，本方法设计了多轮交流以实现视图之间的深入交流。通过将多个单轮交流模型堆叠以实现多轮交流，在多视图交流中，每一轮交流都有自己的独有 Mind 建模网络、共享知识建模网络和融合网络。对于第 k 轮交流，它的独有 Mind 建模网络、共享知识建模网络和融合网络分别表示为 $\boldsymbol{W}_{s,i}^k$， $\boldsymbol{W}_c^k$ 和 $\boldsymbol{W}_{f_i}^k$。同样，第 k 轮交流需要计算自己的相似损失 $L_{similar}^k$ 和正交损失 $L_{orthogonality}^k$。第 $(k-1)^{th}$ 轮交流的输出会作为第 k^{th} 轮交流的输入，据此，公式(9-6)重写为

$$x_{ij}^k = x_{ij}^{k-1} \odot \boldsymbol{W}_{f_i}^k\left(f_{\text{concate}}\left(x_{ij}^{k-1}, c_{p,ij}^k\right)\right) \tag{9-7}$$

每个视图知识库随着迭代而不断演进，MRL-VC 方法多次重复上述交流过程。在每次交流中，每个视图都将来自其他视图的互补信息合并到自己的知识库中。随后，在融合网络的帮助下，每个视图的知识库与来自其他视图的互补知识进行融合，并推演出新的知识。因此，每个视图的知识库都会随着迭代而演进。事实上，不仅是知识库，每个视图的共享知识和独有 Mind 在每次迭代中也都会被更新。

经过多轮交流，尽管每个视图的知识库都已提升进化，但它们仍然是独立的，本方法仍需要新的组件来获得效果更好的多视图表示。

9.2.4 表示学习与分类

为了获得一个统一的多视图表示，MRL-VC 方法使用一个共享-独有多视图表示学习网络 $\boldsymbol{W}_{sas}$ 来将多个视图融合。同时为了训练整个网络，方法为表示学习网络添加了一个分类网络 $\boldsymbol{W}_{cls}$ 。图 9.4 展示了表示学习网络和分类网络。

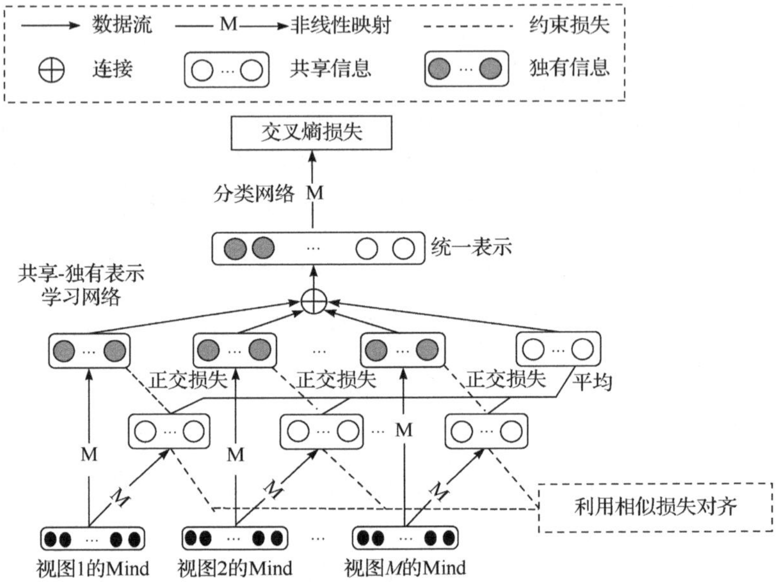

图 9.4 共享-独有多视图表示学习架构

借鉴参考文献[12,13]提出的共享-独有表示学习网络，使用相似性对齐模块从多个视图提取共享信息，并利用正交损失来分离每个视图中的共享信息和独有信息。共享-独有表示学习网络将所有独有信息和经过平均之后的共享信息连接起来，作为最终的统一表示。

获得最终表示之后，它被输入到一个由三层全连接网络构成的分类网络 $\boldsymbol{W}_{cls}$ 中，同时交叉熵损失 L_C 被用于分类。因此，本方法的损失由三部分加权构成：分类损失 L_C 、相似性损失 L_S 和正交损失 L_O ，最终的损失表示为

$$Loss = L_C + \alpha L_S + \beta L_O \tag{9-8}$$

其中， α 和 β 是平衡因子， L_S 计算为

$$L_S = \sum_{k=1}^{K} L_{similar}^{k} \tag{9-9}$$

L_O 计算为

$$L_O = \sum_{k=1}^{K} L_{orthogonality}^{k} \tag{9-10}$$

其中，k 表示总共交流的轮数。

最后，强调 MRL-VC 方法中一个重要的区别。在单轮视图交流模型和共享-独有的多视图表示学习中，MRL-VC 方法都将每个视图中的信息建模为共享信息和独有信息。然而，这两种建模的目的却是不同的，在单轮视图交流模型中，对独有信息进行建模的目的是将需要进行交流的互补信息进行建模。在共享-独有多视图表示学习中，对独有信息进行建模的目的是分离每个视图的共享信息和独有信息，从而减少多视图数据的冗余。

9.3　不同领域的多视图任务评估

为了验证 MRL-VC 方法的有效性与普适性，本书将其与最先进的多视图表示学习方法在三个领域——医学、生物信息学和机器学习进行比较，并采用以下最前沿的多视图表示学习方法作为基线。

(1) 两种基于连接的多视图表示学习方法。

- SVM+Concantenation(Svm-Con)
- Deep LDA[15]+Concatenation(DLDA-Con)

(2) 两种基于对齐的多视图表示学习方法。

- Deep Canonically Correlated Autoencoders(DCCAE)[16]
- Multi-view Linear Discriminant Analysis network(MvLDA)[17]

(3) 共享-独有多视图表示学习方法。

- shareable and individual Multi-view Deep Metric Learning(MvDML)[18]
- view-Specific Information extraction for Multiview Multi-label learning(SIMM)[12]

9.3.1　医学领域的对比

人工智能辅助诊断系统(AI aided diagnosis systems)已广泛应用于人类疾病诊断[19-21]，本节将 MRL-VC 方法与最先进的多视图表示学习方法在一项重大的疾病诊断任务——人类乳腺癌预后预测(human breast cancer prognosis prediction)[20,21]上进行对比。在一个广泛使用的乳腺癌基准数据集(Human Breast Cancer)上对比上述方法对癌患者 5 年生存率的预测，该数据集由 1980 个样本构成，分为两类，491 个短期患者(生存时间短于 5 年)和 1489 个长期患者(生存时间长于 5 年)。每个样本由三个视图组成，22544 维的拷贝数改变特征(copy number alteration)、24369 维的基因表达特征(gene expression)和 28 维的临床数据特征(clinical data)，本章所使用的对比数据集见表 9.1。

表 9.1 对比数据集总结(所有数据集均可公开获取)

领域	医学	生物信息学		机器学习		
数据集	Human Breast Cancer	Protein	RBPpred	Noisy MNIST	Flowers-102	Newsgroup
视图数	3	2	3	2	4	3
视图描述	Copy number(22544) Gene Expression(24369) Clinical information(28)	FFT Features(4910) Pfam Features(3735)	C-T-D(252) PseACC(35) PSSM400(400)	Rotate(784) Noise(784)	HSV(8189) SIFT-int(8189) SIFT-bd(8189) HOG(8189)	SMI(2000) PAM(2000) UMI(2000)
类别数	2	2	2	10	102	5
样本数	1980	629	9873	70000	8129	1000

除了基线，还比较了另外两种乳腺癌预测方法：

(1) Multimodal Deep Neural Network by integrating Multi-dimensional Data (MDNNMD)[22]，一种基于对齐的深度多视图表示学习方法。

(2) Multimodal Graph Neural Network (MGNN)[23]，一种以图神经网络为基础的连接多视图表示学习方法。

对于乳腺癌生存预测数据集，随机选择其中 50%的数据作为训练数据，其余的 50%作为测试数据。所使用的评价指标为分类准确率和 F1 值(F1-score)，每一种方法都运行 20 次并记录平均值。本章所提出的 MVR-VC 方法用 Pytorch 实现，并使用 Adam 优化器训练，初始的学习率为 3×10^{-4}。所有深度模块中使用的多层网络都由四层全连接网络构成，四层的神经元个数分别是{256,128,128, 64}。此外，MVR-VC 使用 dropout(rate=0.5)对模型进行正则化。

所有对比方法在乳腺癌生存预测数据集上的结果如图 9.5 所示，从结果可以看出，MRL-VC 方法的预测准确率远远超过最先进的方法。使用 50%的数据进行

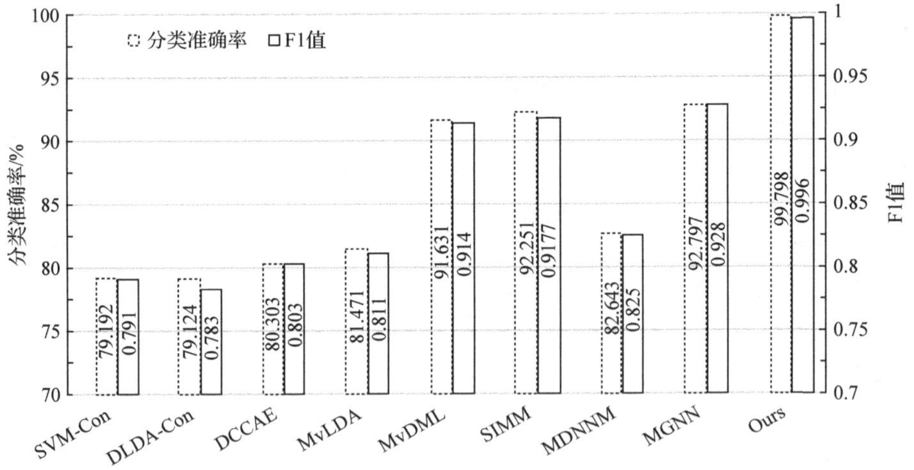

图 9.5 所有对比方法在乳腺癌生存预测数据集上的结果

训练时，MRL-VC 方法获得了 99.798%的分类准确率。与次优方法(MGNN)相比，MRL-VC 方法在分类准确率上显著提高了 7.001%(99.798%–92.797%)，在 F1 值上显著提高了 0.068(0.996–0.928)。

9.3.2　生物信息学领域的对比

在过去的 10 年中，深度学习极大地推动了生物信息学的发展[24]，本节将在两个生物信息学任务——蛋白质分类和 RNA 绑定预测(RNA binding prediction)中对 MRL-VC 和最前沿的方法进行对比。

对于蛋白质分类，使用一个蛋白质数据集 Protein。该数据集包含 629 个酵母蛋白质样本，分为两类，497 个膜蛋白和 132 个核糖体蛋白。每个样本由两个视图表示，4910 维的 FFT 特征和 3735 维的 Pfam 特征。

对于 RNA 绑定预测，使用一个名为 RBPpred 的数据集，该数据集最初由 Zhang 等[25]发布。本章使用 RBPpred 的一个预处理版本，它包含 9873 个样本，分为两类，2780 个 RNA 绑定蛋白和 7093 个非 RNA 绑定蛋白。每个样本由 3 个视图组成，4910 维的理化信息(physicochemical information，C-T-D)、4910 维的假氨基酸信息(pseudo-amino acid information，PseACC)和 4910 维的进化信息(evolutionary information，PSSM-400)。

除基线之外，还比较了另外两种 RNA 绑定预测方法：

(1) Deep-RBPPred[26]，一种基于卷积神经网络的 RNA 绑定预测方法。

(2) RBPro-RF[27]，一种基于随机森林的方法，它还采用 SMOTE(synthetic minority oversampling technique)和弹性网络来处理类别不平衡问题。

其他实验设置与在医学领域中使用的实验设置相同，所有对比方法在蛋白质分类和 RNA 绑定预测任务上的结果如图 9.6 和图 9.7 所示。

实验结果显示，MRL-VC 方法在生物信息学领域表现也是最好的，此方法为蛋白质分类和 RNA 结合预测提供了新的基线。在蛋白质分类方面，MRL-VC 方法在分类准确率上比次优方法(SIMM)高出 4.975%(99.684%–94.709%)，在 F1 值上比次优方法(SIMM)高出 0.051(0.997–0.946)。在 RNA 绑定预测方面，MRL-VC 方法在分类准确率上超过次优方法(RBPro-RF)2.070%(98.523%–96.453%)，在 F1 值上超过次优方法 0.021(0.985–0.964)。值得注意的是，RBPro-RF 应用了 SMOTE 和弹性网络算法来处理不平衡的分类问题，而 MRL-VC 方法没有引入任何模块来处理不平衡分类问题，仅使用一个三层的分类器。

9.3.3　机器学习领域的对比

从多源数据中学习是机器学习研究中的一个重要分支，本节将在两个机器学习任务(图像分类和文档分类)上对 MRL-VC 方法与前沿方法进行比较。选择三个

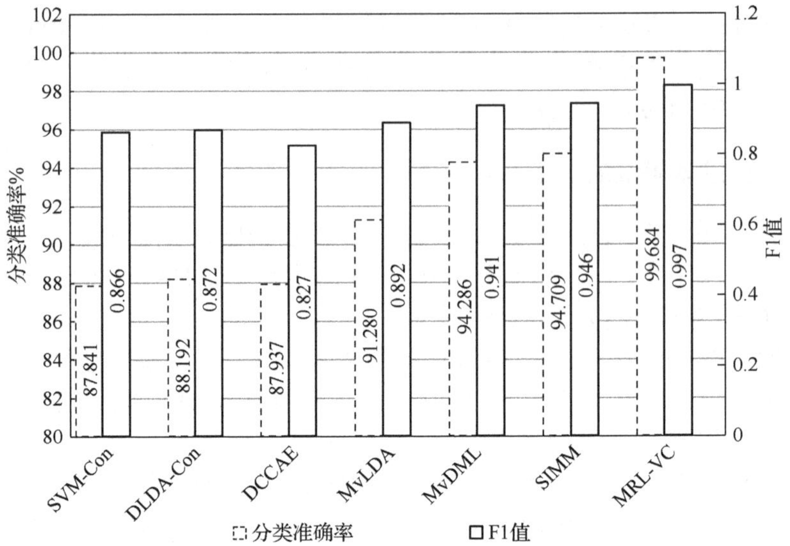

图 9.6　所有对比方法在蛋白质分类任务上的效果对比

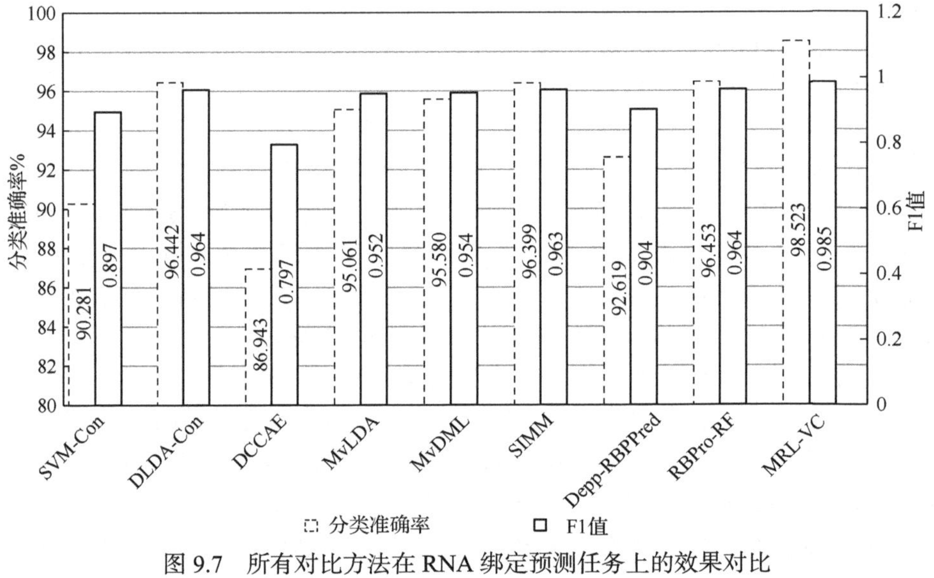

图 9.7　所有对比方法在 RNA 绑定预测任务上的效果对比

常用的数据集，包括一个文档分类数据集 Newsgroup 和两个图像分类数据集 Noisy MNIST 和 Flowers-102。

Noisy MNIST 数据集包含两个视图，第一个视图是通过将原始 MNIST 图像旋转一定角度获得；第二个视图则是通过向原始 MNIST 样本添加随机噪声获得。

Flowers-102 是一个多视图图像分类数据集，包含 102 个类别，8189 张花的图像。这个数据集由 4 个视图组成，分别是 8189 维的 HSV 特征、8189 维的前景区域 SIFT 特征(SIFT-int)、8189 维的前景边界 SIFT 特征(SIFT-bd)和 8189 维的方向梯度直方图特征(HOG)。

Newsgroup 是一个包含 18 941 个样本的文本分类数据集，分为 20 类。本章使用 Newsgroup 的一个多视图版本 NG.2，它由 5 个类、1000 个样本组成。NG.2 包含 3 个视图，2000 维的监督 Mutual Information 特征(SMI)、2000 维的 Partitioning Around Medoids 特征(PAM)和 2000 维的 Unsupervised Mutual Information 特征(UMI)。

对于 Noisy MNIST，使用默认的训练-测试集划分(60k，10k)，其他实验配置与之前相同。所有对比方法在 Noisy MNIST、Flowers-102 和 Newsgroup 上的结果分别如图 9.8、图 9.9 和图 9.10 所示。

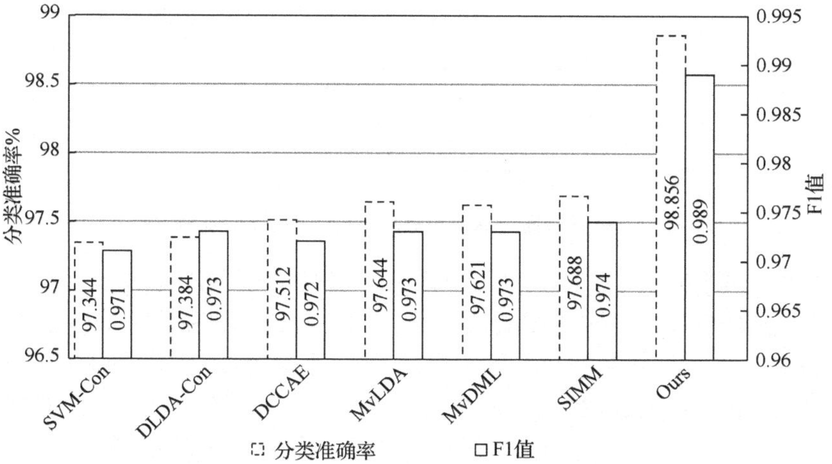

图 9.8　所有对比方法在 Noisy MNIST 上的效果对比

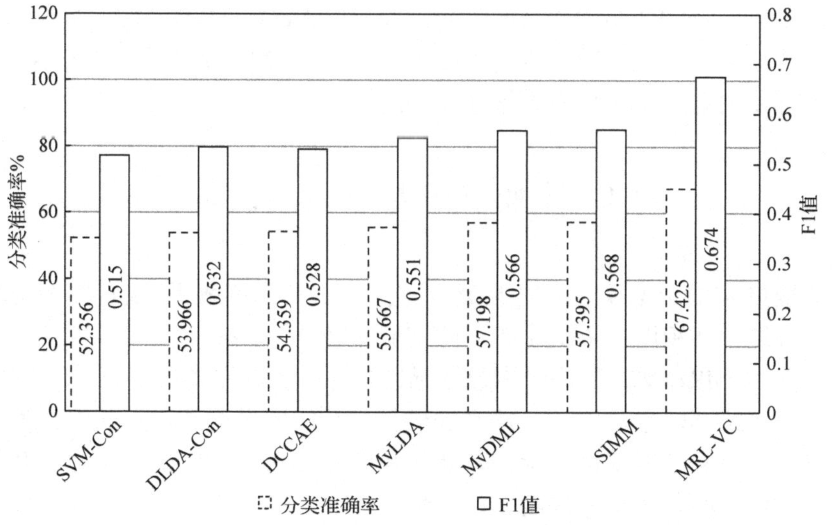

图 9.9　所有对比方法在 Flowers-102 上的分类效果对比

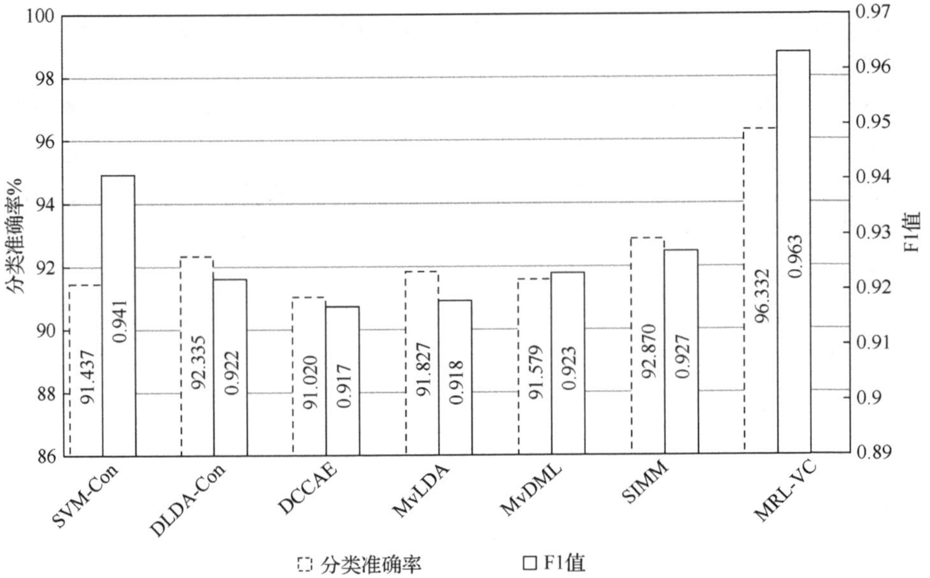

图 9.10　所有对比方法在 Newsgroup 上的分类效果对比

从图 9.8、图 9.9 和图 9.10 中可以看出，MRL-VC 方法在所有三个数据集上都获得了最高的性能。在 Noisy MNIST 上，MRL-VC 方法在分类准确率上比次优方法(SIMM)高 1.188%(98.856%–97.668%)，在 F1 值上高 0.015(0.989–0.974)。在 Flowers-102 上，MRL-VC 方法在分类准确率上比次优方法(SIMM)高 10.030%(67.425%–57.395%)，在 F1 值上比次优方法(SIMM)高 0.106(0.674–0.568)。在 Newsgroup 上，MBL-VC 方法在分类准确率上比次优方法(SIMM)高 3.462%(96.332%–92.870%)，在 F1 值上比次优方法(SIMM)高 0.036(0.963–0.927)。需要注意的是，为了公平起见，所有深度学习方法(SVM-Con 除外)在 Noisy MNIST 数据集上都使用全连接网络而不是卷积神经网络。

9.4　实验验证与有效性评估

本节聚焦 MRL-VC 方法核心要素与性能表现的深度解析。通过消融实验与对比实验，系统评估视图交流机制在不同交流轮数(1～5 轮)下的表现以及有效性。进而深入探讨 MRL-VC 方法的参数敏感性，尤其关注平衡因子 α 和 β 这两个关键参数，经系统调整参数取值，精准剖析其对性能的量化影响。此外，深入研究互补信息交流机制的普适性，验证其在多视图数据集上的广泛适用性，并与协同学习方法对比，凸显本章方法的独特优势所在。

9.4.1　视图交流有效性评估

视图交流是本章所提方法的核心理念，为了评估视图交流的有效性，进行以下两个实验：

(1) 消融实验，以评估视图交流的有效性。

(2) 为了探究视图交流轮数对方法性能的影响，比较 MRL-VC 方法在不同交流轮数(1～5 轮)下的性能。

实验 1 比较原始 MRL-VC 的性能与没有视图交流版本的性能。没有视图交流的版本通过删除 MRL-VC 中的多轮交流并保留表示学习和分类网络来实现。实验 2 比较 MRL-VC 方法在不同交流轮数(1-5 轮)下的性能。在两项实验中，评估模型性能所使用的指标是平均分类准确率，而进行评估的数据集涵盖全部 6 个数据集。图 9.11 对比了原始 MRL-VC 的性能与没有视图交流版本的性能。图 9.12 比较了 MRL-VC 方法在不同交流轮数下的性能。

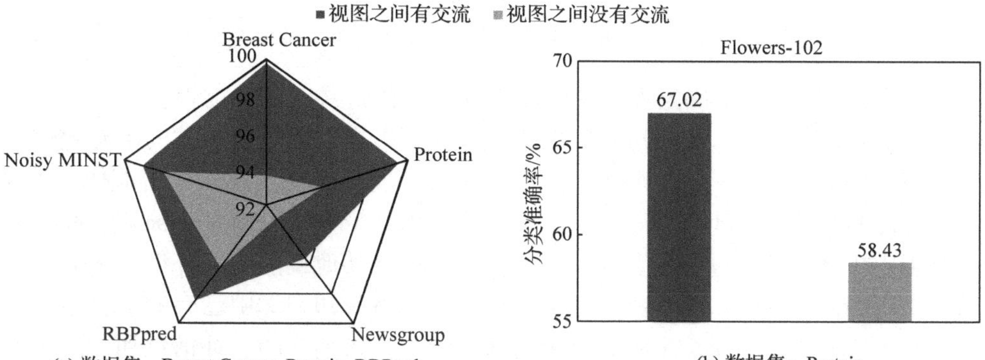

(a) 数据集：Breast Cancer, Protein, RBPred, Noisy MNIST和Newsgroup　(b) 数据集：Protein

图 9.11　有无视图交流对 MRL-VC 方法分类准确率的影响

1. 视图交流是否有效

通过对比 MRL-VC 在有无视图交流情况下的性能，可以得出结论，在视图交流的帮助下，MRL-VC 方法的性能得到显著提高。因此，视图交流的确有效。那接下来的问题是：视图间的交流为什么有效？接下来从以下两个角度进行分析。

1) 从视图知识库的角度分析

在群体决策中，群体成员之间的交流可以降低决策的不确定性，进而帮助群体做出更好的决策。每个群体成员都有自己的认知知识库。群体成员之间的交流在群体决策中至关重要，这是因为通过交流，每个群体成员都能够将其他人的互补信息纳入自己的认知知识库，从而扩展自己的知识库。更重要的是，这些扩展进来的知识与成员已有的知识进行碰撞、融合，并推演出新的知识。新产生的知

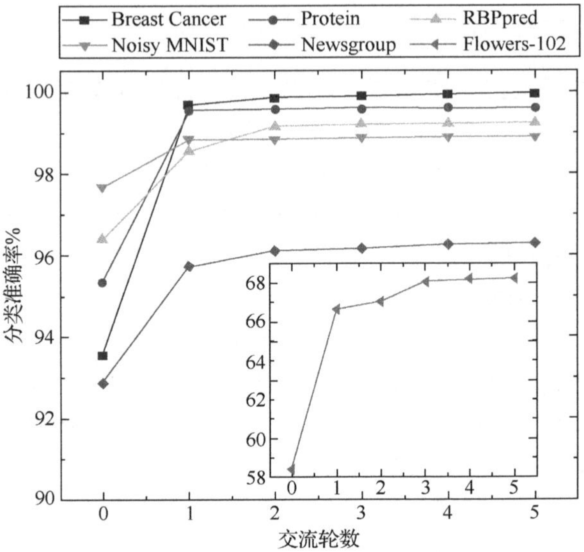

图 9.12　MRL-VC 方法在不同交流轮数下分类准确率的比较

识降低了群体决策的不确定性，提高了群体找到最优决策的可能性。

与群体决策类似，视图间的信息交流降低了多视图决策或分类的不确定性，进而提高多视图学习性能。所提 MRL-VC 方法将每个视图看作一个智能体，并相信每一个视图都拥有自己的知识库——视图知识库(view knowledge base)，并将其建模为视图 Mind。通过视图交流，每个视图将来自其他视图的互补信息融合到自己的知识库中。随后，借助融合网络，每个视图将其知识库中已有的信息与新加入的互补信息进行融合，并推演出新信息。同时，新纳入的互补信息和推演出的新信息降低了单视图分类的不确定性。而所有视图产生的新信息降低了整个多视图学习系统的熵和分类的不确定性。因此，相比于不进行视图交流的方法，所提方法 MRL-VC 获得了更高的性能。此外，MRL-VC 选择交流互补信息而不是共享信息的原因也可以从熵的角度来解释，交流互补信息可以降低视图内部的熵，而交流共享信息则不能。

如果视图之间没有交流，就如同群体决策中群体成员各自孤立、无法沟通。不幸的是，Lu 等[28]在他们的研究中得出结论，当所有群体成员都悉知群体所有信息时，群体找到最优群体决策的可能性要比每个群体成员只知道片面信息时高出 8 倍。没有交流，每个群体成员都是一个孤立的系统，它的熵不会减少，这也适用于没有视图交流的多视图学习情况。如果没有视图交流，每个视图都是一个孤立的系统，无法通过吸收新信息来降低其熵或分类的不确定性。

2) 从多视图数据的基本特性分析

多视图数据具有两个基本特性：一致性和互补性。有效利用这两个特性能够提升多视图学习的性能。借助视图通信，MRL-VC 方法比现有的多视图表示学习方法更好地利用了多视图数据的互补性，因此，获得了更好的表示学习效果。

现有的多视图表示学习方法在有效利用互补性方面存在局限。这些方法通常可以分为三类：基于连接的多视图表示学习方法、基于对齐的多视图表示学习方法，以及共享-独有多视图表示学习方法，上述方法通过连接多个视图来利用多视图数据的互补性。然而，视图连接策略中视图之间没有显式的互补信息交换，严重限制了视图之间的信息交流，从而阻碍了一个视图有效利用来自其他视图的互补信息来提升自身的表示学习性能。Xia 等[29]对视图连接方法提出了质疑，他们强调这种直接连接方式缺乏物理意义，且未能充分利用视图固有的多样性，从而限制了不同视图间互补信息的有效融合。

借助视图通信，MRL-VC 方法实现了视图之间互补信息的交流，进而更好地利用了互补性。从单个视图的角度来看，MRL-VC 方法的每个视图都可以利用来自其他视图的互补信息来改进自身。从多视图的角度来看，视图之间实现了互相帮助。现有多视图表示学习和多模态表示学习领域缺乏考虑视图间互补信息交换的方法。Baltušniks 等在 2019 年发表于 *IEEE Transactions on Pattern Analysis and Machine Intelligence*(T-PAMI)的多模态机器学习综述中总结道：“One specific area of multimodal machine learning which seems to be under-studied is co-learning, where knowledge from one modality helps with modeling in another modality. This challenge is related to the concept of coordinated representations where each modality keeps its own representation but find a way to exchange and coordinate knowledge。”所提 MRL-VC 方法将多视图数据中的信息建模为共享信息和互补信息，并在视图之间交换互补信息，实现了视图之间的互相帮助，填补了多视图学习在此问题上的空白。

2. 性能提升趋势分析

图 9.12 揭示了如下现象：

(1) 第一个视图交流带来了显著的性能提升，而随后几个视图交流带来的性能提升不如第一个带来的效果明显。

(2) 经过大约三轮视图交流后，该方法的分类准确率趋于稳定，没有明显的提升或明显的下降。

在 MRL-VC 方法中，视图交流的目的是在视图之间交流互补信息。随着交流次数的增加，视图之间的互补信息交流会越来越充分。而多轮视图交流的一个结果是视图之间可以交流的互补性变得越来越有限。因此，视图交流的有效性也变得越来越有限。这个结果反映在实验中便是模型的分类性能不能随着更多轮的交流而无限制提高。

3. 视图交流轮数讨论

从图 9.12 中可以看出，MRL-VC 方法的分类准确率并没有随着更多的交流轮次而无限制增加，而是基本保持稳定。因此，应该将视图交流的轮数限制在一定范围内，这样才能在训练时间消耗和性能提升收益之间得到一个平衡。考虑到这一点，对于一个未知的数据集，推荐交流轮数为 3。对于样本量大、分类难度大的数据集(如 Newsgroup)，可以适当增加视图交流轮数。

9.4.2　参数敏感性评估

本节将探究平衡因子 α 和 β 对 MRL-VC 方法的影响，α 和 β 被用于平衡相似性损失和正交性损失对 MRL-VC 的影响。实验首先将 β 固定为 1.0，并将 α 的值设置为{0.001，0.01，0.1，0.5，1.0，2.0，5.0，10.0，50.0，100.0}，以研究 α 对方法的影响。然后，交换 α 和 β 的值来研究 β 对 MRL-VC 方法的影响。此实验使用具有 3 轮视图交流的 MRL-VC 版本，其他设置保持不变。对于每对 α 和 β 的值，实验重复执行 20 次并记录平均分类准确率。

图 9.13 展示了 MRL-VC 方法在 Human Breast Cancer 和 Flowers-102 数据集上的结果，其他数据集上的结果与此类似。当 α 和 β 的值在 0.1～10 时，MRL-VC

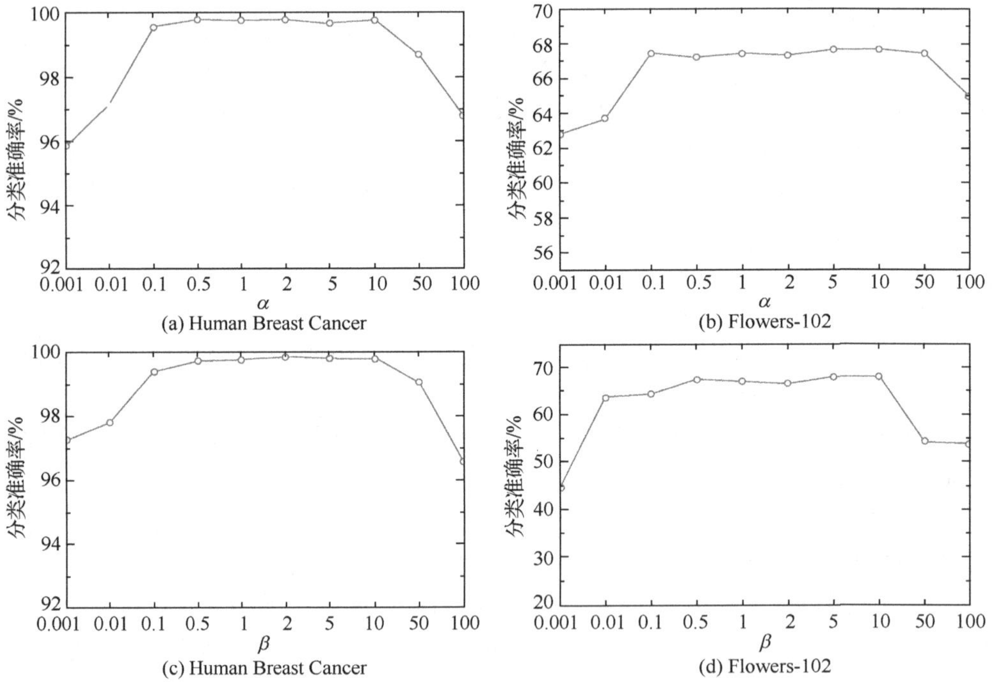

图 9.13　平衡因子 α 和 β 对 MRL-VC 方法性能的影响

方法可以获得相对稳定的分类性能。也就是说，当平衡因子 α 和 β 在一定范围内时，MRL-VC 方法具有鲁棒性。

9.4.3 互补信息交流普适性

视图之间互补信息交流的概念具有普适意义。本节在多视图表示学习中提出了视图间互补信息交流的概念，并基于此实现了视图之间相互帮助。视图之间连接是一种被广泛应用的互补性利用方式。前面的实验已经验证，与视图连接相比，视图之间互补信息交流是一种更好的互补性利用方式。并且，在任何具有多源数据的应用中，此概念都可以被用来挖掘多源数据的互补性。由此，互补信息交流概念具有普适性，可以被广泛应用于从多源数据中学习或决策任务中，包括多视图学习、多模态学习，以及本书第 I 部分提到的各种任务。本章通过视图交流方法实现了视图间互补信息交流的这一概念。在未来，相信会有更多的方法来实现这一概念，并且会有更多的多视图学习方法将从这一概念中受益。

9.4.4 与协同学习方法的区别

如果不限于表示学习，在多视图学习或多模态学习中存在视图间显式信息交流的方法——协同学习(co-learning)方法[31]。典型的协同学习方法包括基于协同训练(co-training)的方法和基于迁移学习方法。协同训练是一种经典的半监督多视图学习方法，先在两个不同视图的有标签数据上训练两个分类器。然后这两个分类器对无标签训练数据进行标记，并将具有高置信度的新标记样本挑选出来。最后，协同训练在视图间交换这些高置信度样本的标签。

MRL-VC 方法和协同训练方法的区别在于：

(1) MRL-VC 是一种有监督的多视图表示学习方法，而协同训练方法是基于分类器的半监督多视图学习方法。

(2) MRL-VC 以表示为媒介在视图之间交换互补信息，而协同训练以标签为媒介在视图之间交换互补信息。

基于迁移学习的协同学习方法将信息从辅助视图迁移到主视图，然后主视图被输入到下游任务中。另外，辅助视图不参与测试或推断阶段。例如，Moon 等[32]通过将信息从语音识别网络(基于音频)迁移到唇语识别网络(基于图像)来实现更好的视觉表示，在测试阶段不再需要音频信息。在图像分类任务中，Frome 等[33]利用文本模态来提升图像表示学习。具体来说，此方法用 word2vec 提取文本特征，并将其输入到图像表示学习的卷积神经网络中。MRL-VC 方法和基于迁移学习的协同学习方法主要区别在于，迁移学习方法进行的是从一个视图到另一个视图单向的、粗粒度(视图整体之间)的帮助，而 MRL-VC 方法进行的是视图之间双向的、细粒度的(同一样本不同视图之间)的互相帮助。表 9.2 总结了 MRL-VC 方法与协同训练方法、迁移学习方法之间信息交流的区别。

表 9.2　MRL-VC 方法与协同学习方法在信息交流方面的区别

方法	方法所属分类	交流主体	所交流信息	信息交流方向	信息交流媒介	视图数	测试过程中是否有交流
协同训练	经典半监督多视图学习方法	视图	互补信息	双向	标签	2	否
迁移学习	—	视图	通用信息	单向	先验知识或表示	2	是
MRL-VC 方法	有监督表示学习方法	视图	互补信息	双向	表示	任意	否

9.5　本章小结

不论是在实际应用中，还是在多视图学习研究中，多视图表示学习都扮演着重要的角色。现有的多视图表示学习方法一般用视图连接的方式来利用多视图数据的互补性，而视图连接中视图间信息交流有限，在利用互补性方面有待提升。针对这一问题，本章受到人类在群体决策中所体现出的信息交流启发，提出视图交流概念，并将其引入到多视图表示学习中。通过模拟人类的交流机制，提出一种视图间具有信息交流的多视图表示学习方法，以表示为媒介在视图间交流互补信息，进而实现视图间的互相帮助。最后，在医学、生物信息学和机器学习领域中的多项实验不仅证明所提出的方法优于当前最先进的多视图表示学习方法，验证了视图交流的有效性，而且对多视图表示学习模型是否可以通过视图间信息交流来提高其表示学习性能的问题给出了肯定的答案。

参考文献

[1] Stasser G, Titus W. Pooling of unshared information in group decision making: Biased information sampling during discussion[J]. Journal of Personality and Social Psychology, 1985, 48(6): 1467.

[2] Lu L, Yuan Y C, McLeod P L. Twenty-five years of hidden profiles in group decision making: A meta-analysis[J]. Personality and Social Psychology Review, 2012, 16(1): 54-75.

[3] Dennis A R. Information exchange and use in small group decision making[J]. Small Group Research, 1996, 27(4): 532-550.

[4] Zhou X, Li H. A multi-view decision model based on decision-theoretic rough set[C]//Proceedings of the 4th International Conference on Rough Sets and Knowledge Technology(RSKT), Gold Coast Springer, 2009: 650-657.

[5] Gorshkov S, Kralin S, Miroshnichenko M. Multi-view point ontologies for decision-making support[C]//Proceedings of the 7th International Conference on Knowledge Engineering and Semantic Web(KESW), Prague. Springer, 2016: 3-17.

[6] Liu Y, Zheng Y, Liang Y, et al. Urban water quality prediction based on multi-task multi-view

learning[C]//Proceedings of the 25th International Joint Conference on Artificial Intelligence, New York. AAAI Press, 2016: 123-130.
[7] Xiao L, Eastmure V. Information use in group decision making teams[C]//Proceedings of the American Society for Information Science and Technology, Vancouver. ASIST, 2014, 51(1): 1-4.
[8] Gigone D, Hastie R. The common knowledge effect: Information sharing and group judgment[J]. Journal of Personality and social Psychology, 1993, 65(5): 959.
[9] Pierce T, Corey A M. The Evolution of Human Communication: from Theory to Practice[M]. Brea: EtrePress, 2009.
[10] Tomasello M, Carpenter M, Call J, et al. Understanding and sharing intentions: The origins of cultural cognition[J]. Behavioral and Brain Sciences, 2005, 28(5): 675-691.
[11] Larson J R, Foster-Fishman P G, Keys C B. Discussion of shared and unshared information in decision-making groups[J]. Journal of Personality and Social Psychology, 1994, 67(3): 446.
[12] Wu X, Chen Q G, Hu Y, et al. Multi-view multi-label learning with view-specific information extraction[C]//Proceedings of the 28th International Joint Conference on Artificial Intelligence (IJCAI), Macao. AAAI Press, 2019: 3884-3890.
[13] Jia X, Jing X Y, Zhu X, et al. Semi-supervised multi-view deep discriminant representation learning[J]. IEEE Transactions on Pattern Analysis and Machine Intelligence, 2020, 43(7): 2496-2509.
[14] He K, Zhang X, Ren S, et al. Deep residual learning for image recognition[C]//Proceedings of the IEEE Conference on Computer Vision and Pattern Recognition, Las Vegas. IEEE, 2016: 770-778.
[15] Dorfer M, Kelz R, Widmer G. Deep linear discriminant analysis[J]. arXiv Preprint, arXiv: 1511. 04707, 2015.
[16] Wang W, Arora R, Livescu K, et al. On deep multi-view representation learning[C]//Proceedings of the 32th International Conference on Machine Learning, Lille. PMLR, 2015: 1083-1092.
[17] Hu P, Peng D, Sang Y, et al. Multi-view linear discriminant analysis network[J]. IEEE Transactions on Image Processing, 2019, 28(11): 5352-5365.
[18] Hu J, Lu J, Tan Y P. Sharable and individual multi-view metric learning[J]. IEEE Transactions on Pattern Analysis and Machine Intelligence, 2017, 40(9): 2281-2288.
[19] Zhang Z, Chen P, McGough M, et al. Pathologist-level interpretable whole-slide cancer diagnosis with deep learning[J]. Nature Machine Intelligence, 2019, 1(5): 236-245.
[20] McKinney S M, Sieniek M, Godbole V, et al. International evaluation of an AI system for breast cancer screening[J]. Nature, 2020, 577(7788): 89-94.
[21] Hu Q, Whitney H M, Giger M L. A deep learning methodology for improved breast cancer diagnosis using multiparametric MRI[J]. Scientific Reports, 2020, 10(1): 10536.
[22] Sun D, Wang M, Li A. A multimodal deep neural network for human breast cancer prognosis prediction by integrating multi-dimensional data[J]. IEEE/ACM Transactions on Computational Biology and Bioinformatics, 2018, 16(3): 841-850.
[23] Gao J, Lyu T, Xiong F, et al. MGNN: A multimodal graph neural network for predicting the survival of cancer patients[C]//Proceedings of the 43rd International ACM SIGIR Conference on Research and Development in Information Retrieval. ACM, 2020: 1697-1700.

[24] Lam J H, Li Y, Zhu L, et al. A deep learning framework to predict binding preference of RNA constituents on protein surface[J]. Nature Communications, 2019, 10(1): 4941.

[25] Zhang X, Liu S. RBPpred: predicting RNA-binding proteins from sequence using SVM[J]. Bioinformatics, 2017, 33(6): 854-862.

[26] Zheng J, Zhang X, Zhao X, et al. Deep-RBPpred: predicting RNA binding proteins in the proteome scale based on deep learning[J]. Scientific Reports, 2018, 8(1): 15264.

[27] Sun X, Jin T, Chen C, et al. RBPro-RF: use Chou's 5-steps rule to predict RNA-binding proteins via random forest with elastic net[J]. Chemometrics and Intelligent Laboratory Systems, 2020, 197: 103919.

[28] Lu L, Yuan Y C, McLeod P L. Twenty-five years of hidden profiles in group decision making: A meta-analysis[J]. Personality and Social Psychology Review, 2012, 16(1): 54-75.

[29] Xia T, Tao D, Mei T, et al. Multiview spectral embedding[J]. IEEE Transactions on Systems, Man, and Cybernetics, Part B (Cybernetics), 2010, 40(6): 1438-1446.

[30] Sun S, Dong W, Liu Q. Multi-view representation learning with deep gaussian processes[J]. IEEE Transactions on Pattern Analysis and Machine Intelligence, 2020, 43(12): 4453-4468.

[31] Baltrusaitis T, Ahuja C, Morency L P. Multimodal machine learning: A survey and taxonomy[J]. IEEE Transactions on Pattern Analysis and Machine Intelligence, 2019, 41(2): 423-443.

[32] Moon S, Kim S, Wang H. Multimodal transfer deep learning for audio visual recognition[J]. arXiv : 1412. 3121, 2014.

[33] Frome A, Corrado G S, Shlens J, et al. Devise: a deep visual-semantic embedding model[C]// Proceedings of the 26th Annual Conference on Neural Information Processing Systems, Lake Tahoe. Curran Associates, 2013: 2121-2129.

第 10 章　语义可解释多视图深度表示学习方法

在过去的几年里，深度学习模型的可解释性研究逐渐兴起。可解释性方法可以分为模型可解释性方法和语义特征可解释性方法，本章主要关注语义特征可解释性方法。语义特征可解释多视图表示学习方法可以划分为基于注意力机制的方法[1-7]、基于 SHAP(SHapley Additive exPlanations)的方法[8-11]和基于类激活映射(Class Activation Mapping，CAM)的方法[12]，这三类方法优缺点比较见表 10.1。

表 10.1　三类方法(基于注意力机制、基于 SHAP、基于类激活映射)优缺点比较

方法分类	优点	缺点
基于注意力机制的方法	(1) 参数少，计算效率高 (2) 能够捕捉关键信息，提升模型性能 (3) 适用于多种任务和数据类型	(1) 对位置信息处理不足 (2) 部分机制可能增加模型复杂性和计算成本
基于 SHAP 的方法	(1) 提供清晰的特征重要性解释 (2) 适用于多种类型的模型和数据集	(1) 计算成本较高 (2) 依赖标签数据，不适用于无标签或少量标签的数据
基于类激活映射的方法	(1) 能够可视化分类决策的重要区域 (2) 易于理解模型决策过程	(1) 无法解释多视图数据的语义相关性 (2) 依赖标签数据

虽然这些方法在可解释多视图表示学习领域进行尝试并取得了一定的进展，但它们存在如下局限。

局限 1：虽然这些方法尝试对多视图表示学习进行解释，但这些方法都属于通用可解释方法(Attention、CAM、SHAP)在多视图数据上的应用，没有根据多视图的特点来设计可解释性策略。

局限 2：在可解释性方面，这些方法都针对基于分类的特征重要性解释，这个过程必须要有样本标签的参与。然而在实际应用中，数据容易获取，标签不容易获取，大部分应用数据都没有标签或只有少量标签，因此，这些基于分类的特征重要性可解释性方法在实际中的应用有限。

局限 3：多视图数据的一致性或语义相关性是多视图数据最基本、最重要的特性之一，然而这些方法无法对多视图数据的语义相关性进行解释。多视图数据的相关性表现为不同视图之间存在语义相关的部分。很多实际应用中，多视图数据的样本量大、数据维度高，视图之间的语义相关性淹没在海量数据和高维特征中，人工进行语义相关性解释几乎是不可能完成的任务。如果多视图表示学习模型能够挖掘出淹没在海量数据中的语义相关性，并给出可解释的结果，将为这些应用的研究提供有力的帮助。例如，在基因-患病数据中，语义相关性的解释可以找到淹没在海量基因数据中的基因表达与疾病之间的关系，帮助医生发现致病基因。在基于药物-靶点新药研发中，语义相关性的解释可以从已有的药物靶点相互作用(drug-target interaction)数据库中发现新的相互作用关系，并给出直观的解释，进而帮助制药人员发现新的药物分子或者识别已有药物分子的未知靶点。此外，多视图数据的语义相关性与数据有无标签无关。

综上所述，本章的目标是专门针对多视图数据的特性，设计一种具有可解释性的多视图表示学习方法，此方法可以解释多视图数据的语义相关性。

10.1 可解释性多视图表示学习研究基础及本章研究内容

基于类激活映射的可解释性方法是一类通用的可解释新方法，用于对分类任务的解释。此类方法的典型代表是 CAM[13]和 Grad-CAM[14]。指定一个目标类别，类激活映射可以给出表示特征重要性的热力图。Zhou 等[13]提出最原始的类激活映射(CAM)，可以使卷积神经网络在进行分类的同时定位与类别相关的图像区域。CAM 主要利用全局平均池化层(Global Average Pooling Layer，GAP)，生成表示特征重要性的类激活图或热力图。CAM 需要修改 CNN 模型(增加 GAP 层)，这限制了 CAM 的通用性。为了克服这一限制，Selvaraju 等[14]提出 Grad-CAM。Grad-CAM 通过用一种基于梯度的策略来替换 GAP 层，解决了 CAM 需要修改 CNN 结构的问题。同时，Selvaraju 等也证明这种基于梯度的方式是 GAP 的一般形式。由于 Grad-CAM 是基于梯度设计的，理论上 Grad-CAM 可以解释任何使用梯度训练的神经网络。后续也有一些 Grad-CAM 的改进方法被提出，如 Grad-CAM++[15]。基于类激活映射的可解释性方法原理图如图 10.1 所示。

与 CAM 类可解释性方法只能对一个目标类别(target class)生成表示特征重要性的热力图不同，本章所提出的表示激活映射(Representation Activation Mapping，RAM)方法不仅可以对目标类别生成热力图，而且可以对目标表示(target representation)生成热力图。在实际应用中，类别标签难以获得，而表示可以通过将数据输入模型而轻松获得，因此，本章提出的表示激活映射方法普适性更强。

本章的贡献总结如下：

(1) 提出一种基于对齐的语义可解释多视图表示学习方法。该方法首先利用一个基于对比学习的多视图语义对齐网络将不同的视图映射到同一个语义空间，之后在此基础上提出表示激活映射。表示激活映射专门为多视图数据而设计，可以解释多视图数据的语义相关性。

(2) 基于表示激活映射，提出表示激活映射兼容类激活映射的方法，进而使得表示激活映射不仅可以解释多视图数据的语义相关性，而且可以进行特征重要性解释。

(3) 在多个数据集上进行实验，对所提方法的有效性进行了充分验证，并讨论了本方法的先进性，即与模型结构无关，与模态无关，与样本有无标签无关，而且不需要为可解释性训练额外的参数。

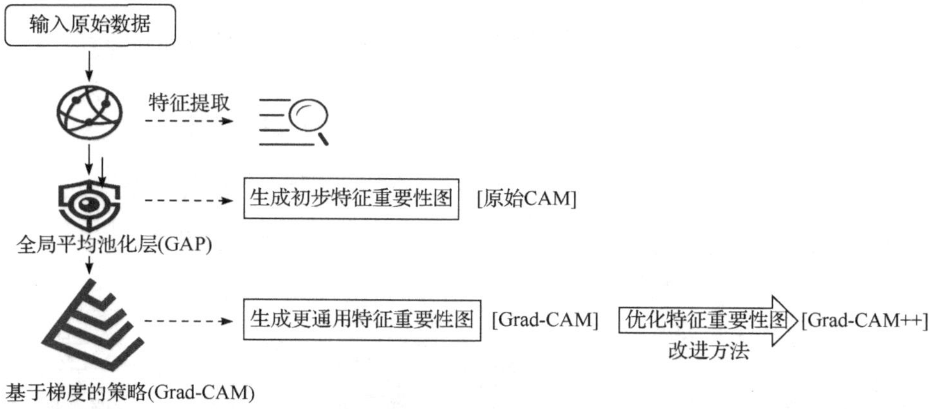

图 10.1　基于类激活映射的可解释性方法原理图

10.2　基于对齐的语义可解释多视图表示学习方法

本章提出一种基于对齐的语义可解释多视图表示学习方法(SeMantic Interpretable Alignment Multi-view Representation Learning，SMILE)，SMILE 的整体结构如图 10.2 所示。将不同的视图映射到同一个语义空间是语义相关性解释的前提，因此 SMILE 利用一个基于对比学习的语义对齐多视图表示学习网络将不同视图映射到同一个语义空间。SMILE 提出表示激活映射(Representation Activation Mapping，RAM)，借助语义对齐多视图表示学习网络，能够解释多视图数据的语义相关性，并给出描述关联权重的热力图。表示激活映射 RAM 通过简单的修改可以兼容类激活映射 CAM，进而实现对特征重要性的解释。下面将逐一介绍这三部分，即基于对比学习的语义对齐表示学习网络、表示激活映射 RAM 和 RAM 兼容 CAM。

10.2.1　基于对比学习的语义对齐表示学习网络

使用两个不同的网络将不同的视图映射到同一个空间，并在此空间中用对比学习(contrastive learning)[16]进行语义对齐。本章认为每个视图是由不同的语义块

(semantic patch)构成的，将不同的视图映射到同一个语义空间时，需要对语义块进行对齐。受 CLIP[17]、ALIGN[18]等模型的启发，使用对比学习来对不同的视图进行语义对齐。在对比学习中，首先要确定相似样本对(positive pair)和不相似样本对(negative pair)。将具有语义关联关系的视图对(同一个样本的不同视图)看作相似样本对，将没有语义关联关系的视图对看作不相似样本对。语义对齐多视图表示学习网络的结构如图 10.2(a)所示。

在此网络中：

(1) 对于某个视图的样本，此网络使用一个表示学习网络(Encoder)来学习样本的一个表示。

(2) 对于每个视图学习的表示，经过各自的语义重排序网络。

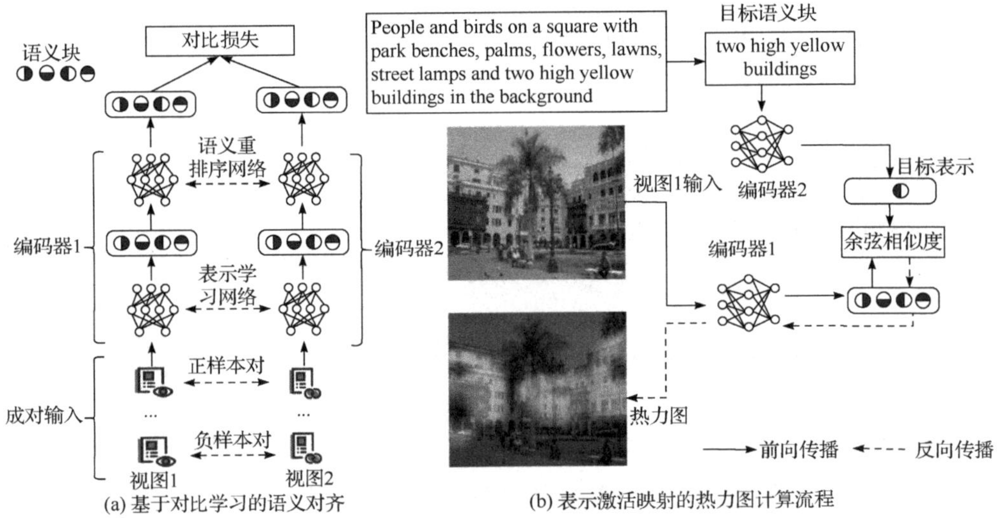

图 10.2　基于对齐语义可解释多视图表示学习方法的整体架构

(3) 将经过语义重排序网络重排序的表示输入到对比损失中。在对比损失的约束下，语义重排序网络会对来自不同表示的语义块进行语义重排序。

在本章中，对比损失使用的相似度量为余弦相似度(Cosine similarity)。对比损失由标准化后的 SoftMax 损失实现[18]，即优化以下两项损失的和：

$$L_{v1\_v2} = -\frac{1}{N}\sum_{i}^{N}\log\frac{\exp\left(x_i^{\mathrm{T}} y_i / \sigma\right)}{\sum_{j=1}^{N}\exp\left(x_i^{\mathrm{T}} y_j / \sigma\right)} \tag{10-1}$$

$$L_{v2\_v1} = -\frac{1}{N}\sum_{i}^{N}\log\frac{\exp\left(y_i^{\mathrm{T}} x_i / \sigma\right)}{\sum_{j=1}^{N}\exp\left(y_i^{\mathrm{T}} x_j / \sigma\right)} \tag{10-2}$$

最终的损失为

$$Loss = L_{v1\_v2} + L_{v2\_v1} \tag{10-3}$$

其中，x_i 表示经过标准化之后的第 i 个样本视图 1 的表示，y_j 表示经过标准化之后的第 j 个样本视图 2 的表示，N 是训练批次大小(batch-size)，σ 是 logits 的缩放系数。

值得注意的是，语义重排序是必要的，因为从不同表示学习网络得到的表示虽然维度相同，但语义没有对齐，语义重排序网络与对比学习共同完成不同表示中语义块的语义重排序。当此语义对齐多视图表示学习网络训练好之后，它可以将同一个样本的不同视图编码到同一个语义空间，实现不同视图之间的语义对齐。

10.2.2　基于表示激活映射 RAM 的多视图语义相关性解释框架

基于语义对齐多视图表示学习网络，本章提出表示激活映射(Representation Activation Mapping，RAM)来解释多视图数据的语义相关性。RAM 受到 CAM[13] 和 Grad-CAM[14]的启发，但与 CAM 或 Grad-CAM 有以下两处不同。

(1) CAM 与 Grad-CAM 是对目标类别(target category)求热力图(heatmap)，RAM 是对目标表示(target representation)求热力图，CAM 与 Grad-CAM 需要有类别标签的参与，而 RAM 不需要。

(2) 在计算热力图时，RAM 需要损失函数的参与，CAM 与 Grad-CAM 不需要。

如图 10.2(b)所示，RAM 热力图的计算过程如下。

步骤 1：使用视图 1 的编码器 Encoder1 对视图 1 的输入进行编码，得到视图 1 的表示 r；使用视图 2 的编码器 Encoder2 对视图 2 的目标语义块(target semantic patch)进行编码，得到目标表示(target representation) r^t。

步骤 2：将视图 1 的表示 r 和目标表示 r^t 输入到损失函数中计算损失，这里使用的损失函数和对比学习中使用的相似性度量一样，为余弦相似度。这个过程表示为

$$loss = cosine\_similarity\left(r, r^t\right) \tag{10-4}$$

步骤 3：对损失取负作为 $cost$，借鉴 Grad-CAM 的方式用 $cost$ 对每个特征图求梯度，计算每个特征图的权重 α^k，并用得到的权重对特征图加权得到最终的热力图。

$$cost = -loss \tag{10-5}$$

$$\alpha^k = \frac{1}{Z}\sum_i \sum_j \frac{\partial cost}{\partial A_{ij}^k} \tag{10-6}$$

其中，$A^k \in \mathbb{R}^{i \times j}$ 为目标卷积层的第 k 个特征图(feature map)，Z 表示特征图中参数

的个数，α^k 代表 A^k 的权重。

$$L_{RAM} = \text{ReLU}\left(\sum_k \alpha^k A^k\right) \tag{10-7}$$

其中，$L_{RAM} \in \mathbb{R}^{u \times v}$ 为表示激活映射 RAM 输出的热力图，u 和 v 为图像的宽和高，$\text{ReLU}(\cdot)$ 为 ReLU 激活函数，算法 10.1 总结了 RAM 热力图的计算过程。

算法 10.1：表示激活映射 RAM 热力图的计算过程

输入： 编码器 1（$Encoder1$）、编码器 2（$Encoder2$）、视图 1 的输入（$View1\_input$）、视图 2 的目标语义区域（$Target\_semantic\_patch\_of\_View2$）

输出： 表示激活映射 L_{RAM}

// 步骤 1: 获取视图 1 的表示和目标表示。

使用编码器 1 对视图 1 的输入进行编码，得到视图 1 的表示 $r = Encoder1(View1\_input)$。

使用编码器 2 对视图 2 的目标语义区域进行编码，得到目标表示 $r^t = Encoder2(Target\_semantic\_patch\_of\_View2)$。

// 步骤 2: 计算损失。

计算视图 1 的表示 r 和目标表示 r^t 之间的余弦相似度作为损失 $loss = cosine\_similarity(r, r^t)$。

// 步骤 3: 计算每个特征图的权重和热力图。

将损失取反，得到成本 $cost = -loss$。

对每个特征图 $k \in \{1, 2, \cdots, N\}$：

　　计算特征图 k 的权重 $\alpha^k = \frac{1}{Z}\sum_i \sum_j \frac{\partial cost}{\partial A_{ij}^k}$

计算最终的表示激活映射 $L_{RAM} = \text{ReLU}\left(\sum_k \alpha^k A^k\right)$，并返回。

需要注意的是，需要对损失取负，这是因为本章使用基于梯度的反向传播(BP)来训练语义对齐多视图表示学习网络，并在 RAM 中对 $cost$ 求梯度。反向传播算法的目的是使得 $cost$ 尽可能小，且 BP 在反向传播过程中会找到能够使 $cost$ 下降最快的区域，并修改此区域的权重。因此，本质上来说，RAM 是在视图 1 中找能够使 $cost$ 下降最快的区域。由于以余弦相似度为 $cost$，而余弦相似度代表相关性，因此，RAM 是在视图 1 中找与目标表示最相关的区域。然而当语义对齐多视图表示学习网络训练好之后，更改与目标表示最相关区域的权重，并不能使得 $cost$ 再

有明显下降(在语义对齐多视图表示学习网络未得到充分训练时，修改此区域的权重可以使 *cost* 下降最快)。因此，本方法使用 $-cosine\_similarity$，也就是让 BP 去找能够使 *cost* 增加最快的区域，因为当模型训练好之后，在视图 1 中更改与目标表示相关区域的权重可以使 *cost* 增加最快。

10.2.3　基于类别激活映射 CAM 的特征重要性解释方法

事实上，本章提出的 RAM 是一种通用框架，通过更改 RAM 中的损失函数和目标表示可以实现不同目的表示激活映射。RAM 也兼容 CAM，本节将介绍如何通过对 RAM 稍加修改而实现 CAM，即实现基于类别标签的特征重要性解释(feature importance interpretation)。本章认为网络中每一层的特征，包括原始输入、分类前的表示层、SoftMax 输出的 logits、计算分类损失的 One-hot 编码，都可以认为是对当前输入的一个表示。这些表示的区别在于它们的表征能力不同，例如，原始输入最全面但语义信息不明显，One-hot 语义信息明显但信息损失过多。既然 One-hot 也是一个表示，那么它也可以作为 RAM 的目标表示。基于上述分析，在 RAM 中只需要两项改动就可以实现与 CAM 一样的特征重要性解释，即

(1) 使用交叉熵损失(Cross Entropy)作为 *cost*。

(2) 将目标表示换成基于类别标签的 One-hot 编码。

10.3　实验设置与结果分析

为了验证语义对齐多视图表示学习网络的有效性，即此网络是否可以完成将不同视图映射到同一个语义空间的目的，在 Flickr30K 和 MSCOCO 两个图像-文本数据集上对此网络进行跨视图检索实验。具体来说，对于这两个数据集中的数据，首先使用语义对齐多视图表示学习网络的编码器对两个视图编码并得到各自的表示，之后通过计算不同视图对应表示之间的距离来进行检索。如果检索成功，即表明来自同一样本的不同视图经过此网络编码之后的表示距离接近，也就是说，不同视图已被映射到同一个语义空间。

为了检验表示激活映射 RAM 的有效性，本节第二部分使用 RAM 进行多视图数据语义相关性的可解释实验。除了在跨视图检索中使用的 MSCOCO 和 Flickr30K 数据集，本实验添加了另外一个较小的图像-文本数据集 IAPRTC-12[19]。由于 RAM 是基于梯度的方法，不需要额外的参数也无须对模型做改动，因此，本实验直接在跨视图检索中所使用的模型上进行。

本节第三部分介绍一种 RAM 兼容 CAM 的方法，为了验证此方法的有效性，选择一个常用的图像分类数据集 Caltech-101[20]，并在分类问题上对此方法进行了

特征重要性可解释性实验。

10.3.1　跨视图检索实验

1. 数据集与实验设置

Flickr30K：Flickr30K 数据集是从雅虎的图片分享网站 Flickr 上收集的图像文本数据集[21]。它包含 30 000 张图像，其中，训练集 28 000 张，验证集 1000 张，测试集 1000 张。Flickr30K 中每张图像有 5 句描述该图像的文本(英语)。

MSCOCO：使用 MSCOCO 中带文本描述的数据集 MSCOCO-2014[22]。MSCOCO 数据集被广泛应用于计算机视觉、多视图多模态学习的任务中，例如，图像分割、关键点检测、目标检测、图像描述等。MSCOCO 中的图像收集于真实世界，主要是一些自然环境中的复杂场景以及场景中常见物体的图像。MSCOCO 数据集中有 82 783 张训练图像、40 504 张验证图像和 40 775 张测试图像。这些图像有 91 个类别，其中，82 个类别的实例数超过 5000。对于训练集和测试集，每幅图像都有描述此图像内容的 5 个不同文本标注(英语)。在平时的研究中，为了公平比较，还需要一个包含图像和对应文本描述的测试集。为此，Karpathy 等[23]对 MSCOCO-2014 数据集进行了重新划分，新划分的数据集中 82 783 张图像用于训练，5000 张图像用于验证，5000 张图像用于测试，重新划分后的数据集中，每幅图像同样有 5 句对此图像的描述文本。本章采用 Karpathy 等新划分的 MSCOCO-2014 数据集。

本实验采用 CLIP[24]的预训练网络模型，所采用的数据集为 Flickr30K(1K test set)和 MSCOCO(5K tes tset)。在这两个数据集上，本实验采用 Karpathy 与 Fei-Fei 的训练-测试划分策略[23]，即对于 Flickr30K，在 30K 的训练集上对模型进行微调(Finetune)，并在 1K 的测试集上测试。对于 MS-COCO，在 82K 的训练集和 5K 的验证集对模型进行微调，并在 5K 的测试集上测试。微调过程使用的优化器是 Adam，初始学习率为 3×10^{-5}。使用 Step learning rate scheduler 方法，Step 步长设置为 60，gamma 设置为 0.5。所对比的 State-of-the-art 方法有 Uniter[25]、Oscar[26]、CLIP[27]、ERNIE-ViL[28]。所使用的评价指标为 Rank1、Rank5、Rank10。

2. 实验结果与分析

表 10.2 和表 10.3 列出了对比方法在 Flickr30K 和 MSCOCO 的跨视图检索效果，表中的部分结果来自 CLIP 论文[27]。从结果可以看出，本章所提方法的效果和 CLIP 方法的效果相当，能够达到 State-of-the-art 的水平。这表明语义对齐多视图表示学习网络可以实现跨视图检索任务。因此，可以得出结论，语义对齐多视图表示学习网络可以将不同的视图映射到同一语义空间。

表 10.2 所有对比方法在 Flickr30K 上的跨视图检索结果(%)

方法	Flickr30K					
	图像→文本			文本→图像		
	Rank1	Rank5	Rank10	Rank1	Rank5	Rank10
Uniter[25]	87.30	98.00	99.20	75.60	94.10	96.80
Oscar[26]	—	—	—	—	—	—
ERNIE-ViL[27]	88.10	98.00	99.20	76.70	93.60	96.40
CLIP[28]	88.00	98.70	99.40	58.40	81.50	88.10
本章方法	87.90	98.70	99.30	58.50	81.40	88.30

表 10.3 所有对比方法在 MSCOCO 上的跨视图检索结果(%)

方法	MSCOCO					
	图像→文本			文本→图像		
	Rank1	Rank5	Rank10	Rank1	Rank5	Rank10
Uniter[25]	65.70	88.60	93.80	52.90	79.90	88.00
Oscar[26]	73.50	92.20	96.00	57.50	82.80	89.80
ERNIE-ViL[27]	—	—	—	—	—	—
CLIP[28]	68.70	90.60	95.20	37.80	62.40	72.20
本章方法	68.50	90.50	95.20	37.90	62.40	72.30

10.3.2 基于 RAM 的语义相关性解释实验

1. 数据集与实验设置

IAPR TC-12：IAPR TC-12[29]是国际模式识别协会 TC-12 标准数据集，是一个公认的图像文本检索数据集。该数据集包含 20 000 张从世界各地拍摄的图像。这些图像涉及多个领域，例如，体育运动、动作、人、动物、城市、乡村风景等。每张图像都关联了一句英文的文本描述。此外，每对图像-文本都被标记至少一个类别标签，标签总数为 255。对于 IAPR TC-12 数据集[30,31]，随机选择 2000 个样本作为测试样本，随机选择 2000 个样本作为验证样本，剩下的 16 000 个样本作为训练样本。

本实验将文本中的单词看作语义块，并将文本中的单词或文本段选作目标语义块，使用 RAM 在图像视图中找与所选文本语义相关的语义块。表 10.4、表 10.5 和表 10.6 展示了 RAM 在 IAPR TC-12、Flickr30K 和 MSCOCO 上的语义相关性解释结果。对于每一对图像-文本输入，本实验在文本视图中选择其中的 3 个单词或文本段作为目标语义块(输入文本列中带下划线的部分)，将其输入到 RAM 的文本编码器中得到目标表示，然后使用 RAM 在图像视图中找对应的语义块，并用热力图表示。

表 10.4　RAM 在 IAPI TC-12 数据集上的语义相关性解释结果

	输入文本	输入图像	a dark-skinned boy	a blue cap	a yellow jumper
1	a dark-skinned boy wearing a blue cap and a yellow jumper is standing outside a house, having his hands in his pockets				
	输入文本	输入图像	a woman	chair	white walls
2	a woman is sitting on a yellow pillow on a green chair in a room with grey tiled paving and white walls				
	输入文本	输入图像	two men	a red car	blue sky
3	two men are sitting on a red car next to a road with brown meadows and green bushes on both sides and a blue sky in the background				
	输入文本	输入图像	a wooden double bed	white pillows	a bedside lamp
4	interior view of a room with white walls, a wooden double bed, white pillows, a brown, green and red striped blanket and a night table with a bedside lamp on it				
	输入文本	输入图像	ten tourists are standing	three are kneeling	white clouds
5	ten tourists are standing and three are kneeling in a brown, flat landscape with a high, brown, snow covered mountain and white clouds behind it				
	输入文本	输入图像	people	palms	two high yellow buildings
6	people and birds on a square with park benches, palms, flowers, lawns, street lamps and two high yellow buildings in the background				

续表

	输入文本	输入图像	tourists are sitting in a rowing boat	a white car	hills and trees
7	Tourists are sitting in a rowing boat on a lake; a white car on the bank behind it, and meadows, hills and trees in the background	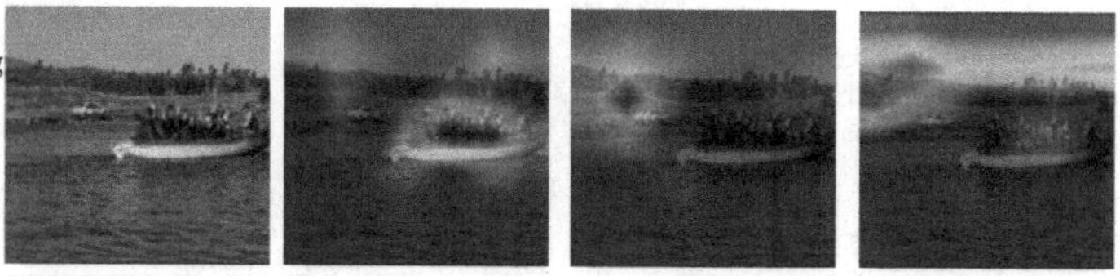			
	输入文本	输入图像	a brown statue of a man	dark brown mountains	a blue sky
8	a brown statue of a man is standing in the middle of a brown flat sandy desert in the foreground; dark brown mountains behind it; a blue sky in the background				

表 10.5　RAM 在 Flickr30K 数据集上的语义相关性解释结果

	输入文本	输入图像	a woman in a red shirt	white horse	the trees
1	a woman in a red shirt is riding an all white horse that is galloping along the trees	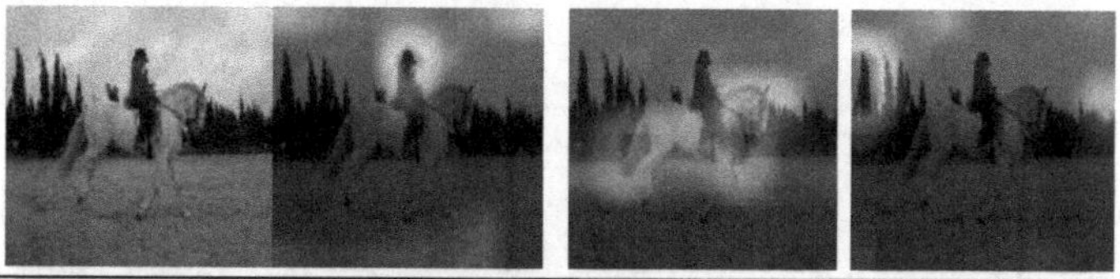			
	输入文本	输入图像	a person wearing a red coat	umbrella	the street
2	a person wearing a red coat is holding a beige and plaid umbrella while crossing the street	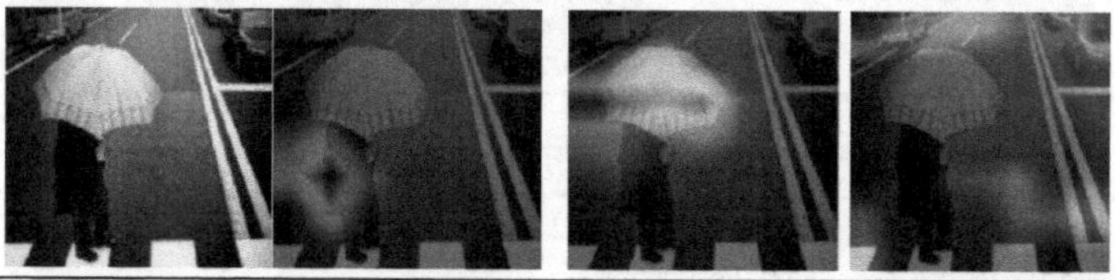			
	输入文本	输入图像	kissing	a cat	kitchen
3	a small child kissing a cat on the kitchen counter	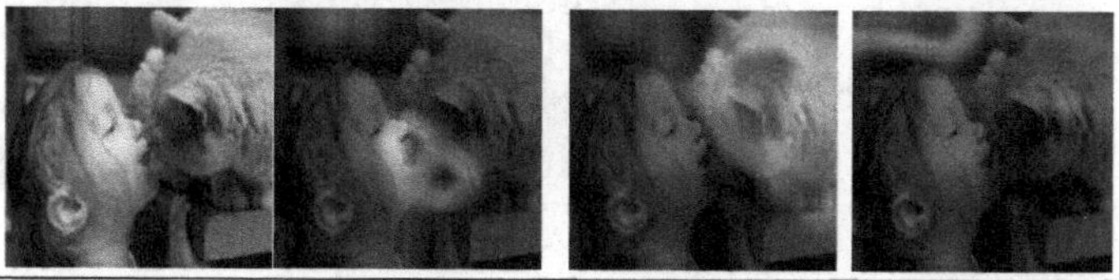			
	输入文本	输入图像	dog	grass	green flying disc
4	dog standing in grass playing with green flying disc	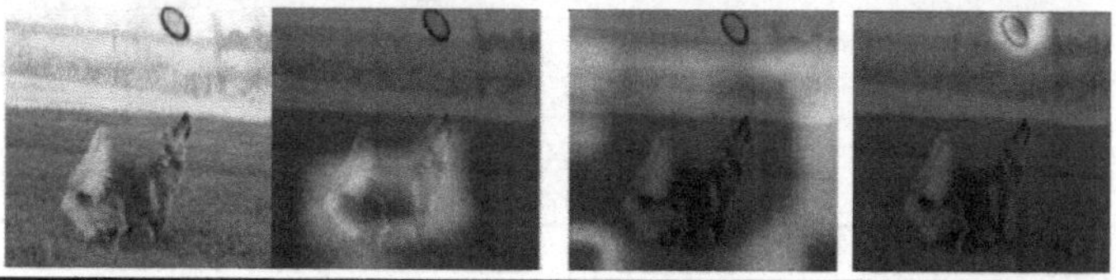			

续表

	输入文本	输入图像	a group of people	red brick building	the grass
5	a group of people sit near a large red brick building in the grass.				
	输入文本	输入图像	a guy wearing shorts	skateboarding	someone sits
6	a guy wearing shorts and a white t-shirt is skateboarding down the road, while someone sits and watches him from the curb		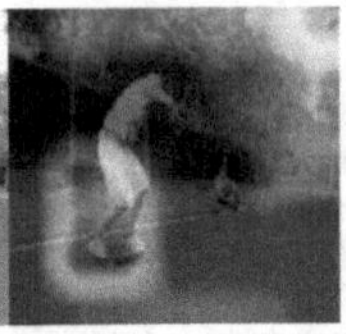		
	输入文本	输入图像	red hat	pink hat	the pool
7	we see the backs of a young Asian girl with a green shirt and a red hat holding hands with a young Asian girl with a striped pink shirt and a pink hat by the pool				
	输入文本	输入图像	two men	barbecuing	the meat
8	two men are barbecuing their food while another prepares the meat		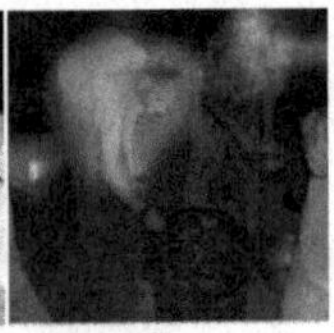	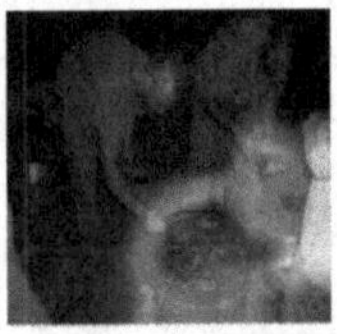	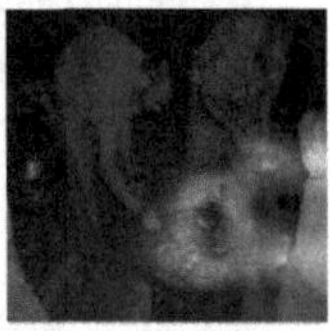

表 10.6　RAM 在 MSCOCO 数据集上的语义相关性解释结果

	输入文本	输入图像	a motorcyclist sits	motorcycle	a wooded area
1	a motorcyclist sits on the ground next to his motorcycle in the middle of a road in a wooded area.			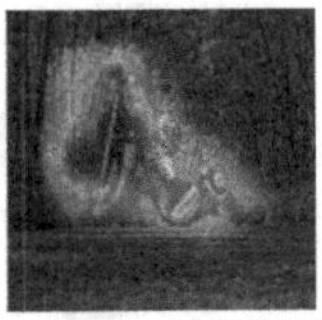	
	输入文本	输入图像	a handbag	tennis racket	dog
2	a woman carrying a handbag and tennis racket walking her dog				

续表

	输入文本	输入图像	a lamp	framed art	the wall
3	two made beds, a nightstand with a lamp, and framed art on the wall				
	输入文本	输入图像	a yellow and blue bus	cars	trees
4	a yellow and blue bus buildings cars and trees				
	输入文本	输入图像	a cat	a laptop	a monitor
5	a cat is laying in front of a laptop and a monitor				
	输入文本	输入图像	a baseball player	swinging his bat	a baseball
6	a baseball player swinging his bat at a baseball				
	输入文本	输入图像	a man	a mug	taking a picture
7	a man holding a mug decorated with a pirate skull and crossbones taking a picture of himself in a mirror				
	输入文本	输入图像	a bicycle	the lawn	a bridge
8	a bicycle is parked on the lawn across from a bridge.				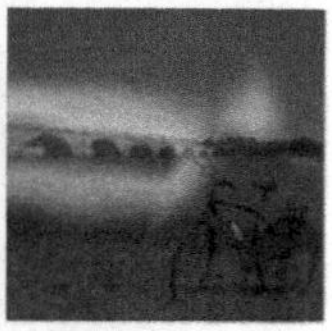

2. 实验结果与分析

从实验结果中可以看出，基于 RAM 的可解释性方法不仅可以识别具体的物体(例如，台灯、显示器、帽子、飞盘、猫、狗、雨伞、街道、摩托车、建筑等)，而且能够识别抽象的动作，例如，站立(表 10.4 第 5 行第 3 列)、跪着(表 10.4 第 5 行第 4 列)、亲吻(表 10.5 第 3 行第 3 列)、烧烤(表 10.5 第 8 行第 4 列)、拍照(表 10.6 第 7 行第 5 列)等。当然此方法也有识别不够完美的地方，对于一些微小的物体，模型有可能完全监测不到或者检测得不够全面，例如，棒球(表 10.6 第 6 行第 5 列)、肉(表 10.5 第 8 行第 5 列)。这主要是由于算力有限，仅以 Resnet50 作为图像表示学习的 backbone，而 Resnet50 的表示学习能力有限，这个问题可以通过更换更强大的视觉的 backbone(如 Vision Transformer[32])来进一步解决。

10.3.3 RAM 兼容 CAM 实验

1. 数据集与实验设置

Caltech-101 图像数据集共有 8677 张图像，分为 101 个类别，是一个单分类数据集。Caltech-101 中每种类别有 40～800 个图像，大部分类别有约 50 个图像，每张图片的大小约为 300×200 像素。本实验随机选择 Caltech-101 中 60%的数据作为训练集，20%的数据作为测试集，余下的 20%数据作为验证集，使用 Resnet50 对 Caltech-101 进行分类。当 Resnet50 训练之后，本实验在测试集上对 RAM、Grad-CAM[33]和 Grad-CAM++[15]的特征重要性能力进行对比。这三种方法使用同一个训练好的模型，Grad-CAM 和 Grad-CAM++的代码源自文献[34]。

2. 实验结果与分析

表 10.7 展示了 RAM、Grad-CAM 和 Grad-CAM++在 Caltech-101 上的特征重要性解释结果。从结果可以看出，RAM、Grad-CAM、Grad-CAM++特征重要性解释的结果与非常接近。尤其是 RAM 和 Grad-CAM，它们的结果几乎一模一样。此实验结果证明 RAM 的特征重要性解释能力可以达到 State-of-the-art 的水平。

表 10.7 RAM 兼容 CAM 可以实现特征重要性解释

No.	输入图像	RAM	Grad-CAM	Grad-CAM++
1		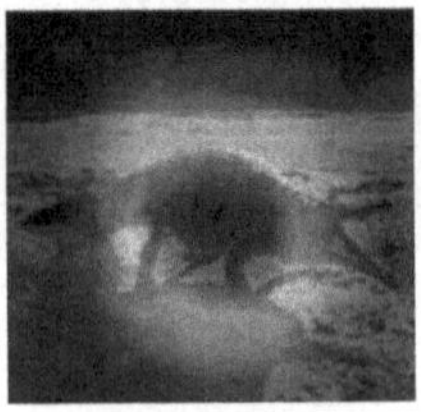		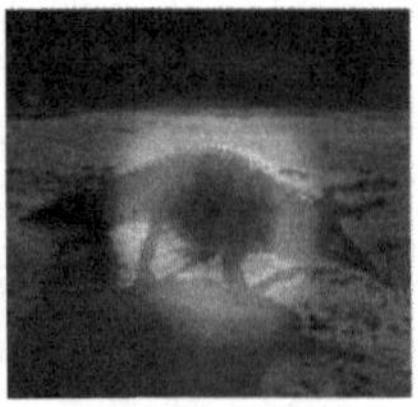

续表

No.	输入图像	RAM	Grad-CAM	Grad-CAM++
2		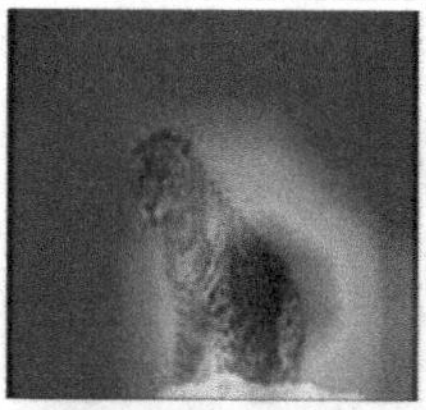	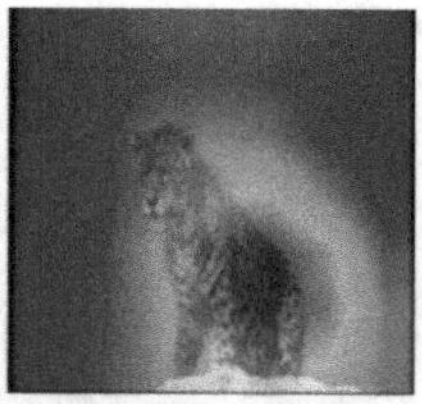	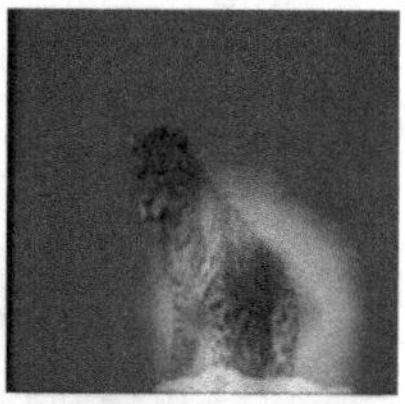
3			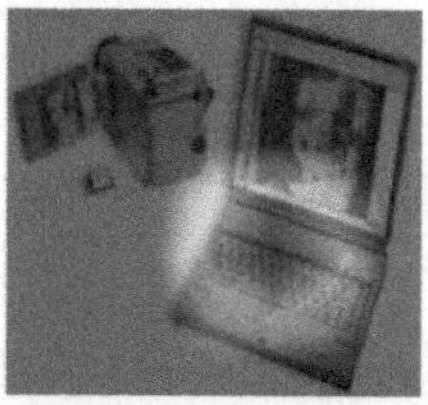	
4		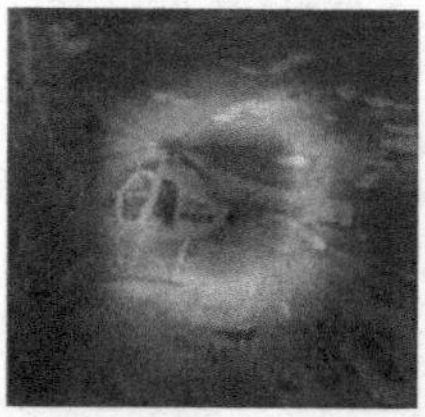	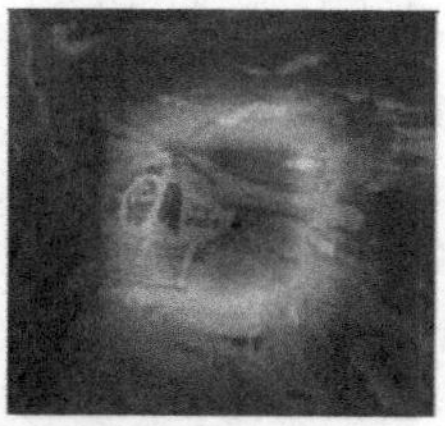	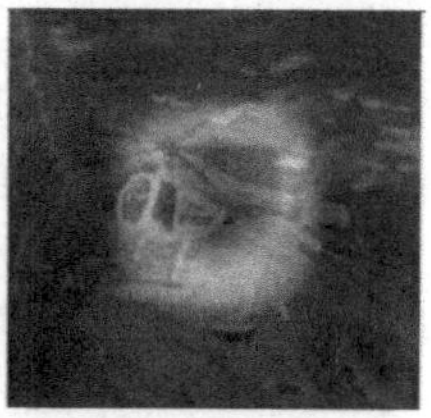
5		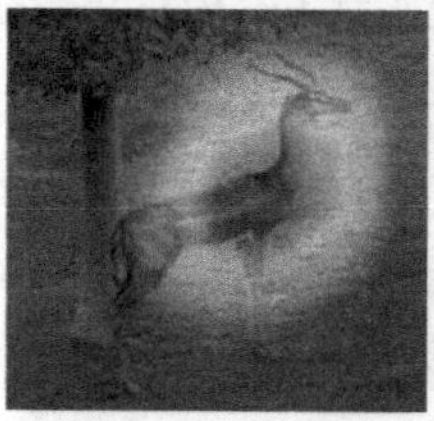	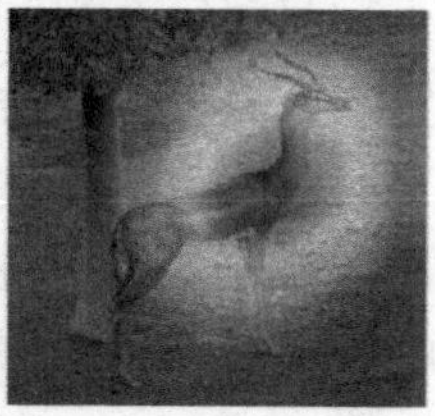	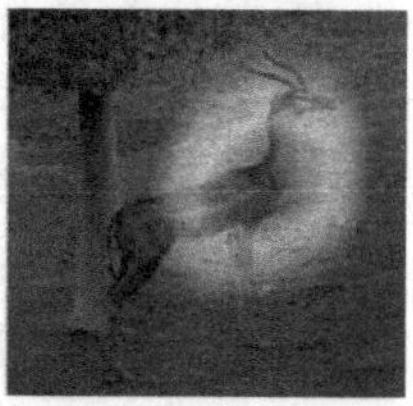
6	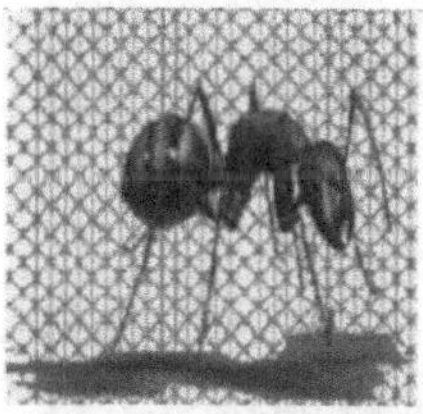			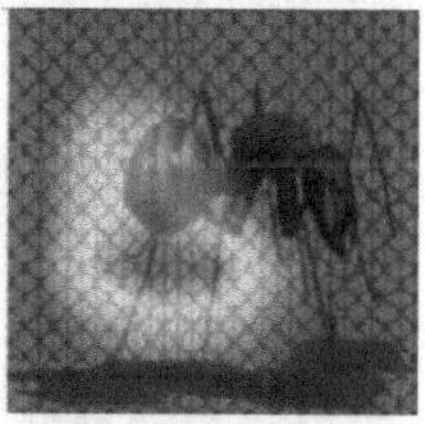
7		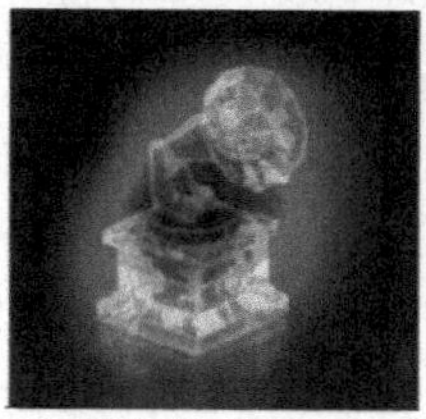	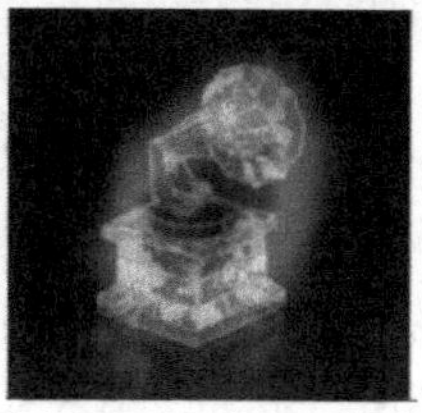	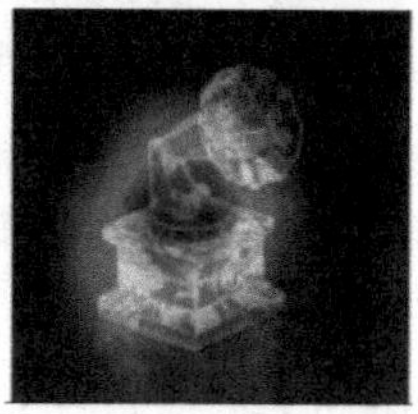

续表

No.	输入图像	RAM	Grad-CAM	Grad-CAM++
8		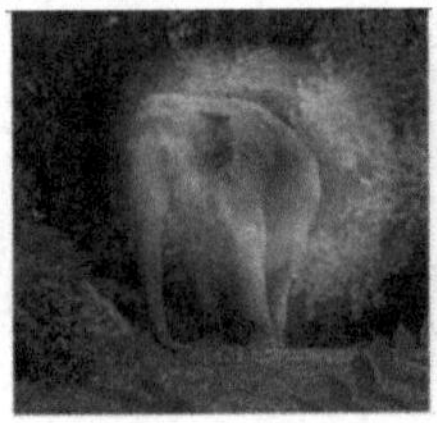	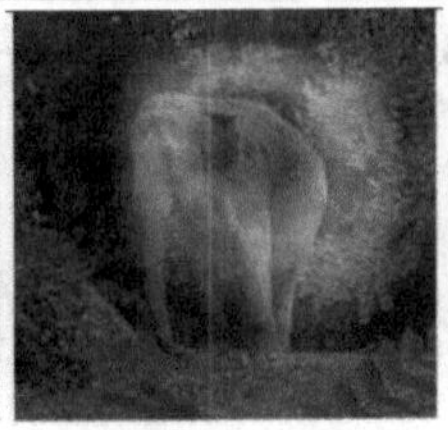	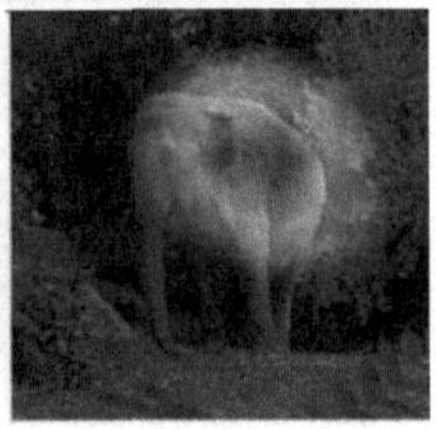

10.4　有效性评估

本章提出一种创新性的学习策略，即基于对齐的语义可解释多视图表示学习方法。该方法旨在深入挖掘多视图、多模态数据之间的内在联系，为数据的语义相关性提供清晰的解释。本节将从方法适用场景与先进性、方法普适性两个方面对这种方法进行详细讨论，以评估其有效性和应用前景。

10.4.1　方法适用场景与先进性

本章认为多视图数据中每个视图由不同的语义块组成，不同视图中的语义块是语义关联的。例如，一张图像由表示不同语义的分割(segmentation)组成，一个句子由表示不同语义的单词组成，这里的分割和单词就是本章认为的语义块。语义可解释多视图表示学习方法可以在弱监督(weakly-supervised，只需要成对信息不需要标签信息)的情况下，对不同视图中的语义块进行语义对齐和解释。因此，该方法适用的数据如下。

(1) 具有共现关系(co-occurrence)的数据，例如，多视图、多模态数据，图像-文本对，药物分子-靶点数据等。

(2) 无须标签信息，只需要数据之间的成对关系信息。

(3) 数据能够切分(天然或人工)为语义块。

基于 CAM 的可解释方法能对类别生成表示特征重要性的热力图。与 CAM 类方法不同，RAM 可以对表示生成热力图。在实际应用中，数据的类别标签往往非常难以获得。例如，医学图像数据标签的获得不仅需要昂贵的医学设备，而且需要多个专家的辛苦协作。而数据的表示可以通过将数据输入到一个训练好的表示学习模型中而轻松获得。因此，相对于 CAM，RAM 的普适性更强。此外，RAM 稍加改动可兼容 CAM。而且，RAM 是第一种可以对多视图数据语义相关性进行解释的可解释多视图表示学习方法。

10.4.2　方法普适性

语义可解释多视图表示学习方法是普适的,此方法的普适性体现在两个方面。

1. 模型无关性

语义可解释多视图表示学习方法是模型无关的。由于此可解释性方法基于梯度实现，因此，本章方法和模型的结构无关。它不仅可以被用于现有各种现成的表示学习网络中，而且只要是使用反向传播训练的基于对齐的多视图表示学习方法，理论上都可以用本章的方法来解释数据的语义相关性。

2. 应用无关性

本章提出的方法与模态无关。对于不同的模态，唯一要做的就是更换对应的特征提取网络。虽然本章只在图像-文本的应用中验证了此方法，但此方法不仅适用于图像-文本的场景,还可以用于任何具有共现(co-occurrence)特点的多视图、多模态数据中。方法应用场景包括但不限于：

(1) 多视图、多模态表示学习方法的语义相关性解释。

(2) 视图、模态翻译。

(3) 词组定位(phrase grounding)。

(4) 图像语义分割(image semantic segmentation)。

(5) 类激活映射(class activation mapping)。

(6) 表示激活映射(representation activation mapping)。

(7) 图像自动标注工具(image auto-annotation tool)。

(8) 药物分子-靶点相互作用解释(drug-target interaction interpretation)。

本章使用对比损失来对多视图数据进行语义对齐，本章认为每个视图都是由不同语义块组成的。如果从视图和语义块的角度来看,基于对比损失对齐方式是一种通过对齐全局(视图)而使得局部(语义块)对齐的方式，这是一种粗粒度的对齐方式。Attention 机制可以实现细粒度的对齐——直接对齐语义块，例如，在机器翻译中，Attention 机制可以学习到不同语种单词之间的对应关系。因此未来的一个工作将是，在基于对比损失的语义对齐网络中引入 Attention 机制，引入 Attention 的局部对齐能力,从局部和全局两方面对多视图数据进行语义对齐,从而实现更好的关联关系建模。相信更好的关联关系建模将会带来更准确的关联关系解释。

10.5　本 章 小 结

针对现有可解释多视图表示学习方法无法解释多视图数据语义相关性的问

题，本章提出一种语义可解释多视图表示学习方法，此方法专门为多视图数据而设计，可以在无监督情况下对多视图数据的语义相关性进行解释。具体来说，首先，介绍基于对比学习的语义对齐多视图表示学习网络，此网络可以将不同的视图映射到同一个语义空间；然后，提出表示激活映射 RAM，RAM 可以实现对多视图数据语义相关性的解释；最后，提出 RAM 兼容 CAM 的方法，这也使得 RAM 不仅能够解释语义相关性，而且可以实现基于类别标签的特征重要性解释。在几个大规模数据集上的实验验证了本章所提方法的有效性。在讨论中强调表示激活映射 RAM 是一种基于梯度的、普适的可解释性方法，它与模型结构无关，与数据模态无关，与样本有无标签无关，而且无须为可解释性训练额外的参数。

参考文献

[1] Yang H, Li X, Wu Y, et al. Interpretable multimodality embedding of cerebral cortex using attention graph network for identifying bipolar disorder[C]//Proceedings of the 22th Medical Image Computing and Computer Assisted Intervention(MICCAI), Shenzhen. Springer, 2019: 799-807.

[2] Agyemang B, Wu W P, Kpiebaareh M Y, et al. Multi-view self-attention for interpretable drug-target interaction prediction[J]. Journal of Biomedical Informatics, 2020, 110: 103547.

[3] Hu L, Jian S, Cao L, et al. Interpretable recommendation via attraction modeling: Learning multilevel attractiveness over multimodal movie contents[C]//Proceedings of the 27th International Joint Conference on Artificial Intelligence(IJCAI), Stockholm. AAAI Press, 2018.

[4] Li G, Li C, Wu G, et al. Multi-view attention-guided multiple instance detection network for interpretable breast cancer histopathological image diagnosis[J]. IEEE Access, 2021, 9: 79671-79684.

[5] Rodin I, Fedulova I, Shelmanov A, et al. Multitask and multimodal neural network model for interpretable analysis of x-ray images[C]//2019 IEEE International Conference on Bioinformatics and Biomedicine (BIBM),Washington, D.C. IEEE, 2019: 1601-1604.

[6] Wang Y, Shen Y, Jin H. An interpretable multimodal visual question answering system using attention-based weighted contextual features[C]//Proceedings of the 19th International Conference on Autonomous Agents and MultiAgent Systems, Auckland. ACM, 2020: 2038-2040. -89.

[7] Wang S, Zhu D. Interpretable multimodal learning for intelligent regulation in online payment systems[J]. arXiv Preprint, arXiv: 2006. 05669, 2020.

[8] Lundberg S. A unified approach to interpreting model predictions[J]. arXiv: 1705. 07874, 2017.

[9] Ho D, Tan I B H, Motani M. Prognosticating Colorectal Cancer Recurrence using an Interpretable Deep Multi-view Network[C]//Machine Learning for Health. PMLR, 2021: 97-109.

[10] Banerjee T, Kollada M, Gersberg P, et al. Predicting mood disorder symptoms with remotely collected videos using an interpretable multimodal dynamic attention fusion network[J]. arXiv Preprint, arXiv : 2109. 03029, 2021.

[11] Chen R J, Lu M Y, Williamson D F K, et al. Pan-cancer integrative histology-genomic analysis via interpretable multimodal deep learning[J]. arXiv Preprint, arXiv: 2108. 02278, 2021.

[12] Hu W, Meng X, Bai Y, et al. Interpretable multimodal fusion networks reveal mechanisms of brain

cognition[J]. IEEE Transactions on Medical Imaging, 2021, 40(5): 1474-1483.

[13] Zhou B, Khosla A, Lapedriza A, et al. Learning deep features for discriminative localization[C]//Proceedings of the IEEE Conference on Computer Vision and Pattern Recognition, Las Vegas. IEEE, 2016: 2921-2929.

[14] Selvaraju R R, Cogswell M, Das A, et al. Grad-cam: Visual explanations from deep networks via gradient-based localization[C]//Proceedings of the IEEE International Conference on Computer Vision, Venice. IEEE, 2017: 618-626.

[15] Chattopadhay A, Sarkar A, Howlader P, et al. Grad-cam++: Generalized gradient-based visual explanations for deep convolutional networks[C]//2018 IEEE Winter Conference on Applications of Computer Vision (WACV), Lake Tahoe. IEEE, 2018: 839-847.

[16] He K, Fan H, Wu Y, et al. Momentum contrast for unsupervised visual representation learning[C]//Proceedings of the IEEE/CVF Conference on Computer Vision and Pattern Recognition, Seattle. IEEE, 2020: 9729-9738.

[17] Radford A, Kim J W, Hallacy C, et al. Learning transferable visual models from natural language supervision[C]//Proceedings of the International Conference on Machine Learning. PMLR, 2021: 8748-8763.

[18] Jia C, Yang Y, Xia Y, et al. Scaling up visual and vision-language representation learning with noisy text supervision[C]//Proceedings of the International Conference on Machine Learning. PMLR, 2021: 4904-4916.

[19] Escalante H J, Hernández C A, González J A, et al. The segmented and annotated IAPR TC-12 benchmark[J]. Computer Vision and Image Understanding, 2010, 114(4): 419-428.

[20] Fei-Fei L, Fergus R, Perona P. Learning generative visual models from few training examples: An incremental bayesian approach tested on 101 object categories[C]//Proceedings of the IEEE Conference on Computer Vision and Pattern Recognition Workshop, Washington. IEEE, 2004: 178.

[21] Young P, Lai A, Hodosh M, et al. From image descriptions to visual denotations: New similarity metrics for semantic inference over event descriptions[J]. Transactions of the Association for Computational Linguistics, 2014, 2: 67-78.

[22] Lin T Y, Maire M, Belongie S, et al. Microsoft coco: Common objects in context[C]//Proceedings of the 13th European Conference on Computer Vision, Zurich. Springer, 2014: 740-755.

[23] Karpathy A, Fei-Fei L. Deep visual-semantic alignments for generating image descriptions [J]. IEEE Transactions on Pattern Analysis and Machine Intelligence, 2016, 39(4): 664-676.

[24] Radford A, Kim J W, Hallacy C, et al. Learning transferable visual models from natural language supervision[C]//Proceedings of the International Conference on Machine Learning. PMLR, 2021: 8748-8763.

[25] Chen Y C, Li L, Yu L, et al. Uniter: Universal image-text representation learning [C]//Proceedings of the 16th European Conference on Computer Vision. Springer, 2020: 104-120.

[26] Li X, Yin X, Li C, et al. Oscar: Object-semantics aligned pre-training for vision-language tasks[C]//Proceedings of the 16th European Conference on Computer Vision. Springer, 2020: 121-137.

[27] Radford A, Kim J W, Hallacy C, et al. Learning transferable visual models from natural language

supervision[C]//Proceedings of the 38th International Conference on Machine Learning. PMLR, 2021: 8748-8763.

[28] Yu F, Tang J, Yin W, et al. Ernie-vil: Knowledge enhanced vision-language representations through scene graphs[C]//Proceedings of the AAAI Conference on Artificial Intelligence. AAAI Press, 2021, 35: 3208-3216.

[29] Escalante H J, Hernández C A, Gonzalez J A, et al. The segmented and annotated IAPR TC-12 benchmark[J]. Computer Vision and Image Understanding, 2010, 114(4): 419-428.

[30] Zhang X, Lai H, Feng J. Attention-aware deep adversarial hashing for cross-modal retrieval[C]// Proceedings of the 15th European Conference on Computer Vision, Munich. Springer, 2018: 591-606.

[31] Wang Y, Luo X, Xu X S. Label embedding online hashing for cross-modal retrieval[C]// Proceedings of the 28th ACM International Conference on Multimedia, Seattle. ACM, 2020: 871-879.

[32] Dosovitskiy A, Beyer L, Kolesnikov A, et al. An image is worth 16x16 words: Transformers for image recognition at scale[C]//Proceedings of the International Conference on Learning Representations. Open Review, 2020.

[33] Selvaraju R R, Cogswell M, Das A, et al. Grad-cam: Visual explanations from deep networks via gradient-based localization[C]//Proceedings of the 14th International Conference on Computer Vision, Venice IEEE, 2017: 618-626.

[34] Gildenblat J, contributors. Pytorch Library for CAM Methods[M/OL]. GitHub, 2021. https:// github. com/jacobgil/pytorch-grad-cam.